21世纪高等学校规划教材 | 计算机科学与技术

算法与数据结构

（第三版）

陈媛 卢玲 何波 刘恒洋 编著

清华大学出版社
北京

内 容 简 介

本书是 2011 年出版的《算法与数据结构(第二版)》的修订版。在保持原书基本框架和特色的基础上,增加了常用算法设计技术。全书系统地介绍了算法与数据结构方面的基本知识,重点阐述了基本数据结构及算法在程序开发中的应用方法,能够帮助读者极大地提高软件开发和设计能力。本书主要内容有:数据结构和算法的基本概念和术语;线性表、树和图的逻辑结构、存储结构及应用实例,包括栈与队列、数组与字符串等特殊线性表;查找与排序操作的常用算法;蛮力算法、分治算法、动态规划算法、贪心算法、回溯算法及分枝限界算法等常用算法设计技术。本书给出的所有算法和程序都采用 C 语言描述并调试通过,部分算法还增加了 C++ 实现代码。本书注重可读性和适用性,书中附有大量的图表、程序,使读者能正确、直观地理解问题,既便于教学,又便于自学。

本书只要求读者具有 C 语言基础,不要求具有面向对象程序设计基础。本书特别适合普通高校本专科学生使用,也可作为其他程序类课程的辅导教材。

图书在版编目(CIP)数据

算法与数据结构/陈媛等编著. —3 版. —北京:清华大学出版社,2020.1(2022.1重印)
21 世纪高等学校规划教材·计算机科学与技术
ISBN 978-7-302-53966-7

Ⅰ.①算… Ⅱ.①陈… Ⅲ.①算法分析—高等学校—教材 ②数据结构—高等学校—教材
Ⅳ.①TP301.6 ②TP311.12

中国版本图书馆 CIP 数据核字(2019)第 223347 号

责任编辑:闫红梅　张爱华
封面设计:傅瑞学
责任校对:李建庄
责任印制:宋　林

出版发行:清华大学出版社
　　　　网　　址:http://www.tup.com.cn,http://www.wqbook.com
　　　　地　　址:北京清华大学学研大厦 A 座　　　　　　　邮　　编:100084
　　　　社 总 机:010-62770175　　　　　　　　　　　　　邮　　购:010-83470235
　　　　投稿与读者服务:010-62776969,c-service@tup.tsinghua.edu.cn
　　　　质量反馈:010-62772015,zhiliang@tup.tsinghua.edu.cn
　　　　课件下载:http://www.tup.com.cn,010-83470236
印 装 者:三河市君旺印务有限公司
经　　销:全国新华书店
开　　本:185mm×260mm　　　印　　张:20.75　　　　字　　数:503 千字
版　　次:2005 年 4 月第 1 版　2020 年 1 月第 3 版　　印　　次:2022 年 1 月第 4 次印刷
印　　数:4001～5500
定　　价:59.00 元

产品编号:074937-01

出版说明

随着我国改革开放的进一步深化,高等教育也得到了快速发展,各地高校紧密结合地方经济建设发展需要,科学运用市场调节机制,加大了使用信息科学等现代科学技术提升、改造传统学科专业的投入力度,通过教育改革合理调整和配置了教育资源,优化了传统学科专业,积极为地方经济建设输送人才,为我国经济社会的快速、健康和可持续发展以及高等教育自身的改革发展做出了巨大贡献。但是,高等教育质量还需要进一步提高以适应经济社会发展的需要,不少高校的专业设置和结构不尽合理,教师队伍整体素质亟待提高,人才培养模式、教学内容和方法需要进一步转变,学生的实践能力和创新精神亟待加强。

教育部一直十分重视高等教育质量工作。2007 年 1 月,教育部下发了《关于实施高等学校本科教学质量与教学改革工程的意见》,计划实施"高等学校本科教学质量与教学改革工程"(简称"质量工程"),通过专业结构调整、课程教材建设、实践教学改革、教学团队建设等多项内容,进一步深化高等学校教学改革,提高人才培养的能力和水平,更好地满足经济社会发展对高素质人才的需要。在贯彻和落实教育部"质量工程"的过程中,各地高校发挥师资力量强、办学经验丰富、教学资源充裕等优势,对其特色专业及特色课程(群)加以规划、整理和总结,更新教学内容、改革课程体系,建设了一大批内容新、体系新、方法新、手段新的特色课程。在此基础上,经教育部相关教学指导委员会专家的指导和建议,清华大学出版社在多个领域精选各高校的特色课程,分别规划出版系列教材,以配合"质量工程"的实施,满足各高校教学质量和教学改革的需要。

为了深入贯彻落实教育部《关于加强高等学校本科教学工作,提高教学质量的若干意见》精神,紧密配合教育部已经启动的"高等学校教学质量与教学改革工程精品课程建设工作",在有关专家、教授的倡议和有关部门的大力支持下,我们组织并成立了"清华大学出版社教材编审委员会"(以下简称"编委会"),旨在配合教育部制定精品课程教材的出版规划,讨论并实施精品课程教材的编写与出版工作。"编委会"成员皆来自全国各类高等学校教学与科研第一线的骨干教师,其中许多教师为各校相关院、系主管教学的院长或系主任。

按照教育部的要求,"编委会"一致认为,精品课程的建设工作从开始就要坚持高标准、严要求,处于一个比较高的起点上。精品课程教材应该能够反映各高校教学改革与课程建设的需要,要有特色风格、有创新性(新体系、新内容、新手段、新思路,教材的内容体系有较高的科学创新、技术创新和理念创新的含量)、先进性(对原有的学科体系有实质性的改革和发展,顺应并符合 21 世纪教学发展的规律,代表并引领课程发展的趋势和方向)、示范性(教材所体现的课程体系具有较广泛的辐射性和示范性)和一定的前瞻性。教材由个人申报或各校推荐(通过所在高校的"编委会"成员推荐),经"编委会"认真评审,最后由清华大学出版社审定出版。

目前,针对计算机类和电子信息类相关专业成立了两个"编委会",即"清华大学出版社计算机教材编审委员会"和"清华大学出版社电子信息教材编审委员会"。推出的特色精品教材包括:

(1) 21世纪高等学校规划教材·计算机应用——高等学校各类专业,特别是非计算机专业的计算机应用类教材。

(2) 21世纪高等学校规划教材·计算机科学与技术——高等学校计算机相关专业的教材。

(3) 21世纪高等学校规划教材·电子信息——高等学校电子信息相关专业的教材。

(4) 21世纪高等学校规划教材·软件工程——高等学校软件工程相关专业的教材。

(5) 21世纪高等学校规划教材·信息管理与信息系统。

(6) 21世纪高等学校规划教材·财经管理与应用。

(7) 21世纪高等学校规划教材·电子商务。

(8) 21世纪高等学校规划教材·物联网。

清华大学出版社经过三十多年的努力,在教材尤其是计算机和电子信息类专业教材出版方面树立了权威品牌,为我国的高等教育事业做出了重要贡献。清华版教材形成了技术准确、内容严谨的独特风格,这种风格将延续并反映在特色精品教材的建设中。

清华大学出版社教材编审委员会
联系人:魏江江
E-mail:weijj@tup.tsinghua.edu.cn

1. 关于算法与数据结构

随着计算机技术的日益发展,其应用早已不再局限于简单的数值运算,而涉及问题的分析、数据结构框架的设计以及插入、删除、排序、查找等复杂的非数值处理和操作。学习算法与数据结构就是为以后利用计算机高效地开发非数值处理的计算机程序打下坚实的理论、方法和技术基础。

算法与数据结构旨在分析、研究计算机加工的数据对象的特性,以便选择适当的数据结构和存储结构,从而使建立在其上的解决问题的算法达到最优。

随着计算机技术的发展,特别是大数据及人工智能技术的发展与应用,算法的重要性有目共睹。《算法与数据结构(第三版)》是对 2011 年出版的第二版的修订。本版教材在保持原书基本框架和特色的基础上,增加了蛮力算法、分治算法、贪心算法、回溯算法及分枝限界算法思想及应用实例。

2. 结构安排

全书共分为 10 章,各章主要内容如下。

第 1 章:绪论。主要介绍数据结构和算法的基本概念和术语、C 语言的数据类型及用 C 语言描述算法的要点、C++语言的类与抽象数据类型的关系、C++语言特性及与 C 语言程序的区别、C++语言验证算法的方法。

第 2 章:线性表。主要介绍线性表的逻辑结构、线性表的顺序存储结构和链式存储结构、线性表的应用实例。

第 3 章:栈和队列。主要介绍栈和队列的基本概念及存储结构、栈和队列的应用实例、递归的概念及设计方法、递归实现与栈的关系。

第 4 章:数组和字符串。主要介绍数组存储结构及应用实例、字符串的基本概念和存储结构、字符串的应用实例。

第 5 章:树。主要介绍树和二叉树的基本概念及存储结构、二叉树的应用——哈夫曼树及编码。

第 6 章:图。主要介绍图的基本概念及存储结构、图的遍历、图的生成树和最小代价生成树、有向无环图、最短路径、图的应用实例。

第 7 章:查找。主要介绍静态查找表、动态查找表、哈希表查找。

第 8 章:排序。主要介绍插入排序、交换排序、选择排序、归并排序、基数排序、外部排序。

第 9 章:常用算法设计技术。主要介绍蛮力算法、分治算法、贪心算法、回溯算法及分枝限界算法的思想及应用技巧。

第 10 章:标准模板库。简单介绍标准模板库的组成及使用要点,同时介绍 STL 的应用实例。

本书第1、6、9章由陈媛教授编写,第2、5章由何波副教授编写,第3、4章由卢玲副教授编写,第7、8、10章由刘恒洋副教授编写。全书由陈媛教授统稿。

带 * 的内容为可选内容,不必要求讲解。

3. 本书特点

本书给出的所有算法和程序都采用C语言描述并调试通过,部分算法还增加了C++实现代码,用C和C++两种语言描述算法和数据结构,使数据结构的学习与随后的程序设计课程紧密结合。本书注重可读性和实用性,书中附有大量的图表、程序,使读者能正确、直观地理解问题;书中每章都有学习要点、习题和上机练习,既便于教学,又便于自学。

本书内容和结构体现了教学改革成果。全书由重庆市精品课程"数据结构"重庆理工大学课程组的教师编写完成。作者都是长期在高校从事"算法与数据结构"教学的一线教师,有丰富的教学经验和软件开发能力。作者从多年的教学经验和多项教研课题的研究成果中,构建了数据结构概念建立和编程思想培养的框架体系,总结提炼了学习本课程的重难点和解决方法,大部分样例都经过整理和组织,以便读者更好地理解掌握。同时,本书获"重庆理工大学教材建设基金资助"。

4. 适用对象

本书只要求读者具有C语言基础,不要求具有面向对象程序设计基础,通过本书的学习可帮助读者树立面向对象的编程思想。本书可作为计算机专业、信息管理专业及其他相关专业的本专科教材,也可作为广大软件工作者的参考资料。本书既可作为"数据结构与算法"课程的教材,也可作为其他程序类课程的辅导教材。

由于作者水平有限,书中难免有疏漏之处,敬请读者批评指正,以便及时修改。

作　者

2019 年 12 月

目　录

第 1 章　绪论 ……………………………………………………………………… 1

　1.1　数据结构的基本概念与学习方法 ……………………………………………… 1
　　1.1.1　数据结构的研究对象 ………………………………………………………… 1
　　1.1.2　数据结构的基本概念和基本术语 …………………………………………… 2
　1.2　算法与数据结构 ………………………………………………………………… 8
　　1.2.1　算法的概念 …………………………………………………………………… 8
　　1.2.2　描述算法的方法 ……………………………………………………………… 9
　　1.2.3　算法分析 ……………………………………………………………………… 9
　1.3　学习算法与数据结构的意义和方法 …………………………………………… 13
　1.4　C 语言的数据类型及其算法描述 ……………………………………………… 14
　　1.4.1　C 语言的基本数据类型概述 ………………………………………………… 14
　　1.4.2　C 语言的数组和结构体数据类型 …………………………………………… 14
　　1.4.3　C 语言的指针类型概述 ……………………………………………………… 18
　　1.4.4　C 语言的函数 ………………………………………………………………… 23
　　1.4.5　用 C 语言验证算法的方法 …………………………………………………… 26
　1.5　从 C 语言到 C++语言 …………………………………………………………… 28
　　1.5.1　C++语言的类和抽象数据类型 ……………………………………………… 28
　　1.5.2　C++语言验证算法的方法 …………………………………………………… 31
　　1.5.3　C++语言与 C 语言程序的区别 ……………………………………………… 32
　　1.5.4　C++语言的重要特性 ………………………………………………………… 32
　习题 1 ………………………………………………………………………………… 38
　上机练习 1 …………………………………………………………………………… 39

第 2 章　线性表 ……………………………………………………………………… 40

　2.1　线性表的逻辑结构 ……………………………………………………………… 40
　　2.1.1　线性表的定义 ………………………………………………………………… 40
　　2.1.2　线性表的运算 ………………………………………………………………… 41
　2.2　线性表的顺序存储结构——顺序表 …………………………………………… 42
　　2.2.1　顺序表 ………………………………………………………………………… 42
　　2.2.2　顺序存储结构的优缺点 ……………………………………………………… 43
　　2.2.3　顺序表上的基本运算 ………………………………………………………… 44
　2.3　线性表的链式存储结构——链表 ……………………………………………… 47

　　　　2.3.1　单链表 ··· 47

　　　　2.3.2　循环链表和双向链表 ··· 55

　　2.4　线性表的应用示例 ··· 59

　　2.5　C++中的线性表 ·· 63

　　　　2.5.1　C++中线性表抽象数据类型 ···································· 63

　　　　2.5.2　C++中线性表的顺序存储 ······································ 64

　　　　2.5.3　C++中线性表的链式存储 ······································ 67

　　习题2 ·· 70

　　上机练习2 ·· 71

第3章　栈和队列 ·· 73

　　3.1　栈 ··· 73

　　　　3.1.1　栈的基本概念 ··· 73

　　　　3.1.2　栈的顺序存储结构 ··· 75

　　　　3.1.3　栈的链式存储结构 ··· 78

　　3.2　栈的应用实例 ·· 80

　　　　3.2.1　表达式求值 ··· 80

　　　　3.2.2　栈与函数调用 ··· 82

　　　　3.2.3　栈在回溯法中的应用 ··· 83

　　3.3　队列 ··· 84

　　　　3.3.1　队列的基本概念 ·· 84

　　　　3.3.2　队列的顺序存储结构 ··· 85

　　　　3.3.3　队列的链式存储结构 ··· 89

　　3.4　队列的应用实例 ··· 92

　　　　3.4.1　舞伴问题 ·· 92

　　　　3.4.2　打印队列的模拟管理 ··· 94

　　3.5　递归 ··· 96

　　　　3.5.1　递归的定义及递归模型 ·· 96

　　　　3.5.2　递归的实现 ··· 99

　　　　3.5.3　递归设计 ··· 100

　　　　3.5.4　递归到非递归的转换 ·· 101

　　3.6　C++中的栈和队列 ··· 102

　　　　3.6.1　C++中的栈 ··· 102

　　　　3.6.2　C++中的队列 ·· 104

　　习题3 ·· 106

　　上机练习3 ·· 106

第4章　数组和字符串 ··· 109

　　4.1　数组 ··· 109

4.1.1　数组的定义与操作 ··· 109

4.1.2　数组的顺序存储结构 ··· 110

4.1.3　矩阵的压缩存储方法 ··· 111

4.2　字符串 ··· 119

4.2.1　字符串的定义与操作 ·· 119

4.2.2　字符串的存储结构 ··· 121

4.2.3　字符串基本操作的实现 ·· 125

4.2.4　字符串的应用举例 ··· 130

4.3　C++中的数组和字符串 ··· 131

4.3.1　C++中的数组 ·· 131

4.3.2　C++中的字符串 ··· 133

习题 4 ··· 133

上机练习 4 ·· 134

第 5 章　树 ·· 135

5.1　树的概念与操作 ··· 135

5.1.1　树的概念 ·· 135

5.1.2　树的基本操作 ·· 137

5.2　二叉树 ··· 138

5.2.1　二叉树的概念 ·· 138

5.2.2　二叉树的性质 ·· 140

5.2.3　二叉树的存储结构及其实现 ·· 142

5.3　二叉树的遍历 ·· 144

5.3.1　递归的遍历算法 ··· 144

5.3.2　二叉树遍历操作应用举例 ·· 147

5.4　线索二叉树 ··· 149

5.4.1　线索二叉树的定义 ··· 149

5.4.2　线索二叉树的常用运算 ·· 151

5.5　一般树的表示和遍历 ·· 155

5.5.1　一般树的表示 ·· 155

5.5.2　二叉树与树、森林之间的转换 ··· 157

5.5.3　一般树的遍历 ·· 159

5.6　哈夫曼树及其应用 ··· 160

5.6.1　哈夫曼树 ·· 160

5.6.2　哈夫曼树的应用 ··· 162

5.7　C++中的树 ··· 167

5.7.1　C++中的二叉树结点类 ··· 167

5.7.2　C++中的二叉树类 ·· 167

5.7.3　C++中二叉树的非递归遍历 ·· 169

习题 5 ·· 170

上机练习 5 ··· 173

第 6 章　图 ··· 175

6.1　图的概念与操作 ··· 175

6.1.1　图的定义 ··· 175

6.1.2　图的基本术语 ·· 176

6.2　图的存储结构 ··· 179

6.2.1　邻接矩阵 ··· 179

6.2.2　邻接表 ··· 180

6.2.3　十字链表 ··· 182

6.2.4　边集数组 ··· 184

6.3　图的遍历 ··· 185

6.3.1　深度优先搜索 ·· 185

6.3.2　广度优先搜索 ·· 188

6.4　图的连通性 ·· 190

6.4.1　无向图的连通分量 ·· 190

6.4.2　生成树和最小代价生成树 ·· 190

6.5　有向无环图及应用 ·· 196

6.5.1　拓扑排序 ··· 196

6.5.2　关键路径 ··· 201

6.6　最短路径及应用 ·· 204

6.6.1　单源最短路径 ·· 205

6.6.2　每对顶点之间的最短路径 ·· 208

6.7　C++中的图 ·· 210

6.7.1　C++中的图类 ·· 210

6.7.2　图的邻接表的 C++程序 ··· 211

6.7.3　图的遍历的 C++程序 ·· 213

6.7.4　图的最小生成树的 C++程序 ·· 213

习题 6 ·· 214

上机练习 6 ··· 216

第 7 章　查找 ··· 217

7.1　基本概念与术语 ·· 217

7.2　静态查找表 ·· 219

7.2.1　静态查找表结构 ··· 219

7.2.2　顺序查找 ··· 220

7.2.3　有序表的折半查找 ·· 221

7.2.4　有序表的插值查找和斐波那契查找 ·· 223

　　　　7.2.5　分块查找 ··· 224
　　7.3　动态查找表 ··· 225
　　　　7.3.1　二叉排序树 ··· 225
　　　　7.3.2　平衡二叉树 ··· 230
　　　　7.3.3　B-树和B＋树 ··· 235
　　7.4　哈希表查找 ··· 241
　　　　7.4.1　哈希表与哈希方法 ··· 241
　　　　7.4.2　常用的哈希方法 ··· 241
　　　　7.4.3　处理冲突的方法 ··· 243
　　　　7.4.4　哈希表的查找分析 ··· 245
　　7.5　C++中的查找 ·· 246
　　　　7.5.1　静态查找的C++程序 ··· 246
　　　　7.5.2　动态查找的C++程序 ··· 247
　　习题7 ·· 248
　　上机练习7 ·· 249

第8章　排序 ·· 250
　　8.1　基本概念 ··· 250
　　8.2　插入排序 ··· 251
　　　　8.2.1　直接插入排序 ··· 251
　　　　8.2.2　希尔排序 ··· 253
　　8.3　交换排序 ··· 254
　　　　8.3.1　冒泡排序 ··· 254
　　　　8.3.2　快速排序 ··· 256
　　8.4　选择排序 ··· 258
　　　　8.4.1　简单选择排序 ··· 259
　　　　8.4.2　堆排序 ·· 260
　　8.5　归并排序 ··· 264
　*8.6　基数排序 ··· 266
　*8.7　外部排序简介 ··· 270
　　　　8.7.1　外存信息的存取 ··· 270
　　　　8.7.2　外部排序的基本方法 ··· 271
　　8.8　C++中的排序 ·· 272
　　习题8 ·· 273
　　上机练习8 ·· 274

第9章　常用算法设计技术 ··· 275
　　9.1　蛮力算法 ··· 275
　　　　9.1.1　蛮力算法思想 ··· 275

9.1.2　蛮力算法应用实例——最近对问题 ·································· 276

9.2　分治算法 ·· 276

9.2.1　分治算法思想 ·· 276

9.2.2　分治算法设计 ·· 277

9.2.3　分治算法设计应用实例——棋盘覆盖问题 ···················· 278

9.3　动态规划算法 ·· 280

9.3.1　动态规划算法思想及设计 ·· 280

9.3.2　动态规划算法应用实例——0/1 背包问题 ······················ 281

9.4　贪心算法 ·· 284

9.4.1　贪心算法技术思想 ·· 284

9.4.2　贪心算法设计 ·· 284

9.4.3　贪心算法应用实例——背包问题 ································ 285

9.5　回溯算法 ·· 287

9.5.1　回溯算法有关概念 ·· 287

9.5.2　回溯算法思想 ·· 288

9.5.3　回溯算法设计 ·· 289

9.5.4　回溯算法应用实例——装载问题 ································ 291

9.6　分支限界算法 ·· 292

9.6.1　分支限界算法思想 ·· 292

9.6.2　分支限界算法设计 ·· 295

9.6.3　分支限界算法应用实例——任务分配问题 ······················ 296

习题 9 ··· 298

上机练习 9 ·· 299

第 10 章　标准模板库 ·· 300

10.1　STL 简介 ·· 300

10.1.1　容器 ·· 300

10.1.2　迭代器 ·· 304

10.1.3　算法 ·· 307

10.2　STL 应用实例 ··· 309

10.2.1　双向链表操作的 STL 实现 ···································· 309

10.2.2　STL 测试程序 ·· 311

习题 10 ··· 315

上机练习 10 ·· 315

参考文献 ·· 316

绪论

本章学习要点

(1) 熟悉各名词和术语的含义;掌握各种基本概念,特别是数据的逻辑结构和存储结构及其相互关系;熟悉逻辑结构的 4 种基本类型;熟悉存储结构的两种基本机内表示方法。

(2) 了解数据结构、数据类型、抽象数据类型的区别和联系。

(3) 了解算法的 5 个要素,初步掌握估算算法时间复杂度的方法。

(4) 熟悉 C 语言的书写规范,特别要注意参数传递问题,能够灵活运用各种数据类型来描述问题的对象。

(5) 理解 C++语言的类和抽象数据类型的关系,理解 C++语言验证算法的方法。了解 C++语言与 C 语言程序的区别。

计算机科学是一门研究信息的表示和处理的科学,而信息的表示和组织又直接关系到信息处理程序的效率。由于许多程序的规模大、结构复杂、处理对象多为非数值型的数据,因此单纯依靠程序设计人员的经验和技巧已不能编写出高效率的处理程序。为了设计出效率高、可靠性强的程序,人们必须对程序设计的方法进行系统的研究。这就要求程序设计人员不但要掌握一般的程序设计技巧,而且要研究计算机程序加工的对象,即研究数据的特性以及数据之间存在的关系,这就是数据(或称信息)结构。

数据结构是在整个计算机科学与技术领域上广泛被使用的术语,它用来反映一个数据的内部构成,即一个数据由哪些成分数据构成、以什么方式构成、呈什么结构(或关系)。数据结构分为逻辑上的数据结构和物理上的数据结构。逻辑上的数据结构反映成分数据之间的逻辑关系,而物理上的数据结构反映成分数据在计算机内部的存储安排。

1.1 数据结构的基本概念与学习方法

1.1.1 数据结构的研究对象

数据结构作为一门学科,主要研究数据的各种逻辑结构和存储结构以及对数据的各种操作。它主要有 3 方面的内容:数据的逻辑结构、数据的物理存储结构、对数据的操作(或算法、运算)。通常,算法的设计取决于数据的逻辑结构,算法的实现取决于数据的物理存储结构。

用计算机解决一个实际问题时,一般的步骤是:首先得到实际问题的数学模型,然后设计相应的算法,最后编写、调试、完善程序,直至得到问题的答案。当人们用计算机处理数值计算问题时,所用的数学模型是用数学方程描述的。若问题是不变的,要用代数方程描述;若问题是动态的,就要用微分方程来描述。所涉及的运算对象一般是简单的整型、实型和逻辑型数据,因此程序设计者的主要精力集中于程序设计技巧上,而不是数据的存储和组织上。然而,目前计算机应用的更多领域是"非数值计算问题",它们的数学模型无法用数学方程描述,而是用"数据结构"描述,解决此类问题的关键是设计出合适的数据结构。这是一种什么样的数学模型呢?下面用 3 个例子对它们进行说明,让读者对这种模型有一个感性的认识。

例 1.1   求一组(n 个)整数中的最大值。

算法:基本操作是"比较两个数的大小"。

模型:由多个整数排成的一个序列(一对一关系)——线性结构。

例 1.2   计算机对弈。

算法:对弈的规则和策略。

模型:由多个格局构成的呈现层次结构的树(一对多关系)——树形结构。

例 1.3   制订教学计划。

算法:教学计划的制订规则和各课程间的先后关系。

模型:各课程构成的复杂的先后关系(多对多关系)——图形结构。

从以上 3 个例子可以看出,描述非数值计算问题的数学模型是用线性表、树、图等结构来描述的,这也就是"数据结构"课程的研究对象。

一般地说,数据结构是一门研究非数值计算领域的程序设计问题中计算机的操作对象以及它们之间的关系和操作等的学科。

1.1.2   数据结构的基本概念和基本术语

1. 数据

数据(Data)是所有能被输入到计算机中,且被计算机处理的符号的集合。它是计算机程序加工、处理的对象。客观事物包括数值、字符、声音、图形、图像等,它们本身并不是数据,只有通过编码转换成能被计算机识别、存储和处理的符号形式后才是数据。例如,例 1.1 中的一批整型数据。

2. 数据元素

数据元素(data element)是数据的基本单位,在计算机程序中通常是作为一个整体进行考虑和处理的。例如,例 1.1 中的一个整型数据。

3. 数据项

数据元素是数据结构中讨论的最小单位。若数据元素可再分,则每一个独立的处理单元就是数据项(data item),数据元素是数据项的集合;若数据元素不可再分,则数据元素和数据项是同一个概念。例如,例 1.1 中的整型数据不可再分,一个整型数据既是数据元素也是数据项。但例 1.3 中的课程(包括课程号、课程名等)这个数据元素可再分,课程号、课程名就是数据项,而不是数据元素了。

4. 数据结构

数据结构(data structure)是相互之间存在一种或多种特定关系的数据元素的集合。这个概念涉及了两个内容:一个是数据元素;另一个是数据元素之间的相互关系。数据元素不是孤立存在的,在它们之间总是存在某种相互关系。

5. 逻辑结构

逻辑结构(logic structure)是数据元素之间的相互逻辑关系,它与数据的存储无关,是独立于计算机的。

从集合论的观点出发,数据结构是由两个集合构成的一个二元组

$$B = (D, R) \tag{1.1}$$

B 是一种数据结构,它由同属一个数据对象的数据元素的有限集合 D 和 D 上二元关系的有限集合 R 组成。式(1.1)称为数据结构的形式定义。其中:

$$D = \{d_i \mid 1 \leqslant i \leqslant n, n \geqslant 0\}$$
$$R = \{r_j \mid 1 \leqslant j \leqslant m, m \geqslant 1\}$$

d_i 表示第 i 个数据元素,n 为 B 中数据元素的个数;r_j 表示第 j 个关系,m 为 D 上关系的个数。一般讨论 $m = 1$ 的情况,即 R 中只包含一个关系,$R = \{r\}$。

D 上的二元关系 r 是序偶的集合。对于 r 中的任一序偶 $<x, y>(x, y \in D)$,将 x 称为序偶的第一元素,将 y 称为序偶的第二元素,又称序偶的第一元素为第二元素的前驱,第二元素为第一元素的后继。例如,序偶 $<x, y>$ 中,x 为 y 的前驱,而 y 为 x 的后继。

数据结构还可以利用图形形象地表示出来。图形中的每一个结点(或称为顶点)对应一个数据元素,两个结点之间带箭头的连线对应二元关系中的一个序偶,该连线称为弧或有向边,序偶的第一元素称为弧的起始结点(弧尾),第二元素称为弧的终止结点(弧头)。

例 1.4~例 1.6 根据表 1.1 构造了一些典型的数据结构。

表 1.1 教务处人事简表

职工号	姓名	出生年份	职务
1	王　敏	1962	处长
2	赵　华	1968	科长
3	刘永年	1964	科长
4	陈曙光	1972	主任
5	马力仁	1959	科员
6	邢　德	1975	科员
7	高　为	1972	科员
8	张　力	1967	科员

例 1.4　一种数据结构 $L = (D, R)$,其中

$$D = \{1, 2, 3, 4, 5, 6, 7, 8\}$$
$$R = \{r\}$$
$$r = \{<5, 1>, <1, 3>, <3, 8>, <8, 2>, <2, 7>, <7, 4>, <4, 6>\}$$

对应的图形如图 1.1 所示。

$$5 \to 1 \to 3 \to 8 \to 2 \to 7 \to 4 \to 6$$

图 1.1　线性结构

不难看出,r 是按职工年龄从大到小排列的关系。

在 L 中,每一个数据元素有且只有一个前驱元素(除第一个结点 5 外),有且只有一个后续元素(除最后一个元素 6 外)。这种数据结构的特点是数据元素之间的 $1:1$ 联系。一般地,把具有这种特点的数据结构称为线性结构。

例 1.5　一种数据结构 $T=(D,R)$,其中

$$D=\{1,2,3,4,5,6,7,8\}$$
$$R=\{r\}$$
$$r=\{\langle 1,2\rangle,\langle 1,3\rangle,\langle 1,4\rangle,\langle 2,5\rangle,\langle 2,6\rangle,\langle 3,7\rangle,\langle 3,8\rangle\}$$

对应的图形如图 1.2 所示。

不难看出,r 是人员之间的领导和被领导的关系。

在 T 中,每一个数据元素有且只有一个前驱元素(除根结点 1 外),但可以有任意多个后续元素(树叶具有 0 个后续结点)。这种数据结构的特点是数据元素之间的 $1:N$ 联系。一般地,把具有这种特点的数据结构称为树形结构。

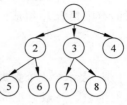

图 1.2　树形结构

例 1.6　一种数据结构 $G=(D,R)$,其中

$$D=\{1,2,3,4,5,6,7\}$$
$$R=\{r\}$$
$$r=\{\langle 1,2\rangle,\langle 2,1\rangle,\langle 1,4\rangle,\langle 4,1\rangle,\langle 2,3\rangle,\langle 3,2\rangle,\langle 2,6\rangle,\langle 6,2\rangle,$$
$$\langle 2,7\rangle,\langle 7,2\rangle,\langle 3,7\rangle,\langle 7,3\rangle,\langle 4,6\rangle,\langle 6,4\rangle,\langle 5,7\rangle,\langle 7,5\rangle\}$$

对应的图形如图 1.3 所示。

从图 1.3 可以看出,r 是 D 上的对称关系,为了简化起见,把$<x,y>$和$<y,x>$这两个序偶用一个无序对(x,y)来代替,在图形中,把 x 结点和 y 结点之间两条相反的弧用一条无向边来代替。这样 r 关系可改写为:$r=\{(1,2),(1,4),(2,3),(2,6),(2,7),(3,7),(4,6),(5,7)\}$,对应的图形如图 1.4 所示。

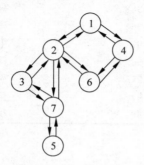

图 1.3　有向图结构

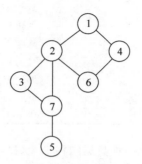

图 1.4　无向图结构

不难看出,r 是人员之间的友好关系。

在 G 中,每一个数据元素有任意多个前驱元素和任意多个后续元素。这种数据结构的特点是数据元素之间的 $M:N$ 联系。一般地,把具有这种特点的数据结构称为图形结构。

上述数据结构定义中的"关系",描述的是数据元素之间抽象化的相互关系,这种数据元素之间客观存在的逻辑关系通常称为逻辑结构。它与数据的存储无关,是独立于计算机的。

根据数据元素之间关系的不同特性,有下列 4 类基本逻辑结构。

① 线性结构:数据结构中的元素之间存在一对一的相互关系。

② 树形结构:数据结构中的元素之间存在一对多的相互关系。

③ 图形结构:数据结构中的元素之间存在多对多的相互关系。

④ 集合结构:数据结构中的元素之间除了"同属一个集合"的相互关系之外,别无其他关系。

图 1.5 为上述 4 种基本逻辑结构的关系图。

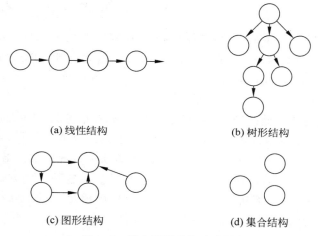

(a) 线性结构　　　　　(b) 树形结构

(c) 图形结构　　　　　(d) 集合结构

图 1.5　基本逻辑结构示意图

6. 物理结构

物理结构(physical structure,或称存储结构)是数据结构在计算机中的表示(又称映像),它包括数据元素的机内表示和关系的机内表示。由于具体实现的方法有顺序、链接、索引、散列等多种,所以,一种数据结构可表示成一种或多种存储结构。下面分别讨论。

1) 数据元素的映像方法

用二进制位(bit)的位串表示数据元素。通常称这个位串为结点(node)。当数据元素由若干个数据项组成时,位串中与各数据项对应的子位串称为数据域(data field)。因此,结点是数据元素的机内表示(或机内映像)。例如:

$$(321)_{10} = (501)_8 = (101000001)_2$$
$$A = (101)_8 = (001000001)_2$$

2) 关系的映像方法(表示 $<x,y>$ 的方法)

数据元素之间关系的机内表示可以分为顺序映像和非顺序映像,常用两种存储结构:

顺序存储结构和链式存储结构。顺序映像借助元素在存储器中的相对位置来表示数据元素之间的逻辑关系。非顺序映像借助指示元素存储位置的指针(pointer)来表示数据元素之间的逻辑关系。下面的例子说明了这两种存储方法。

例 1.7 序列 $A = (12, 23, 44, 33, 65)$ 的两种存储结构。

假设用 2 字节存储一个数据元素。该序列的两种存储结构如图 1.6 所示。

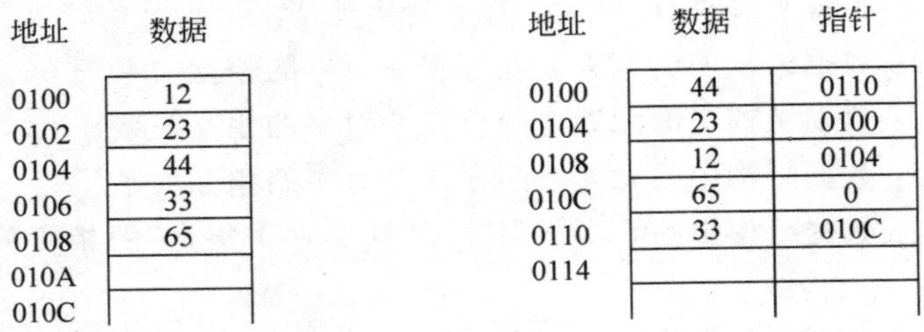

地址	数据
0100	12
0102	23
0104	44
0106	33
0108	65
010A	
010C	

(a) 序列A的顺序存储结构

地址	数据	指针
0100	44	0110
0104	23	0100
0108	12	0104
010C	65	0
0110	33	010C
0114		

(b) 序列A的链式存储结构

图 1.6 序列 A 存储结构示意图

图 1.6(a)表示顺序存储结构,其中首元素 12 存放在地址为 0100 的单元中,占 2 字节;第 2 个元素存放在地址为 0102 的单元中,占 2 字节;以此类推。由这种存储方式,很容易确定序列中任意一个元素的位置,如第 3 个元素的位置是 $0100 + (3-1) \times 2 = 0104$,可以通过计算公式直接确定。

图 1.6(b)表示链式存储结构,其中首元素 12 存放在地址为 0108 的单元中;第 2 个元素的存储位置由首元素的指针域指示出来,为地址是 0104 的单元;第 3 个元素的存储位置由第 2 个元素的指针域指示出来,为地址是 0100 的单元;以此类推。最后一个元素存储在地址为 010C 的单元中,它的指针域存放了一个空指针。在这种存储方式中,要确定序列中任意一个元素的位置,都必须从第 1 个元素开始,"顺藤摸瓜"。如要确定第 3 个元素的位置,必须先由首元素的指针域找到第 2 个元素的存储位置,再由第 2 个元素的指针域找到第 3 个元素的存储位置 0100。

上述两种存储结构各有其优缺点,相关内容将在后的章节中进一步讨论。

在不同的编程环境中,存储结构可能有不同的描述方法。当用高级程序设计语言进行编程时,通常可用编程语言中提供的数据类型描述存储结构。例如用高级程序设计语言所具有的"数组"类型来表示顺序存储结构,用"指针"来表示链式存储结构。

7. 数据类型

数据类型(data type)是与数据结构密切相关的一个概念。数据是按数据结构分类的,具有相同数据结构的数据属同一类。同一类数据的全体称为一个数据类型。

在高级程序设计语言中,数据类型是数据的一种属性,用来说明一个数据在数据分类中的归属。它限定了该数据占据内存的字节数、取值范围、其上可进行的操作。所以,数据类型又被认为是一个值的集合和定义在这个值集合上的一组操作的总称。

按值是否可分解,高级语言中的数据类型可以分为两类:原子类型和结构类型。原子类型的值是不可分解的,如 C 语言中的基本类型(整型、浮点型、字符型、枚举类型)和指针类型等。结构类型的值是由若干成分按某种结构组成的,因而是可以分解的,并且它的成分既可以是非结构化的,也可以是结构化的,如 C 语言中的数组类型、结构体类型、共用体(联合)类型等。

8. 抽象数据类型

抽象数据类型(ADT)是指一个数学模型以及定义在此数学模型上的一组操作。抽象数据类型的定义仅取决于它的一组逻辑特性,而与其在计算机内部如何表示和实现无关。

抽象数据类型和数据类型实质上是一个概念。例如,整数类型就是一个抽象数据类型,尽管它们在不同处理器上的实现方法可以不同,但由于其定义的数学特性相同,在用户看来都是相同的。因此,抽象的意义在于数据类型的数学抽象特性。另外抽象数据类型的范畴更广,它不再局限于处理器中已定义并实现的数据类型,还包括用户在设计软件系统时自己定义的数据类型。

抽象数据类型是描述数据结构的一种理论工具,其目的是使人们能够独立于程序的实现细节来理解数据结构的特性。一种数据结构被视为一个抽象数据类型,即数据结构的数据视为抽象数据类型的数据对象,数据结构的关系视为抽象数据类型的数据关系,数据结构上的算法视为抽象数据类型的基本操作。抽象数据类型的特征是将使用与实现相分离,从而实现封装和信息隐藏。抽象数据类型通过一种特定的数据结构在程序的某个部分得以实现,而在设计使用抽象数据类型的程序时,只关心这个数据类型上的操作,而不关心数据结构的具体实现。

抽象数据类型可用三元组(D,S,P)表示,其中,D 是数据对象,S 是 D 上关系集合,P 是对 D 的基本操作集合。抽象数据类型描述的一般形式如下:

```
ADT 抽象数据类型名称{
    数据对象:<数据对象的定义>
    数据关系:<数据关系的定义>
    基本操作:<基本操作的定义>
}ADT 抽象数据类型名称
```

其中,数据对象和数据关系的定义用集合描述。基本操作的定义格式为:

```
返回类型   基本操作名(参数表)
```

例 1.8 复数抽象数据类型。

复数抽象数据类型可以定义为如 ADT1.1 所示的形式。

ADT1.1 复数抽象数据类型

ADT complex{

数据对象:$D=\{e_1,e_2 \mid e_1,e_2$ 为实数$\}$

数据关系:$R_1=\{<e_1,e_2> \mid e_1$ 是复数的实数部分,e_2 是复数的虚数部分$\}$

基本操作:

Initcomplex($\&$Z,v1,v2)

　　　操作结果:构造复数 Z,其实部和虚部分别被赋予参数 v1 和 v2 的值

Destroycomplex($\&$Z)

　　　操作结果:复数 Z 被销毁

GetReal(Z,& Realpart)

　　初始条件：复数已存在

　　操作结果：用 Realpart 返回复数 Z 的实部值

GetImag (Z,& Imagpart)

　　初始条件：复数已存在

　　操作结果：用 Imagpart 返回复数 Z 的虚部值

Add(z1,z2,&sum)

　　初始条件：z1 和 z2 是复数

　　操作结果：用 sum 返回两个复数 z1 和 z2 的和

}ADT complex

　　抽象数据类型可通过固有数据类型来表示和实现，即利用编程环境中已存在的数据类型来说明新的结构，用已经实现的操作来组合新的操作。抽象数据类型的设计者根据抽象数据类型的描述给出操作的具体实现，抽象数据类型的使用者依据这些描述使用抽象数据类型。

　　抽象数据类型的具体实现依赖于所选择的高级语言功能。常见的实现抽象数据类型方法有面向过程的程序设计方法和面向对象的程序设计方法。本书主要采用面向过程的程序设计方法来实现抽象数据类型，同时在每一章最后一节概要说明了怎样用面向对象的程序设计方法来实现抽象数据类型。

　　在面向过程的 C 语言中，用户可以自己定义数据类型，同时借助于函数，利用固有的数据类型来实现抽象数据类型。对使用已定义的抽象数据类型的用户来说，必须将已定义的抽象数据类型说明以及函数说明嵌入到自己程序的适当位置。在 C 语言中，抽象数据类型的设计和使用方法详见 1.4 节。

　　在面向对象程序设计的 C++语言中，借助对象描述抽象数据类型，存储结构的说明和操作函数的说明被封装到类中，属于某个类的具体变量称为对象。数据结构的定义为对象的属性域(或数据成员)，算法的定义在对象中称为方法(或成员函数)。在 C++语言中，抽象数据类型的设计和使用方法详见 1.5 节。

1.2　算法与数据结构

　　著名的计算机科学家 N. Wirth 教授曾提出一个公式：

$$算法 + 数据结构 = 程序 \tag{1.2}$$

　　式(1.2)清楚地揭示了算法和数据结构这两个计算机科学的重要支柱的重要性和统一性。也就是说，既不能离开数据结构去抽象地分析求解问题的算法，也不能脱离算法去孤立地研究程序的数据结构。因此，在初步了解数据结构的基本概念和术语之后，还应该讨论算法的概念。

1.2.1　算法的概念

　　算法(algorithm)是对特定问题求解步骤的一种描述，它是指令的有限序列，其中每一条指令表示一个或多个操作。

通常，一个算法必须具备以下 5 个重要特性。

（1）有穷性：一个算法对任何合法的输入值必须总是在执行有穷步之后结束，而且每一步都可在有穷的时间内完成。

（2）确定性：算法中每一条指令必须有确切的含义，阅读时不会产生二义性。并且，在任何条件下，算法只有唯一的一条执行路径，即对于相同的输入只能得到相同的输出。

（3）可行性：一个算法是可行的，算法中描述的操作都可以通过已经实现的基本运算执行有限次来实现。

（4）输入：一个算法有 $n(n \geqslant 0)$ 个数据的输入。

（5）输出：一个算法必须有一个或多个有效信息的输出，它是与输入有某种特定关系的量。

算法的含义与程序十分相似，但二者是有区别的。一个程序不一定满足有穷性。例如操作系统，只要整个系统不被破坏，它就永远不会停止，即使没有作业要处理，它仍处于一个等待循环中，以等待新作业的进入。因此，操作系统不是一个算法。另外，程序中的指令必须是机器可执行的，而算法中的指令则无此限制。但是一个算法若用机器可执行的指令来编写，它就是一个程序。

在计算机领域，一个算法实质上是针对所处理问题的需要，在数据的逻辑结构和物理结构的基础上，施加的一种运算。由于数据的逻辑结构和物理结构不是唯一的，在很大程度上可以由用户自行选择和设计，所以处理同一个问题的算法也不是唯一的。另外，即使对于相同的逻辑结构和物理结构，其算法设计的思想和技巧不同，编写出的算法也大不相同。

学习数据结构这门课程的目的，就是要能够根据问题的需要，为待处理的数据选择合适的逻辑结构和物理结构，进而设计出比较满意的高效算法。

1.2.2 描述算法的方法

算法可以用自然语言、程序设计语言、类程序设计语言、流程图等来描述。自然语言便于读者阅读，但容易产生二义性，且不便转换为用高级语言编写的程序。用程序设计语言来描述算法，可以直接运行验证，但存在烦琐等问题。所谓类程序设计语言，是对标准程序设计语言的一种简单的扩充，既便于读者阅读，又能容易地转换为用高级语言编写的程序，但在验证算法的过程中，存在一些语法问题。采用流程图的方式虽然直观，但也存在不易转换的问题。为了方便验证，本书中讨论的算法主要采用标准 C 语言作为描述工具。关于用 C 语言描述算法的方法参见 1.4 节。为了帮助读者更好地体会面向对象的思想，在每章的最后一节用 C++语言描述了各种数据结构。

1.2.3 算法分析

设计算法时，通常应考虑达到以下目标。

（1）正确性（correctness）：算法应能正确地实现预定的功能（即处理要求）。对算法是否正确的理解有以下 4 个层次。

① 程序中不含语法错误；

② 程序对于几组输入数据能够得出满足要求的结果;

③ 程序对于精心选择的、典型的、苛刻且带有刁难性的几组输入数据能够得出满足要求的结果;

④ 程序对于一切合法的输入数据都能得出满足要求的结果。

通常以第③层意义的正确性作为衡量一个算法是否合格的标准。

(2) 可读性(readability):算法应易于阅读和理解,以便于调试、修改和扩充。

(3) 健壮性(robustness):当输入数据非法时,算法也能适当地做出反应或进行处理,而不会产生莫名其妙的输出结果。

(4) 高效率(efficient):即要求执行算法的时间短,所需要的存储空间少。

虽然在应用中总是希望选用一个占用存储空间小、运行时间短、其他性能也好的算法,然而实际上却很难做到十全十美,因为上述要求有时相互抵触。要节约算法的时间往往要以牺牲更多的空间为代价;而为了节省空间又可能要以更多的时间为代价。因此只能根据具体情况有所侧重。若程序使用次数较少,则力求算法简明易懂,易于转换为程序;对于反复多次使用的程序,应尽可能选用快速的算法;若待解决的问题数据量极大,机器的存储空间较小,则相应的算法主要考虑如何节省空间。

要得到一个高效的算法,在设计算法时,就要对算法的执行时间有一个客观的分析和判断。

运算时间是指一个算法在计算机上运算所花费的时间,它与简单操作(如赋值操作、转向操作、比较操作等)的次数有关。算法由控制结构和简单操作组成,算法的执行时间为简单操作的执行次数与简单操作的执行时间的乘积,而简单操作的执行时间是由计算机硬件环境决定的,与算法无关。因此,算法的执行时间与简单操作执行次数(也称为频度)成正比。一般地,把算法中包含简单操作次数的多少称为算法的时间复杂度,它是一个算法运行时间的相对量度。

问题的规模是算法求解问题的输入量,一般用整数 n 表示。例如,在排序问题中,n 表示待排序元素的个数;在矩阵求逆中,n 表示矩阵的阶数;在图的遍历中,n 表示图的顶点数或边数等。

算法的时间复杂度可看成是问题规模的函数,记为 $T(n)$。

例 1.9 分析算法 1.1 和算法 1.2 的时间复杂度。

算法 1.1 累加求和。

```
int sum(int a[], int n)
{
    int s = 0, i;                //(1)给累加变量 s 赋初值
    for (i = 0; i < n; i ++)     //(2)进行累加求和
        s += a[i];
    return(s);                   //(3)返回 s 的值
}
```

第(1)、(2)步不是简单操作,可将算法改写为:

```
int sum(int a[], int n)
{
    int s, i;
```

```
    s = 0;                      //1 次
    i = 0;                      //1 次
    while (i < n)               //n + 1 次
    {
        s += a[i];              //n 次
        i ++;                   //n 次
    }
    return (s);                 //1 次
}
```

因此,算法 1.1 的时间复杂度为:$T(n) = 3n + 4$。

算法 1.2 矩阵相加。

```
//a,b,c 分别为 n 阶矩阵,a,b 表示两个加数,c 表示和
void matrixadd(int a[][n], int b[][n], int c[][n])
{
    int i,j;
    for (i = 0; i < n; i++)
        for (j = 0; j < n; j++)
            c[i][j] = a[i][j] + b[i][j];
}
```

通过与算法 1.1 相似的分析过程,可得到算法 1.2 的时间复杂度为:$T(n) = 4n^2 + 5n + 2$。

算法 1.1 和算法 1.2 的时间复杂度比较容易计算,因为算法比较简单,同时 for 循环中的循环次数是固定的。但是当算法较复杂,同时包含有 while 等循环时,其时间复杂度的计算就相当困难了。实际上,一般也没有必要精确地计算出算法的时间复杂度,只要大致计算出相应的数量级(order)即可。

设 $T(n)$ 的一个辅助函数为 $f(n)$,随着问题规模 n 的增长,算法执行时间的增长率和 $f(n)$ 的增长率相同,则可记作:

$$T(n) = O(f(n))$$

当问题的规模 n 趋向无穷大时,把时间复杂度 $T(n)$ 的数量级(阶)$O(f(n))$ 称为算法的(渐近)时间复杂度。

算法的时间复杂度采用数量级的形式表示后,将给求一个算法的 $T(n)$ 带来很大的方便,一般只要分析循环体内简单操作的执行次数即可。

估算算法的时间复杂度常用方法如下。

(1) 多数情况下,求最深层循环内的简单语句(原操作)的重复执行的次数。

(2) 当难以精确计算原操作的执行次数时,只需求出它关于 n 的增长率或阶即可。

(3) 当循环次数未知(与输入数据有关),求最坏情况下的简单语句(原操作)的重复执行的次数。

例 1.10 估算算法的时间复杂度。

程序段 1:

```
x = x + 1;
```

程序段 2:

```
for(i = 1; i <= n; i ++)
        x = x + 1;
```

程序段 3：

```
for(i = 1; i <= n; i ++)
        for(j = 1; j <= n; j ++)
            x = x + 1;
```

程序段 4：

```
for(i = 1; i <= n; i ++)
        for(j = i; j <= n; j ++)
            x = x + 1;
```

语句 x＝x+1 的执行次数(或频度)分别为 1、n、n^2 和 $n(n+1)/2$，则这 4 个程序段的渐近时间复杂度分别是 $O(1)$、$O(n)$、$O(n^2)$ 和 $O(n^2)$。

程序段 5：

```
//将 a 中整数序列重新排列成自小至大有序的整数序列
    void bubble_sort(int a[], int n)
    {
        int temp, i, j, change = 1;
        for(i = n - 1, change = 1; i > 0 && change; i -- )
        {
        change = 0;
        for (j = 0; j < i; j++)
            if (a[j] > a[j + 1])
            {
                temp = a[j]; a[j] = a[j + 1]; a[j + 1] = temp;
                change = 1;
            }
        }
    }
```

上述程序段中，基本操作为赋值操作，由于次数是未知的，因此考虑最坏情况下的次数为 $n(n+1)/2$，渐进时间复杂度为 $O(n^2)$。

以下是具有代表性的 $T(n)$ 函数。

多项式时间算法的关系为：

$$O(1) < O(\text{lb}n) < O(n) < O(n\text{lb}n) < O(n^2) < O(n^3)$$

指数时间算法的关系为：

$$O(2^n) < O(n!) < O(n^n)$$

当 n 值很大时，指数时间算法和多项式时间算法在所需时间上相差非常悬殊。因此，只要有人能将现有指数时间算法中的任何一个算法化简为多项式时间算法，那就取得了一个伟大的成就。

为了讨论算法所需的存储量，本书将空间复杂度函数作为算法所需的存储空间的量度。算法的空间复杂度为：

$$S(n) = O(g(n))$$

它表示随着问题规模 n 的增大,算法运行所需存储量的增长率与 $g(n)$ 的增长率相同。

算法的存储量包括输入数据所占空间、程序本身所占空间和辅助变量所占空间。

由于输入数据所占空间只取决于问题本身,和算法无关,所以只需要分析除输入和程序之外的额外空间。

若所需额外空间相对于输入数据量来说是常数,则称此算法为原地工作。

若所需额外空间依赖于特定的输入,则通常按最坏情况考虑。

1.3 学习算法与数据结构的意义和方法

算法与数据结构是计算机及相关专业的核心课程之一,在众多的系统软件和应用软件中都涉及算法和数据结构。因此,仅掌握几种计算机语言难以应对众多复杂的问题,要想有效地使用计算机,还必须学习算法与数据结构的有关知识。

算法+数据结构=程序。它揭示了程序设计的实质,即对实际问题选择一种好的数据结构,加之设计一个好的算法,而好的算法在很大程度上取决于描述实际问题的数据结构。

例 1.11 电话号码查询问题。

假定要编写一个程序,查询某个城市或单位的私人电话号码。解此问题首先要构造一张电话号码登记表,表中每个结点存放两个数据项:姓名和电话号码。要写出好的查询算法,取决于这张表的结构及存储方式。最简单的方式是将表中结点顺序地存储在计算机中,查找时从头开始依次查找姓名,直到找出正确的姓名或找遍整个表均没有找到为止。这种查找算法对于一个不大的单位或许是可行的,但对于一个有成千上万私人电话的城市就不实用了。然而,若这张表是按姓氏排列的,则构造另一张姓氏索引表,采用如图 1.7 所示的存储结构。查找时,先在索引表中查找姓氏,然后根据索引表中的地址到电话号码登记表中核查姓名,这样查找登记表时就无须查找其他姓氏的名字了。因此,在这种新的结构上产生的查找算法就是更为有效的。

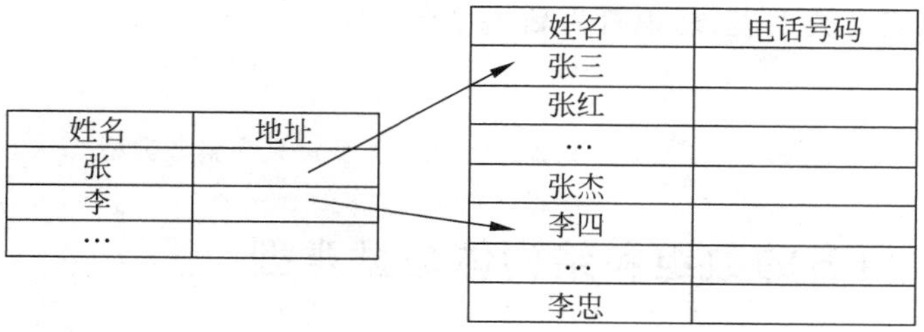

图 1.7 电话号码查询问题的索引存储

"算法与数据结构"这门课程不仅具有很强的理论性,而且有很强的实践性。因此,学习本门课程既要弄清楚主要的数据结构的表示及操作实现的方法,又要认真地通过上机进一步学习编程方法。一些算法(如递归调用)往往需要通过上机调试才能加深理解,豁然开朗。每章后面的习题,可以选择几题作为上机作业,让学生自己去分析问题、解决问题,学生的兴趣、主动性、对本课程的理解往往是在上机解决问题的过程中培养起来的。在解决问题的过程中,可以通过学生间的相互讨论达到事半功倍的效果。

1.4 C 语言的数据类型及其算法描述

本书中讨论的算法,主要采用标准 C 语言作为算法的描述工具。为了便于阅读、理解、编写算法,下面对 C 语言中的有关内容做一些简单的说明。

1.4.1 C 语言的基本数据类型概述

如前所述,C 语言的数据结构也是以数据类型的形式出现的。

在 C 语言中的变量必须"先定义,后使用",定义变量的格式如下:

数据类型　变量名 1,变量名 2,…,变量名 n;

C 语言的数据类型如下:

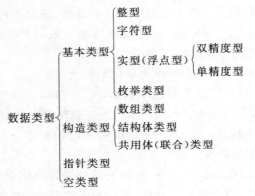

有时需要自定义数据类型,其格式如下:

typedef　类型名　标识符

其中,类型名为已定义类型名,标识符为新类型名。

例如:

typedef　int　elemtype;　　　//把 elemtype 数据类型定义为整型类型

1.4.2 C 语言的数组和结构体数据类型

1. 数组

(1) 数组类型特点: 数据元素类型相同。

(2) 数组定义格式:

元素数据类型名　数组名[常量表达式];

(3) 数组存储结构: 顺序存储(数组名代表首地址)。

例如:

int a[4];

数组 a 的存储结构如图 1.8 所示。

由数组的顺序存储,可得出式(1.3),从而实现数组元素的随机访问。

$$\text{Loc}(a_i) = \text{loc}(a_0) + i * L \qquad (1.3)$$

其中,$\text{Loc}(a_i)$ 表示元素 a_i 的地址,$\text{loc}(a_0)$ 表示数组的首地址,i 表示下标,L 表示一个元素所占字节数。

(4) 数组元素的引用。

格式:

数组名[下标]

其中,下标是取值为 $0 \sim n-1$ 的表达式,n 为数组长度。

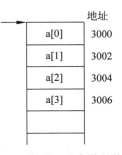

图 1.8　数组 a 的存储结构

关于数组元素的引用需注意以下几点。

① 数组元素按定义数组时定义的数组元素类型进行操作,它可出现在 C 语言表达式中的任何地方。

例如:

```
float a[4];          //定义一个有 4 个浮点型元素的数组
a[3] = 13.5;         //对 a[3]按浮点型数据操作,赋值为 13.5
```

② C 语言规定只能逐个引用数组元素而不能一次引用整个数组。

例如:

```
float a[4],b[4];     //定义两个有 4 个浮点型元素的数组
a = b;               //语法出错;其意图是想把 b 数组的所有元素赋值到 a 数组中,但 C 语言把数组
                     //名处理为连续存储单元的首地址(常量),常量不能出现在赋值运算符的左边
```

(5) 字符串。

多个字符构成的序列称为字符串。字符串分为字符串常量和字符串变量。

字符串常量是由双引号括起来的多个字符。例如:"hello!"字符串常量,它在内存中占 7 字节,因为系统在每个字符串常量后附加一个字符'\0'作为字符串的结束标志。

C 语言把存放字符串的变量表示为字符数组或指向字符的指针。例如:

```
char s[7];           //定义一个最多有 7 个字符的字符串变量
char * s;            //定义一个可指向任意长度字符串的字符指针变量
```

字符串是特殊的数组,既可对每个数组元素进行逐个操作,也可用字符串处理函数对字符串整体进行操作。

例 1.12　字符串的处理。

```
void main()
{
    char s1[5],s2[5];
    scanf("% s % s",s1,s2);        //用控制符 s 表示对字符串输入,参数用数组名
    printf("% s\n % s\n",s1,s2);
}
```

输入：

ABC DEF

输出：

ABC
DEF

2．结构体数据类型

（1）结构体数据类型特点：数据元素类型不同，它们常作为一个整体出现。

（2）结构体的说明：要定义一个结构体类型的变量，一般先定义结构体类型名，再定义结构体类型的变量名。

结构体类型说明格式为：

struct 结构体名 {成员列表};

例如：

```
struct student
{    int num;
     char name[10];
     int age;
     float score;
};
```

上述语句定义了一个由 4 个成员所构成的一个结构体类型 student，但此时没有变量定义，即没有分配存储单元，不能在程序中直接访问结构体类型名。

结构体变量的说明如下。

形式 1：

struct   结构体名   变量名;

例如：

struct student s1,s2;   //定义两个结构体类型为 student 的结构体变量

形式 2：

struct   结构体名{成员列表}变量名;

例如：

```
struct student
{   int num;
    char name[10];
    int age;
    float score;
} s1,s2;                      //定义两个结构体类型为 student 的结构体变量
```

形式 3：

struct {成员列表}变量名;

例如：

```
struct
{   int num;
    char name[10];
    int age;
    float score;
} s1,s2;                    //定义两个由 4 个成员所构成的结构体变量
```

（3）结构体变量中成员的引用。

格式：

结构体变量名.成员名;

例如：

```
struct {int x;float y;}a;
a.x = 3; a.y = 3.4;
```

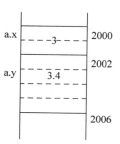

图 1.9 结构体变量的存储结构

结构体变量 a 的存储结构如图 1.9 所示。

对结构体变量中成员的操作，按定义结构体类型时该成员的类型进行操作，它可出现在 C 语言表达式中的任何地方。如上述成员 a.x 按整型数据操作，a.y 按浮点型数据操作。

3．结构体数组

（1）结构体数组特点：数组中的每个元素为结构体类型。

（2）结构体数组定义如下。

```
struct    结构体类型名    数组名[长度];
```

（3）结构体数组的引用。

结构体数组元素的引用格式：

数组名[下标表达式]

它按数组元素的类型（结构体类型）操作，不能对结构体类型做整体操作，只能分别对其成员进行操作。

结构体数组元素成员的引用格式：

数组名[下标表达式].成员名

它按结构体成员类型操作。

例 1.13 结构体数组举例。

程序段如下，其存储结构如图 1.10 所示。

图 1.10 结构体数组的存储结构

S[0].num		2000
S[0].age		2002
S[0].score		2004
	...	
S[3].num	20	2024
S[3].age	78.5	2026
S[3].score		2028
S[4].num		2032
S[4].age		2034
S[4].score		2036

```
struct student
        {int num;
          int age;
```

```
        float score;
    }s[5];                  //定义一个由 5 个结构体元素组成的数组 s
s[3].age = 20;              //对数组 s 的 3 号元素(结构体类型)不能整体操作
                           //现对它的 age 成员(整型)进行赋值操作
s[3].score = 78.5;         //对 3 号元素的 score 成员(浮点型)进行赋值操作
```

1.4.3 C 语言的指针类型概述

1. 指针类型特点

其值是某一存储单元地址的变量。

2. 指针类型变量的定义

指针类型变量的定义格式:

类型标识符 * 变量名;

其中,类型标识符是该指针变量所指向的存储单元(指针变量的对象)的数据类型。

例如:

```
int * p;                   //定义一个指向整型存储单元的指针变量
```

说明:要访问指针变量所指向的存储单元(对象),必须先对指针变量赋值。

例如:

```
int * p,a;                 //定义一个指向整型存储单元的指针变量 p 和一个整型变量 a
p = &a;                    //对 p 赋值为 a 的地址,即 p 的值目前是 a 变量(存储单元)的地址
```

3. 与指针有关的运算

(1) &:取操作对象(内存单元)的内存地址。

(2) *:取指针所指向的存储单元的内容,即间接引用存储单元(指针对象)的内容。

例如:

```
int * p;                   //定义整型指针变量 p
int i;
p = &i;                    //指针变量 p 赋值
* p = 3;                   //对 p 所指向的存储单元赋值,此时相当于将变量 i 赋值为 3
```

注意:"int * p;"语句中 * 为定义指针变量的标志,而" * p=3;"语句中 * 为间接引用运算符,相当于用指针变量对变量 i 赋值。

例 1.14 指针 & 与 * 运算举例。

程序段如下,其示意图如图 1.11 所示。

```
int i, * P,I = 3,J;        //内存分配如图 1.11(a)所示
P = &I;                    //执行结果如图 1.11(b)所示
J = * P;                   //执行结果如图 1.11(c)所示
```

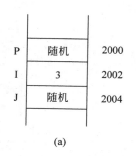

(a)

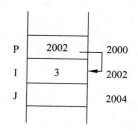

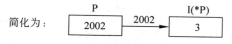

简化为：

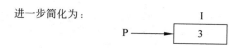

进一步简化为：

(b)

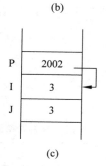

(c)

图 1.11 指针 & 和 * 运算示意图

4. 指针的使用和运算

1）赋值运算

对象类型相同的指针变量之间可以相互赋值，表示指向同一对象。

例如：

```
int * p1, * p2,a;
p1 = &a;                    //指针赋值运算
p2 = p1;                    //此时,a 既是 p1 的对象,又是 p2 的对象
```

其执行结果如图 1.12(a)所示。

2）算术运算

例如：

```
p++;                        //p指向下一对象单元,p的值不是增加 1,而是增加对象类型占的字节数
```

例如：

```
int A[4], * p;
```

```
p = A;
p++;
```

其执行结果如图 1.12(b)所示。

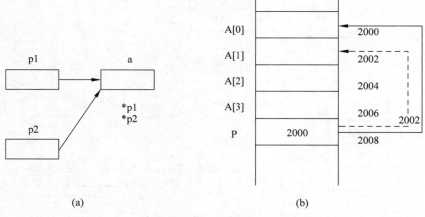

(a) (b)

图 1.12 指针赋值运算与算术运算示意图

注意：数组名与指针都表示地址，但数组名为地址常量，指针为变量，指针可以指向不同的地址(对象)。

3) 与指针有关的库函数

与指针有关的库函数如表 1.2 所示。

表 1.2 与指针有关的库函数

函数名	函数和形参类型	功　　能
malloc	void ＊ malloc(unsigned size)	分配 size 字节存储区
free	void　free(void ＊ p)	释放 p 所指向的存储区
realloc	void ＊ realloc(void ＊ p, unsigned size)	将 p 所指出的已分配内存区的大小改为 size

5. 指向数组元素的指针变量

当数组元素的类型和指针变量类型相同时，可以将数组名赋值给指针变量，使该指针变量指向数组元素，这样，对数组元素就可以通过下标法或指针法来访问。

```
int a[10], * p;
p = &a[0];                //或 p = a;这样 p 为指向数组元素的指针
```

此时，p＋i，a＋i，＆a[i]三者等价，都表示 a[i]元素的地址。

同时，＊(p＋i)，＊(a＋i)，＊＆a[i]和 a[i]四者等价，都表示 a[i]元素的值。

1) 下标法

```
void main()
{
    int i,min,max,a[10];
    for (i = 0;i < 10;i++)
```

```
        scanf(" % d",&a[i]);
    min = max = a[0];
        for (i = 1;i < 10;i++)
        {
        if (a[i]> max) max = a[i];
        if (a[i]< min) min = a[i];
        }
        printf("max = % d,min = % d\n",max,min);
}
```

2）指针法

```
void main()
{
  int * p,min,max,a[10];
  for (p = a;p < a + 10;p++)
      scanf(" % d",p);
  p = a;
  min = max = * p;
  for (p = a + 1;p < a + 10;p++)
  {if ( * p > max) max = * p;
   if ( * p < min) min = * p;
  }
  printf("max = % d,min = % d\n",max,min);
}
```

有如下定义：

```
# define N 10
int * p1, * p2,a[N],b[N];
```

（1）"p1＝&a[N－1]"等价的表示形式为：

```
p1 = a + N - 1
```

（2）若"p2＝a；p2＋＝N－1；"，则 * p2 表示元素 a[N－1]。

（3）"p1＝a；p2＝b；* p1＋＋＝* p2＋＋；"语句的执行结果是：

```
a[0] = b[0];   p1 = &a[1];   p2 = &b[1];
```

6. 指向结构的指针

（1）指向结构的指针特点：指针对象为结构体类型。
（2）指向结构的指针定义：

struct   结构名 * 变量名

（3）引用成员。

(* 指针变量名).成员名

等价于：

　　指针变量名->成员名

例如：

```
struct student
{   int num;
    int age;
    float score;
} s, * p;
 p = &s;
 p -> num = 10;
 p -> score = 85.5;
```

上述程序段的执行过程如图 1.13 所示。

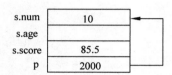

简化为：

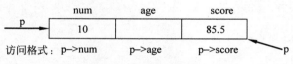

访问格式：p->num　　　p->age　　　p->score

图 1.13　指向结构的指针示意图

为了总结指针、结构体类型的使用,现通过例 1.15 的程序段进行综合说明。

例 1.15　综合举例。

程序本身无实际意义,仅为了说明各数据类型的使用方法,为后续的算法描写打下基础。程序执行示意图如图 1.14 所示。

```
struct object
{
  int data;
  struct object * next;
 };              //定义一个结构体类型,注意其 next 成员是指向该结构体类型的指针类型
#define NULL 0
#define LEN sizeof(struct object)
void main()
{
  struct object * p, * q, * ptr;
  //定义指针变量,分配指针变量的内存单元,但此时指针变量无确定值,即无对象
  p = (struct object * )malloc(LEN);
  //动态产生一个新结点(结构体存储单元),并把其地址赋给指针变量 p,此时 p 有对象
  //目前的对象是新产生的结点,如图 1.14 中①所示
  p -> data = 5;    //对 p 的对象的 data 成员赋值,按 int 类型操作,如图 1.14 中②所示
  q = (struct object * )malloc(LEN);    //如图 1.14 中③所示
  q -> data = 10;    //如图 1.14 中④所示
  p -> next = q;    //对 p 的对象的 next 成员赋值为 q,按指针类型操作,达到两个结点的链接
```

```
//注意: 此时是对 p 的 next 成员赋值,而 p 自己没有修改,如图 1.14 中⑤所示
q->next = NULL;
//对 q 的对象的 next 成员赋值为空指针,表明链接的结束,如图 1.14 中⑥所示
p->next->data = 20;
//对 p 的后继(next)的数据(data)修改,此时即是对 q 的数据(data)修改,如图 1.14 中⑦所示
ptr = p;               //ptr 指向 p 的结点,如图 1.14 中⑧所示
p = p->next;
//p 指向 p 的后继,指针后移,如图 1.14 中⑨所示,此时,原结点只能通过 ptr 来访问
}
```

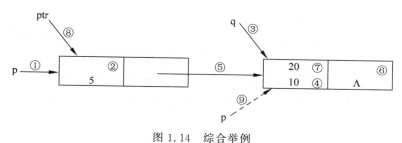

图 1.14　综合举例

1.4.4　C 语言的函数

1. 函数与 C 语言源程序的结构

1) 源程序结构

C 语言是模块化程序设计语言,即函数式语言。任何 C 语言源程序由一个主函数 main()和若干个自定义函数组成,程序的执行总是从 main()函数开始。

函数分为标准库函数和用户自定义函数两类。

标准库函数是由系统预先编写的一系列常用函数,无须用户定义,也不必在程序中进行类型说明,只需在程序前包含该函数原型的头文件即可。

用户自定义函数是用户根据程序设计的需要而设计的一个子函数,一次定义,多次调用,达到减少重复编写程序段的目的。

本书中的算法都是以自定义函数的形式给出,因此,关于算法描述的注意细节与下述使用自定义函数的要点相同。

2) 自定义函数的使用步骤

根据用户自定义函数的要求,在程序中先要定义一个需要完成的功能子函数,然后在主调函数模块中对被调函数进行类型说明,最后才能调用该自定义函数,也就是定义、说明、调用 3 个步骤。

例 1.16　两个字符的比较。

```
#include<stdio.h>
char s_cmp(char x,char y);          //②,为 s_cmp()函数说明
void main()
{
  char a='A',b='b',c;
  c=s_cmp(a,b);                      //③,为 s_cmp()函数调用
```

```
    printf("max = % c",c);
}
char s_cmp(char x,char y)              //①,为 s_cmp()函数定义
{
    if(x > y)
            return x;                  //函数返回值
    else
            return y;                  //函数返回值
}
```

其中,①为函数定义,即子函数的设计;②为函数说明;③为函数调用。一般自定义函数都需进行函数声明(函数原型)、函数定义、函数调用这 3 部分工作,函数说明在下列情况下也可省略。

- 函数的值(函数的返回值)是整型或字符型(系统自动按整型说明)。
- 如果函数定义在调用函数之前,可以不必加以说明。

2. 函数调用

(1)函数调用的几种方式。

① 函数语句:把函数调用作为一个语句,不要求函数返回值,只要求函数完成一定的操作。例如:

```
printstar();
```

② 函数表达式:函数出现在一个表达式中,要求函数返回一个确定的值,用于参加表达式的运算。例如:

```
c = 2 * max(a,b);
```

③ 函数参数:函数调用作为一个函数的实参。例如:

```
m = max(a,max(b,c));
```

(2)函数调用的执行过程。

在运行被调用函数之前,系统完成:

① 将所有的实在参数、返回地址等信息传递给被调用函数保存。

② 为被调用函数的局部变量分配存储区。

③ 将控制转移到被调用函数的入口。

(3)函数返回的执行过程。

从被调用函数返回调用函数之前,系统完成:

① 保存被调用函数的计算结果。

② 释放被调用函数的数据区。

③ 依照被调用函数保存的返回地址将控制转移到调用函数。

3. 参数传递

C 语言的参数传递是按值传递的。即形式参数发生改变,实际参数也不会变。

例 1.17 参数传递举例。

```
void main()
{
    int a,b;
    void swap(int x,int y);          //函数说明
    printf("input a,b:\n");
    scanf("%d%d",&a,&b);
    if (a<b) swap(a,b);              //函数调用
    printf("a=%d,b=%d\n",a,b);
}
void swap(int x,int y)              //函数定义
  {
    int t;
    t=x;x=y;y=t;
    printf("x=%d,y=%d\n",x,y);
  }
```

运行结果：

```
input a,b:
3  5
x=5,y=3
a=3,b=5
```

例 1.17 的执行过程如图 1.15 所示。

函数返回值的方法有两种：一种是通过函数值返回，但通过 return 语句只能返回一个值；另一种是通过函数的参数返回，这样可以返回多个值，如指针类型和数组类型的参数。

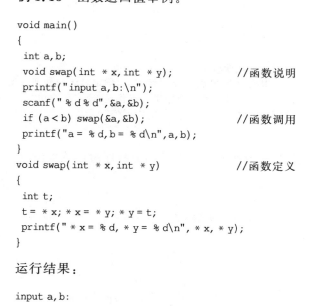

图 1.15 例 1.17 的执行过程

例 1.18 函数返回值举例。

```
void main()
{
 int a,b;
 void swap(int * x,int * y);          //函数说明
 printf("input a,b:\n");
 scanf("%d%d",&a,&b);
 if (a<b) swap(&a,&b);               //函数调用
 printf("a=%d,b=%d\n",a,b);
}
void swap(int * x,int * y)           //函数定义
{
 int t;
 t=*x; *x=*y; *y=t;
 printf("*x=%d,*y=%d\n",*x,*y);
}
```

运行结果：

```
input a,b:
```

3 5
＊x = 5, ＊y = 3
a = 5, b = 3

例 1.18 的执行过程如图 1.16 所示。

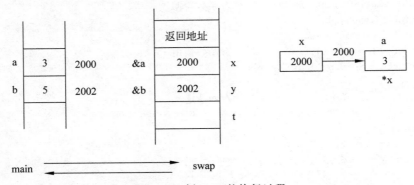

图 1.16   例 1.18 的执行过程

1.4.5   用 C 语言验证算法的方法

本书的算法主要以 C 语言的自定义函数形式给出的,要验证算法,需编写一个完整的源程序,通过调用函数来实现算法的功能。一般源程序的结构如下:

```
文件包含预处理
符号常量的定义
类型定义                          //确定数据结构
返回类型 自定义函数名(形式参数表)       //自定义函数的定义,即算法
{
    ...
}


void main()
{
   变量定义;                       //定义处理对象
   建立对象;                       //根据存储类型,给变量赋值,以确定具体的处理对象
   调用自定义函数;                   //引用函数对处理对象进行操作,实现算法的功能
   打印输出;                       //给出结果
}
```

例 1.19   有一个单链表的就地逆置算法,现编写一个完整的源程序验证该算法。

```
# include < stdio. h >
# include < malloc. h >
typedef int elemtype;                /＊定义元素类型＊/
typedef struct linknode
{
    elemtype data;
    struct linknode ＊ next;
}nodetype;                           /＊定义结点类型,确定线性表的链式存储结构＊/
```

```
nodetype * create()            //建立一个不带头结点的单链表,通过函数的值返回头指针,表尾插入法
{
    elemtype d;                            /* d 表示输入元素的值 */
    nodetype * h = NULL, * s, * t;         /* h 为头指针,t 为指向表尾结点的指针,s 指向新结点 */
    int i = 1;                             /* i 记录结点的位序号 */
    printf("建立一个单链表\n");
    while (1)                              /* 循环体完成新结点的插入,以实现链表的建立 */
    {
        printf("输入第 % d 节点 data 域值:",i);
        scanf(" % d",&d);
        if (d == 0) break;                 /* 以 0 表示输入结束 */
        if (i == 1)                        /* 建立第一个结点 */
        {
            h = (nodetype * )malloc(sizeof(nodetype));
            h -> data = d;h -> next = NULL;t = h;
        }
        else
        {
            s = (nodetype * )malloc(sizeof(nodetype));
            s -> data = d;s -> next = NULL;t -> next = s;
            t = s;                         /* t 始终指向生成的单链表的最后一个结点 */
        }
        i++;
    }
    return h;                              /* 返回头指针 */
}
void disp(nodetype * h)                    /* 遍历显示以 h 为头指针的单链表 */
{
    nodetype * p = h;                      /* p 指向正在处理的结点 */
    printf("输出一个单链表:\n");
    if (p == NULL) printf("空表");
    while (p!= NULL)
    {
        printf(" % 5d",p -> data);p = p -> next;
    }
    printf("\n");
}


nodetype * invert(nodetype * h)            /* 就地逆置单链表 */
{
    nodetype * p, * q, * r;
    if (!h||!(h -> next))
    {
        printf("逆置的单链表至少有 2 个结点\n");
        return h;
    }
    else                                   /* 就地逆置 */
    {
        p = h;q = p -> next;
        while (q!= NULL)
        {   r = q -> next;
```

```
                q - > next = p;
                 p = q;q = r;
            }
            h - > next = NULL;
            h = p;
            return h;
        }
}
void main()
{
        nodetype  * head;              //定义变量 head,以表示处理的单链表头指针
        head = create();               //建立单链表 head
        disp(head);                    //显示逆置前的单链表
        head = invert(head);           //调用逆置函数,实现逆置功能
        disp(head);                    //显示逆置后的单链表
}
```

1.5   从 C 语言到 C++ 语言

　　C++语言是由 C 语言扩充而来,是 C 语言的超集,它不仅保持了 C 语言的功能强、目标代码效率高和可移植性好等优点,而且还支持面向对象的程序设计方法。

　　本节将介绍 C++的面向对象的相关概念,并进行一些类的定义。这些定义被保存在相关的头文件中,在后续示例中根据需要对相关的头文件进行了引用。为此,在定义的同时说明了保存该类的头文件,以方便读者阅读和理解。

　　本书其他各章均沿用了这样的说明方式。

1.5.1   C++语言的类和抽象数据类型

　　抽象数据类型(ADT)是描述数据结构的一种理论工具。一种数据结构被视为一个抽象数据类型,数据结构上的算法视为抽象数据类型的基本操作。在 C++语言中,用类(包括模板类)的声明来表示 ADT,用类的实现来实现 ADT。C++语言中实现的类相当于数据的存储结构及其在存储结构上实现的对数据的操作即算法。类由公有部分和私有部分组成,每个部分可包含若干数据成员和成员函数。公有(public)部分描述用户使用类的界面,它使用户不必了解对象的内部细节而使用对象;私有(private)部分由帮助实现数据抽象的数据和内部操作组成。抽象数据类型与 C++语言中类的对应关系如表 1.3 所示。

表 1.3   抽象数据类型与 C++中类的对应关系

抽象数据类型	对 应	类
数据对象	<---------->	数据成员(属性)
基本操作	<---------->	成员函数(方法)

　　C++语言中的类只是一个由用户定义的普通类型,可用它来定义变量(即对象或类的实例),通过操作对象来解决实际问题。对每一种抽象数据类型用一个类来描述,在具体应用

中,用对象来存储和处理数据。数据结构的定义为对象的属性(或数据成员),算法的定义在对象中称为方法(或成员函数)。

为了创建对象,必须首先定义类,定义类的一般形式为:

```
class <类名>
{
      public:
            <公有数据和函数>
      protected:
            <保护数据和函数>
      private:
            <私有数据和函数>
};
```

对象的声明形式为:

<类名> <对象名表>

为了说明 ADT 在 C++语言中的实现,例 1.20 用 C++语言中的类来实现复数 ADT,该类的定义保存在文件 complex.h 中。复数 ADT 的描述见 1.1.2 节的例 1.8。

例 1.20 复数类。

```
class complex{
//类的声明
public:
        Complex();
        Complex(double r,double i);                //r -- RealPart ; i -- ImaginPart
        double GetRealPart();
        double GetImaginPart();
        void SetRealPart(double r);
        void SetImaginPart(double i);
        Complex& operator = (Complex& complex);
     Complex& operator + (Complex& complex);
     Complex& operator - (Complex& complex);
     Complex& operator * (Complex& complex);
     Complex& operator/(Complex& complex);
     friend ostream& operator <<(ostream& os,Complex& complex);
                                                   //友元函数:重载流输入流输出
private:
        double mRealPart;                          //实部
        double mImaginPart;                        //虚部
};
//类的实现
Complex::Complex()                                 //函数重载
{
     mRealPart = 0;
        mImaginPart = 0;
}
Complex::Complex(double r,double i)                //函数重载
{
        mRealPart = r;
```

```
                mImaginPart = i;
        }
        double Complex::GetRealPart()
        {
                return mRealPart;
        }
        double Complex::GetImaginPart()
        {
                return mImaginPart;
        }
        void Complex::SetRealPart(double r)
        {
                mRealPart = r;
        }
        void Complex::SetImaginPart(double i)
        {
                mImaginPart = i;
        }
        Complex& Complex::operator = (Complex& complex)    //运算符重载
        {
                mRealPart = complex.GetRealPart();
                mImaginPart = complex.GetImaginPart();
                return * this;
        }
        Complex& Complex::operator + (Complex& complex)    //运算符重载
        {
                Complex * result = new Complex();
                result->SetRealPart(mRealPart + complex.GetRealPart());
                result->SetImaginPart(mImaginPart + complex.GetImaginPart());
                return * result ;
        }
        Complex& Complex::operator - (Complex& complex)    //运算符重载
        {
                Complex * result = new Complex();
                result->SetRealPart(mRealPart - complex.GetRealPart()) ;
                result->SetImaginPart(mImaginPart - complex.GetImaginPart());
                return * result;
        }
        Complex& Complex::operator * (Complex& complex)    //运算符重载
        {
                Complex * result = new Complex();
                result->SetRealPart(mRealPart * complex.GetRealPart());
                result->SetImaginPart(mImaginPart * complex.GetImaginPart());
                return * result;
        }
        Complex& Complex::operator /(Complex& complex)    //运算符重载
        {
                Complex * result = new Complex();
                result->SetRealPart(mRealPart / complex.GetRealPart());
                result->SetImaginPart(mImaginPart / complex.GetImaginPart());
                return * result;
```

```
}
ostream& operator <<(ostream& os,Complex& complex)
            //友元函数:重载<<,将复数输出到输出流对象 os 中
{
        double r = complex.GetRealPart();
        double i = complex.GetImaginPart();
        if(fabs(i) < 0.00001)
            return os << complex.GetRealPart();
        else
            return os << r <<((i >= 0)?" + ":" - " )<< fabs(i)<<"i";
}
```

在实际应用中,为了使 ADT 的各种实现类都有一致的操作界面(统一的接口),常常用一个抽象模板类来定义 ADT,该抽象模板类中的成员函数为虚函数。ADT 的所有实现类都将作为该抽象模板类的派生类,都必须重新定义抽象模板类中的成员函数,从而保证实现 ADT 的各个派生类都有完全一致的用户界面,即实现了"相同界面,多种实现"的理念。关于 ADT 与 C++语言中抽象模板类、派生类的示例,详见 2.1 节的 ADT2.1 线性表 ADT 与 2.4 节的例 2.1 和例 2.2。

1.5.2 C++语言验证算法的方法

一种数据结构被视为一个抽象数据类型,数据结构上的算法被视为抽象数据类型的基本操作。在 C++语言中,用类(包括模板类)的声明来表示 ADT,用类的实现来实现 ADT,实现的类相当于数据的存储结构及其在存储结构上实现算法。

要验证算法即验证类的方法是否正确,首先要将类的声明及类的实现存放在一个头文件中,然后编写验证算法的源程序(.cpp),其结构如下:

```
文件包含预处理                //把类的声明和实现的头文件嵌入到当前源程序中
void main()
{
    变量定义;                 //定义处理对象
    建立对象;                 //给变量赋值
    调用对象的成员函数(或方法); //引用方法对处理对象进行操作,实现算法的功能
    打印输出;                 //给出结果
}
```

例如,为了验证复数类的算法,需编写程序(存放在文件 Complex.cpp 中)来运行验证。

例 1.21 复数类的验证。

```
# include "Complex.h"              //把复数类头文件嵌入到本程序中
void main()
{
        Complex a(3,6);             //定义并建立对象 a
        Complex b(2,3);             //定义并建立对象 b
        Complex c;                  //定义对象 c
        cout <<"a = "<< a << endl;
        cout <<"b = "<< b << endl;
        c = a + b;                  //调用" + "成员函数
```

```
        cout <<"a + b = "<< c << endl;            //调用输出成员函数
        c = a - b;
        cout <<"a - b = "<< c << endl;
        c = a * b;
        cout <<"a * b = "<< c << endl;
        c = a/b;
        cout <<"a/b = "<< c << endl;
    }
```

1.5.3   C++语言与 C 语言程序的区别

与 C 语言程序相同,一个 C++语言程序可以由多个函数构成,每个程序都从主函数 main()开始运行,从主函数返回时结束运行。组成程序的语句主要包括声明语句和执行语句。声明语句用于声明变量和函数。执行语句包括赋值语句、表达式语句、函数调用语句和流程控制语句等,它们写在一个函数中(包括主函数)。

C++语言与 C 语言程序不同之处如下。

(1) C 语言源程序文件的扩展名为 c,而 C++语言源程序文件的扩展名为 cpp。

(2) C 语言注释使用符号/ * 和 * /,表示符号/ * 和 * /之间的内容都是注释;C++语言除了支持这种注释,还提供了一个双斜线//注释符,表示//之后的本行内容是注释,注释在行尾自动结束。

(3) 当函数定义放在函数调用之后时,C 语言程序函数原形(声明)有时可省略,而 C++语言程序函数原形必不可少。C++语言还要求函数所有参数在函数原形的圆括号中声明。

(4) 在 C 语言中,函数和语句块(花括号{}之间的代码)的所有变量声明语句必须放在所有执行语句前。而 C++语言中变量声明语句不要求放在函数和语句块的开始位置,可以把变量声明放在首次使用变量的附近位置,这样可提高程序的可读性。

(5) C 语言的内存分配和释放函数为 malloc()和 free(),而 C++语言用 new 和 delete 运算符。

(6) C 语言程序所包含的标准输入输出的头文件是 stdio. h,输入输出通常通过调用函数(如 printf()、scanf())来完成;而 C++语言程序可以包含标准输入输出的头文件 iostream. h,输入输出可以通过使用标准输入输出流对象(如 cin、cout)来完成,利用≫流提取运算符或利用≪流插入运算符,分别将数据对象从输入流提取出来或插入到输出流,从而完成数据的输入和输出。

1.5.4   C++语言的重要特性

要在 C 语言基础上,尽快熟悉 C++语言,以便描述数据结构的算法,还需要了解一些 C++语言的特性。

1. 引用

所谓引用就是给对象起一个别名,使对象和它的引用共用一个地址,因而无论对谁进行修改都是对同一地址的修改,都会使对象和它的引用总是具有相同的值。

1) 引用的定义格式

引用的建立格式如下：

`<类型说明符> & <引用名> = <对象名>`

例如：

```
int a;
int &ta = a;
```

其中，ta 是一个引用名，即 ta 是 a 的别名，要求 a 已经声明或定义。

2) 引用的主要用途

引用的主要用途是用作函数参数和函数的返回值。使用引用作为函数的形参时，调用函数的实参要用变量名。实参传递给形参，相当于在被调函数中使用了实参的别名。在被调函数中对形参的操作，实质是对实参的直接操作，即数据的传递是双向的。

例 1.22 将引用作为参数，编写函数，交换两个对象的值（与 1.4.4 节的例 1.17 和例 1.18 对应）。

```
# include <iostream>
void swap(int &x, int &y);
void main()
{
 int a,b;
 printf("input a,b:\n");
 scanf("% d % d",&a,&b);
 if (a < b) swap(a,b);                    //函数调用
 printf("a = % d,b = % d\n",a,b);
}
void swap(int &x, int &y)                 //函数定义
  {
      int t;
      t = x;x = y;y = t;
      printf("x = % d,y = % d\n",x,y);
  }
```

运行结果：

```
input a,b:
3  5
x = 5,y = 3
a = 5,b = 3
```

2. this 指针

同一类的各个对象创建后，都在类中产生了自己数据成员的副本，但为了节省存储空间，每个类的成员函数只有一个副本，成员函数由各个对象调用。C++ 语言为成员函数提供了一个称为 this 的指针，当创建一个对象时，this 指针就初始化指向该对象。当某个对象调用一个成员函数时，this 指针将作为一个变量自动传给该函数。不同的对象调用同一个成员函数时，编译器根据 this 指针来确定应该引用哪个对象的数据成员。

this 指针是由 C++语言编译器自动产生且较常用的一个隐含对象指针,它不能被显式声明。this 指针是一个局部于某个对象的局部量,它是一个常量。

例 1.23　this 指针的显式使用。

```
# include < iostream. h>
class point
{
public:
  point(int x, int y){X = x; Y = y; }
  point(){X = 0; Y = 0; }
  void copy(point &obj);
  void display();
private:
  int X, Y;
};
void point::copy(point &obj)
{
  if (this!= &obj)          //this 指针的显式使用,避免无意义的更新,如 obj2.copy(obj2);
      * this = obj;          //若改为 this = &obj;将出现错误,不能给常量 this 赋值
}
void point::display()
{
  cout << X <<" ";
  cout << Y << endl;
}
void main()
{
  point obj1(10,20),obj2;
  obj2.copy(obj1);
  obj1.display();
  obj2.display();
}
```

运行结果:

```
10   20
10   20
```

3. 类的友元

友元是 C++语言提供给外部的类或函数访问类的私有成员和保护成员的一种途径,它提供在不同类的成员函数之间、类的成员函数与一般函数之间进行数据共享的机制。友元可以是一个函数,称为友元函数,也可以是一个类,称为友元类。

在类里声明一个普通函数,加上关键字 friend,就成了该类的友元函数,它可以访问该类的一切成员。其定义格式为:

friend <类型说明符> <友元函数名>(<参数表>)

友元函数声明的位置可在类的任何地方,意义都完全一样。友元函数的实现则在类的外部,一般与类的成员函数定义放在一起。友元函数的实例见 1.5.1 节的例 1.20 复数类。

友元类的声明格式为：

friend <类名>;

友元类的示例见 2.5.3 节的例 2.9 结点类和单链表类。

4. 继承与派生

根据一个类创建一个新类的过程称为继承,派生新类的类称为基类,而派生出来的新类称为派生类。派生类自动具有基类的成员,根据需要还可以增加新成员。当从基类派生出新类时,可以对派生类做如下改变。

（1）增加新的数据成员。

（2）增加新的成员函数。

（3）重新定义已有的成员函数。

（4）改变现有数据成员的属性。

从一个基类派生的继承被称为单继承,从多个基类派生的继承被称为多继承。单继承的一个形式如下:

```
class <派生类名>:<继承方式><基类名>
{
 public:
     <公有数据和函数>
 protected:
     <保护数据和函数>
 private:
     <私有数据和函数>
};
```

<继承方式>有如下 3 种。

（1）public：表示公有继承方式。

（2）protected：表示保护继承方式。

（3）private：表示私有继承方式,默认情况下为此继承方式。

在这 3 种继承方式下,派生类中基类成员的访问权限如表 1.4 所示。在实际开发程序过程中,一般都采用公有继承方式。

表 1.4 3 种继承方式下派生类中基类成员的访问权限

继承方式	基类成员	在派生类中访问权限	派生类内部模块访问性	派生类对象访问性
公有继承	公有成员	公有的	可以访问	可以访问
	保护成员	保护的	可以访问	不可访问
	私有成员	不可访问	不可访问	不可访问
私有继承	公有成员	私有成员	可以访问	不可访问
	保护成员	私有成员	可以访问	不可访问
	私有成员	不可访问	不可访问	不可访问
保护继承	公有成员	保护的	可以访问	不可访问
	保护成员	保护的	可以访问	不可访问
	私有成员	不可访问	不可访问	不可访问

任何类的访问属性如下。

（1）private 中的成员：只有本类中的任何成员可以调用、操作它。

（2）protected 中的成员：只有自己类中和它的派生类中的任何成员可以调用、操作它。

（3）public 中的成员：在整个程序中都可以调用它。

基类、派生类的示例详见 2.5 节的例 2.5 和例 2.6。

5. 虚函数

虚函数是一个成员函数，该成员函数在基类内部声明并且被派生类重新定义。为了创建虚函数，应在基类中该函数声明的前面加上关键字 virtual。虚函数的定义格式如下：

```
virtual <返回值类型><函数名>(<形式参数表>)
{
<函数体>
}
```

其中，virtual 是关键字，被该关键字声明的函数为虚函数。

如果某类中一个成员函数被声明为虚函数，这便意味着该成员函数在派生类中可能存在不同的实现方式。当继承包含虚函数的类时，派生类将重新定义该虚函数以符合自身的需要。从本质上讲，虚函数实现了"相同界面，多种实现"的理念。

如果不能在基类中给出有意义的虚函数的实现，但又必须让基类为派生类提供一个公共界面函数，这时可以将它声明为纯虚函数，它的实现留给派生类来做。说明纯虚函数的一般形式如下：

```
virtual <返回值类型><函数名>(<形式参数表>) = 0;
```

纯虚函数的定义是在虚函数定义的基础上，再让函数等于 0 即可。这只是一种表示纯虚函数的形式，并不是说它的返回值是 0。

一个类可以说明多个纯虚函数，包含有纯虚函数的类被称为抽象类。一个抽象类只能作为基类来派生新类，不能说明抽象类的对象，也不能用作参数类型、函数返回类型或显式类型转换。抽象类用于描述一组派生类的共同的操作接口(界面)，它用作基类，其派生类必须覆盖纯虚函数，或在该派生类中仍将它说明为纯虚函数，否则编译器将给出错误信息。如果派生类中覆盖了所有的纯虚函数，则该派生类不再是抽象类。

抽象类与派生类的示例详见 2.5 节。

6. 重载

C++语言重载分为函数重载和运算符重载，通过重载机制可以对一个函数名(或运算符)定义多个函数(或运算功能)，只不过要求这些函数的参数(或参加运算的操作数)的类型或个数有所不同。

1）函数重载

重载函数通常用来对具有相似行为而数据类型不同的操作提供一个通用的名称，编译系统将根据函数参数的类型和个数来判断使用哪一个函数。类的成员函数可以重载，特别是构造函数的重载为 C++语言程序设计带来很大的灵活性。

2）运算符重载

重载一个运算符,就是编写一个运算符函数。重载运算符的一般形式如下:

<数据类型> operator <运算符>(<形式参数表>);

其中,数据类型表示运算结果的类型,运算符是要重载的运算符,形式参数表代表参加运算的操作数。

关于重载的示例详见 1.5 节中的例 1.20。

7. 模板

模板把函数或类要处理的数据类型参数化。C++语言中,模板分为函数模板和类模板。模板并非是一个实实在在的函数或类,仅仅是函数或类的描述,模板运算对象的类型是一种参数化的类型。模板的类型参数由调用实际参数的具体数据类型替换,并由编译器生成一段真正可以运行的代码,这个过程称为实例化。

1）函数模板

带类型参数的函数称为函数模板。利用函数模板可以将数据类型作为函数参数,从而定义一系列相关重载函数的模板。函数模板的定义格式如下:

```
template <模板参数表>
<返回值类型><函数名>(<形式参数表>)
{
<函数体>
}
```

其中,关键字 template 是定义模板的关键字,<模板参数表>中包含一个或多个用逗号分开的模板参数项,每一项由保留字 class 或 typename 开始,后跟用户命名的标识符,此标识符为模板参数,表示数据类型。函数模板中可以利用这些模板参数定义函数返回值类型、参数类型和函数体中的变量类型,可以在函数的任何地方使用。

2）类模板

带类型参数的类称为类模板。类是对一组对象的公共性质的抽象,而类模板则是对不同类的公共性质的抽象,因此类模板是属于更高层次的抽象。类模板的定义格式如下:

```
template <模板参数表>
class <类模板名>
{
<类成员声明>
}
```

其中,<模板参数表>中包含一个或多个用逗号分开的类型,参数项可以包含基本数据类型,也可以包含类类型;若是类类型,则须加关键字前缀 class 或 typename。类模板中的成员函数和重载的运算符必须为函数模板。它们的定义可以放在类模板的定义体中,与类中的成员函数的定义方法一致;也可以放在类模板的外部,则要采用以下形式:

```
template <模板参数表>
<返回值类型> <类模板名><类型名表>::<函数名>(<形式参数表>)·
{
```

<类成员声明>
　}

其中,<类模板名>即是类模板中定义的名称,<类型名表>即是类模板定义中的类型形式参数表中的参数名。

函数模板的实例化是由编译器在处理函数调用时自动完成的,而类模板的实例化必须由程序员在程序中显式地指定。当类模板实例化为模板类时,类模板中的成员函数同时实例化为模板函数。由类模板经实例化而生成的具体类称为模板类。定义模板类对象的格式为:

<类模板名><类型实参表><对象名>[(<实参表>)]

习题 1

1. 试编写算法,自大到小依次输出顺序读入的 3 个整数的值。

2. 试编写算法,计算 $i! * 2i$ 的值并存入数组 a[size] 的第 $i-1$ 个分量中($i=1,2,\cdots,$ n)。假设计算机中允许的整数最大值为 max。

3. 设 n 为正整数。试确定下列各程序段中前置以记号 ♯ 的语句的频度(次数)和(渐近)时间复杂度。

(1) i = 1;k = 0;
　　while (i <= n - 1) {
　　♯ k += 10 * i;
　　　i++;
　　}

(2) i = 1;k = 0;
　　do{
　　♯ k += 10 * i;
　　　i++;
　　}while (i <= n - 1)

(3) i = 1;k = 0;
　　while (i <= n - 1) {
　　i ++;
　　♯ k += 10 * i;
　　}

(4) k = 0;
　　for (i = 1; i <= n; i++){
　　　for (j = i;j <= n;j++)
　　♯ k++;
　　}

(5) i = 1;j = 0;
　　while (i + j <= n){
　　♯ if (i > j) j++;
　　　else i++;
　　}

（6）for(i = 1; i < = n; i++)

        for (j = 1; j < = i; j++)

               for (k = 1; k < = j; k++)

                        ♯ x++;

上机练习1

1. 从文件中输入 10 个整数,将其中最小的数与第一个数对换,把最大的数与最后一个数对换。编写 3 个自定义函数:从文件中输入 10 个数、数据处理、文件输出 10 个数,并编写主函数实现验证功能。

2. 设计一个可进行复数运算的演示程序。要求实现下列 6 种基本运算:

（1）由输入的实部和虚部生成一个复数;

（2）两个复数求和;

（3）两个复数求差;

（4）两个复数求积;

（5）从已知复数中分离出实部;

（6）从已知复数中分离出虚部。

运算结果以相应的复数或实数的表示形式显示。

线性表

本章学习要点

（1）了解顺序表、链表的概念、含义、区别。

（2）熟练掌握线性表在顺序存储结构和链式存储结构上的描述方法。

（3）熟练掌握线性表在顺序存储结构上实现查找、插入和删除的算法。

（4）熟练掌握在各种链表中实现线性表操作的基本方法，能在实际应用中选用适当的链表结构。

（5）能够从时间和空间复杂度的角度综合比较线性表两种存储结构的不同特点及其适用场合。

从本章开始讨论的线性表、栈、队列和串的逻辑结构都是线性结构，其中，线性表是最简单、最常用的一种数据结构，是实现其他数据结构的基础。线性表主要的物理存储结构有两种：顺序存储结构和链式存储结构。用顺序存储结构存放的线性表称为顺序表，用链式存储结构存放的线性表称为线性链表。

2.1 线性表的逻辑结构

2.1.1 线性表的定义

线性表（linear list）是 $n(n \geqslant 0)$ 个具有相同特性的数据元素的有限序列。其中，n 表示线性表的长度，即数据元素的个数。$n=0$ 时表为空表，$n>0$ 时表通常记为 $(a_1, a_2, \cdots, a_i, a_n)$。$a_1$ 表示第一个数据元素，a_n 表示最后一个数据元素，a_i 是第 i 个数据元素。除 a_1 之外，表中的每个数据元素 a_i 均有唯一的前趋 a_{i-1}；除 a_n 之外，表中每个数据元素 a_i 均有唯一的后继 a_{i+1}。

可见，数据元素在线性表中的位置取决于它自身的序号，即数据元素在位置上是有序的，元素之间存在一对一的关系。所以，线性表的逻辑结构是线性结构。对应的逻辑结构示意图如图 2.1 所示。

$$a_1 \longrightarrow a_2 \longrightarrow \cdots \longrightarrow a_i \longrightarrow a_{i+1} \longrightarrow \cdots \longrightarrow a_n$$

图 2.1 线性表的逻辑结构示意图

每个数据元素的具体含义在不同的线性表中各不相同，它可以是一个数，或一个符号，也可以是一个记录，甚至是其他更复杂的信息。

如26个英文字母组成的(A,B,C,D,…,Z)是一个线性表,线性表长度为26。A是第一个数据元素,Z是最后一个数据元素,A是B的直接前驱,B是A的直接后继。

又如表2.1所示的学生成绩表也是一个线性表,其中数据元素是每一个学生所对应的一行信息,包括学号、姓名、成绩共3个数据项。线性表中数据元素(结点)的个数即学生人数。

表 2.1　学生成绩表

学　号	姓　名	成　绩
1	李诚成	85
2	王佳琪	76
3	张贤文	83
⋮	⋮	⋮
35	赵晓飞	95

2.1.2　线性表的运算

对线性表可进行的运算种类繁多,在实际应用中,当线性表作为一个操作对象时,所需进行的操作种类不一定相同,不同的操作集合将构成不同的抽象数据类型。

线性表上基本的运算如下。

(1) 初始化线性表。

(2) 判断表是否为空。

(3) 求线性表的长度。

(4) 读取线性表中第 i 个元素。

(5) 查找满足给定条件的数据元素。

(6) 在线性表的第 i 个位置之前插入一个新的数据元素。

(7) 删除线性表中的第 i 个数据元素。

(8) 表置空。

(9) 按一个或多个数据项值的递增或递减顺序重新排列线性表中的数据元素。

利用以上运算可以实现线性表的其他运算。如将两个线性表合并成一个线性表,或将一个线性表拆分成多个线性表等运算。在实际应用中,可根据不同的要求选择适当的基本运算解决具体问题。

在已知线性表的逻辑结构和运算后就可以定义线性表的抽象数据类型。ADT2.1是线性表的抽象数据类型描述,其中只包含最基本的线性表运算。

ADT2.1 线性表 ADT

ADT list{

数据对象:

$D=\{a_i|a_i\in$ 元素集合 $,i=1,2,\cdots,n,n\geqslant0\}$

数据关系:

$R_1=\{\langle a_{i-1},a_i\rangle|a_{i-1},a_i\in D,i=2,\cdots,n\}$

基本操作:

creat()：创建一个空线性表。

destroy()：撤销一个线性表。

isempty()：若线性表空,则返回1;否则返回0。

length()：返回线性表中元素个数。

find(i,&x)：在 x 中返回线性表中第 i 个位置的元素 a_i。若不存在,则返回0,否则返回1。

search(x)：若 x 不在表中,则返回0,否则返回 x 在表中的位序号。

insert(i,x)：在线性表的第 i 个位置之前插入一个新的数据元素 x。若插入成功,则返回1,否则返回0。

delete(i)：删除线性表中的第 i 个数据元素 a_i。若删除成功,则返回1,否则返回0。

update(i,x)：将元素 a_i 的值修改为 x。若修改成功,则返回1,否则返回0。

output(out)：将线性表送至输出流。

}ADT list

2.2 线性表的顺序存储结构——顺序表

2.2.1 顺序表

在计算机中,用来存储线性表的最简单、最常用的方式是：在内存中开辟一段连续的存储空间,用一组连续的存储单元依次存放数据元素。这种存储方式叫作线性表的顺序存储结构,简称顺序表(sequence list),如图 2.2 所示。

顺序存储结构的特点是：在逻辑上相邻的数据元素,它们的物理位置也是邻接的。即线性关系利用物理上的相邻关系来体现。如表中相邻的元素 a_i 与 a_{i+1} 在计算机内的存储位置也相邻。

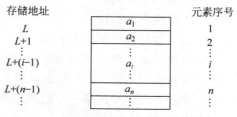

图 2.2 线性表的顺序存储结构示意图

由于线性表中数据元素具有相同的特性,所以很容易确定表中第 i 个元素的存储地址,若线性表的每个元素占用 m 个存储单元,并以所占的第一个存储单元的存储地址作为数据元素的存储位置,则表中第 i 个数据元素的存储位置是：

$$\text{LOC}(a_i) = \text{LOC}(a_1) + (i-1) * m \tag{2.1}$$

其中,$\text{LOC}(a_1)$ 是线性表的第一个数据元素 a_1 的存储位置,通常称为线性表的起始位置或基地址。

显然,只要确定了线性表的基地址 $\text{LOC}(a_1)$ 和一个数据元素占用的存储单元的大小 m,线性表中任一元素的存储地址都可以根据式(2.1)计算出来。这样就可以随机存取顺序表中任意一个元素,因此线性表的顺序存储结构是一种随机存取的存储结构。

顺序存储结构可用 C 语言的一维数组来实现。一个数组元素存放一个数据元素,数据元素的存储位置可以用数组元素的下标来表示,数组下标从 0 开始,数组的元素个数就是线性表的长度。对顺序表的描述如下：

```
#define Maxsize maxlen        //maxlen 表示线性表可能的最大数据元素数目
typedef int elemtype;         //elemtype 表示数据元素类型,此处定义为 int
typedef struct
{elemtype v[Maxsize];         //存放线性表元素的数组,关系隐含
 int len;                     //表示线性表的长度
 }sqlist;                     //sqlist 是数据类型,此处表示线性表的顺序存储结构
```

在上面的描述中,线性表的最大可能长度定义为 Maxsize；elemtype 表示数据元素的类型,其具体的类型根据不同的问题来定义,如整型、实型、字符型等。顺序表由数组 v 和变量 len 两个数据项组成,其中,一维数组 v 用于实现线性表的顺序存储,下标从 0 到 len−1,

线性表的第 i 个元素(即序号为 i 的元素)存放在数组中下标为 $i-1$ 的分量中。len 表示线性表当前长度,一般 len<Maxsize,从数组元素 v[len]到 v[Maxsize−1]是备用空间；len 同时指明了最后一个数据元素在数组中的位置。sqlist 为描述顺序表的结构体类型名,以后对顺序表的操作都是在这个描述的基础上进行的。

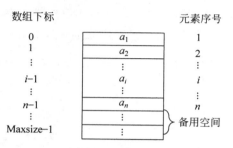

图 2.3　顺序表的数组实现示意图

假设当前有一顺序表$(a_1, a_2, \cdots, a_n)$,它的数组实现示意图如图 2.3 所示。

若有

```
sqlist    *L;
```

L 表示指向 sqlist 顺序表类型的指针变量,则线性表的表长应表示为$(*L).len$ 或 $L->len$,第 i 个元素写为$(*L).v[i-1]$或$(L->v)[i-1]$。

2.2.2　顺序存储结构的优缺点

由于线性表的顺序存储结构的特点是逻辑关系上相邻的两个元素在物理位置上也相邻,因此可以随机存取表中任一元素,其存储位置可用一个简单、直观的公式来表示,这个特点使其具有以下优缺点。

1. 优点

(1) 随机存取元素容易实现,根据定位公式容易确定表中每个元素的存储位置,所以要指定第 i 个结点很方便。

(2) 简单、直观。

2. 缺点

(1) 插入和删除结点困难。

由于表中的结点是依次连续存放的,所以插入或删除一个结点时,必须将插入点以后的结点依次向后移动,或将删除点以后的结点依次向前移动。

(2) 扩展不灵活。

建立表时,若估计不到表的最大长度,就难以确定分配的空间,影响扩展。

(3) 容易造成浪费。

分配的空间过大时,会造成预留空间浪费。

2.2.3 顺序表上的基本运算

定义线性表顺序存储结构后,线性表的某些操作容易实现,如求表长、取元素、找前驱元素和后继元素等。下面着重讨论线性表的插入、删除操作的实现。

1. 求线性表的长度

此算法比较简单,只要取出线性表的长度值就可以了。

算法 2.1 求顺序表的长度算法。

```
//L为sqlist顺序表类型指针变量,lenth(sqlist * L)求顺序表L的长度
int length(sqlist * L)
{
    int length;
    length = L-> len;
    return(length);          //返回线性表的长度
}
```

2. 插入算法

线性表的插入是指在表的第 i 个元素之前加入一个新的数据元素,使长度为 n 的线性表

$$(a_1,\cdots,a_{i-1},a_i,\cdots,a_n)$$

变成长度为 $n+1$ 的线性表

$$(a_1,\cdots,a_{i-1},x,a_i,\cdots,a_n)$$

插入一个新元素后,线性表的数据之间的逻辑位置和物理位置都相应发生了变化。如果在第 $i(1\leqslant i\leqslant n)$ 个元素之前插入一个新元素,则需要有 $n-i+1$ 个元素进行移动,只有插入的位置为 $n+1$ 时,才无须移动元素,直接将元素插入表尾。若插入成功则返回 1,否则返回 0。插入前后的状况如图 2.4 所示。

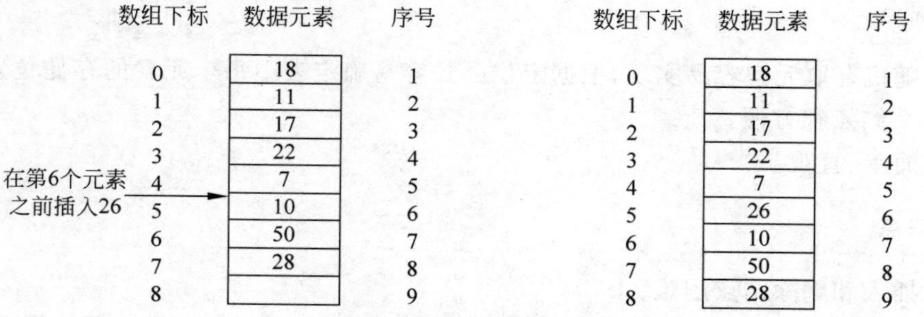

图 2.4 顺序表插入前后状况示意图

算法思路:

(1) 判断线性表的存储空间是否已满,若已满,则进行"溢出"处理。

（2）检查 i 值是否超出所允许的范围（$1 \leqslant i \leqslant n+1$），若超出，则进行"超出"处理。

（3）将线性表的第 i 个元素和它后面的所有元素均后移一个位置。

（4）将新的数据元素写入到下标为 $i-1$ 的位置上。

（5）线性表的长度增加 1。

算法 2.2　顺序表的插入算法。

```
//L 为 sqlist 顺序表类型指针变量,i 为插入元素的位序号,x 为插入元素的值
int insert(sqlist * L,int i,elemtype x)
{
int j;
if (L->len==Maxsize)              //判断线性表的存储空间是否已满
{
    printf("溢出\n");
        return 0;
}
else
    if ((i<1)||i>L->len+1)         //检查 i 值是否超出所允许的范围
        {
        printf("插入位置不正确\n");
        return 0;
        }
    else
        {
        for(j=L->len-1;j>=i-1;j--)  //将第 i 个元素和它后面的所有元素均后移
                                    //一个位置
            L->v[j+1]=L->v[j];
        L->v[i-1]=x;               //将新的元素写入到空出的下标为 i-1 的位置上
        L->len=L->len+1;           //线性表的长度增加 1
        return 1;
        }
}
```

从以上插入算法可知，该算法主要执行时间都在移动数据元素的循环上，该语句循环执行的次数为 $n-i+1$，当 $i=n+1$ 时，移动次数为 0；当 $i=1$ 时，移动次数为 n，可见算法在最坏情况下时间复杂度为 $O(n)$，最好情况下时间复杂度为 $O(1)$。

假设在第 i 个元素之前插入一个元素的概率为 p_i，所需移动数据元素的平均次数为

$$E_i = \sum_{i=1}^{n+1} p_i(n-i+1) \tag{2.2}$$

设在线性表的任何位置上插入元素的机会相等，可能插入的位置为 $i=1,2,\cdots,n+1$，则 $p_i=1/(n+1)$，上式简化为

$$E_i = \frac{1}{n+1}\sum_{i=1}^{n+1}(n-i+1) = \frac{1}{n+1}\sum_{i=1}^{n}i = \frac{1}{n+1}\frac{n(n+1)}{2} = \frac{n}{2} \tag{2.3}$$

由此可见，在顺序表中插入一个元素，平均约移动表中一半数据元素，当 n 较大时，算法的效率很低。

3. 删除算法

线性表的删除运算是指将线性表的第 i 个数据元素删去，使长度为 n 的线性表

$$(a_1,\cdots,a_{i-1},a_i,a_{i+1},\cdots,a_n)$$

变成长度为 $n-1$ 的线性表

$$(a_1,\cdots,a_{i-1},a_{i+1},\cdots,a_n)$$

　　与插入操作类似,在顺序表上实现删除操作也必须移动元素才能反映出元素间逻辑关系的变化。当 $1\leqslant i\leqslant n-1$ 时需将第 $i+1\sim n$ 个数据元素依次向前移动一个位置,只有当 $i=n$ 时直接删除表中最后一个元素。删除成功返回 1,否则返回 0。删除前后的状况如图 2.5。

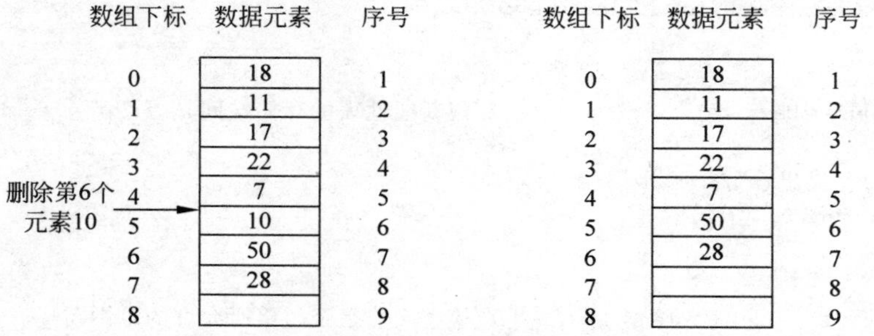

图 2.5　顺序表删除前后状况示意图

算法思路:

(1) 判断 i 值是否超出所允许的范围($1\leqslant i\leqslant n$),若是,则进行"超出范围"处理;

(2) 把第 i 个元素赋给 y;

(3) 把第 i 个元素后的所有元素依次向前移动一个位置;

(4) 线性表长度减 1。

算法 2.3　顺序表的删除算法。

```
//L为sqlist顺序表类型指针变量,i为删除元素的位序号,删除元素的值通过y代出
int dele(sqlist * L,int i,elemtype * y)
 {
 int j;
 if((i<1)||(i>L->len))              //判断i值是否超出所允许的范围
    {
    printf("删除位置不正确\n");
    return 0;
    }
 else
 {
    * y=L->v[i-1];                  //把第i个元素赋给 * y
    for(j=i;j<L->len;j++)           //把第i个元素后的所有元素依次向前移动一个位置
       L->v[j-1]=L->v[j];
    L->len=L->len-1;               //线性表长度减1
    return 1;
 }
 }
```

　　删除算法和插入算法相似,当 $i=1$ 时,移动 $n-1$ 个元素,当 $i=n$ 时,不需移动,故算法的时间复杂度为 $O(n)$。

　　假设删除第 i 个元素的概率为 q_i,所需移动数据元素的平均次数为

$$E_d = \sum_{i=1}^{n} q_i(n-i) \qquad (2.4)$$

设在线性表的任何位置上删除元素的机会相等,可能删除的位置为 $i=1,2,\cdots,n$,则 $q_i=1/n$,上式简化为

$$E_d = \frac{1}{n}\sum_{i=1}^{n}(n-i) = \frac{1}{n}\sum_{i=1}^{n-1}i = \frac{1}{n}\frac{n(n-1)}{2} = \frac{n-1}{2} \qquad (2.5)$$

由此可见,在顺序表中删除一个元素,平均约移动表中一半数据元素,当 n 较大时,算法的效率很低。

4. 查找算法

线性表的查找是指找出数据元素 x 在表中的位序号,若 v[i]=x,则算法返回值为 i+1;若不存在数据元素 x 则返回 0。

算法 2.4 顺序表的查找算法。

```
//从顺序表 L 中查找指定键值为 x 的元素位序号
int search(sqlist * L, elemtype x)
{
int i;

for (i = 0; i < L -> len; i++)          //在线性表中顺序查找
    if (x == L -> v[i])
        break;
if (i < L -> len)
    return (i + 1);
else return(0);
}
```

2.3 线性表的链式存储结构——链表

顺序表结构简单,便于随机访问表中的任一元素,但顺序存储结构不利于插入和删除,不利于扩充,也容易造成空间浪费。为了弥补这些缺点,本节将讨论线性表的另一种存储结构,即链式存储结构。

常见的链表有单链表、循环链表和双向链表。链式存储是最常用的存储方法之一,它不仅可以表示线性表,还可以表示各种复杂的非线性数据结构。

2.3.1 单链表

1. 单链表的定义

用一组任意的存储单元存储线性表的数据元素(这组存储单元可以是连续的,也可以是不连续的),数据元素之间的逻辑关系借助指示元素存储位置的指针来表示,这种存储方式叫作线性表的链式存储结构,简称链表(linked list)。为了表示数据元素间的逻辑关系,除了存储数据元素本身的信息之外,还需要存放其直接后继的存储位置(存储地址),这两部分

组成一个结点,用于表示线性表中的一个数据元素。这样,存放数据元素的结点包括两个域:一个是数据域,用于存储数据元素的信息;另一个是指针域或链域,用于存放直接后继元素的存储位置(存储地址)。这种用指针链接的结点序列称为链表。若链表中的每个结点只包含一个指针域,则称此链表为线性链表或单链表。一般地,把链表画成用箭头相链接的结点的序列,结点之间的箭头表示链域中的指针,如图2.6所示。当然,链表的每个结点可以有若干个数据域和指针域。

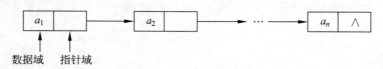

图 2.6　单链表示意图

顺序表和线性链表的区别如下。

(1)顺序表中,所有数据元素是依次存放在一组连续的存储单元中,数据元素在线性表中的逻辑序号可以确定它在存储单元中的位置,逻辑上相邻的两个数据元素其物理存储位置也相邻。

(2)线性链表中,结点在存储器中的位置是任意的,结点之间的逻辑关系由结点中的指针来指示,由图2.7可见单链表的存储结构。

	存储地址	数据域	指针域
	1	Beijing	25
	7	Shanghai	13
	13	Chongqing	1
头指针H　31	19	Hunan	NULL
	25	Yunnan	19
	31	Tianjin	7

图 2.7　单链表的存储结构示例

H 是指针变量,该变量保存着指向单链表的第一个结点的指针,称为头指针变量,简称头指针。对单链表中任一结点的访问必须从头指针开始,首先找到第一个结点,再按各结点链域中存放的指针顺序往下找,直到找到所需的结点。此外,由于最后一个数据元素没有直接后继,则单链表中最后一个结点的指针为空,用 ∧ 或 NULL 表示。若线性表为空,则头指针为空。由此可见,单链表中逻辑上相邻的两个元素,其存储的物理位置不一定相邻。使用链表时,应该关注它的逻辑结构,而不是每个元素在存储器中的位置。图2.8所示为单链表的逻辑结构示例。

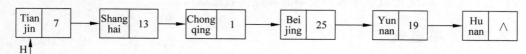

图 2.8　单链表的逻辑结构示例

有时为了操作方便,在单链表的第一个结点之前添加一个结点,称头结点或伪结点。头结点的数据域可以不存放任何信息,也可以存放其他特殊信息;头结点的指针域存放第一个元素结点的存储地址,即指向第一个结点的指针值。此时,单链表的头指针指向头结点,称其为带头结点的单链表。本书以下若无特殊说明,采用的都是带头结点的单链表,如

图 2.9 所示。

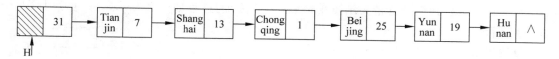

图 2.9　带头结点的单链表逻辑结构示例

单链表可以用 C 语言的指针数据类型来实现,对单链表的结点类型描述如下:

```
typedef struct node
{elemtype data;
 struct node * next;
}Lnode, * linklist;           //Lnode 为结点类型,linklist 为指向结点的指针类型
```

后面的各种运算都在上述定义的基础上实现。

上面定义了一种结点类型,struct node 和 Lnode 都是结点类型名,一般常用 Lnode; elemtype 为数据域的类型,它可以是任何类型,根据具体的问题确定它的类型;data 为数据域,存放当前结点的数据,类型为 elemtype;next 为指针域,存放当前结点的直接后继结点的存储地址,即指向当前结点的直接后继结点。

假设 h 是链表的头指针,p 是指向链表中某一结点的指针,可以说明如下:

```
Lnode * h, * p;
```

或

```
linklist h,p;
```

p 及其指向的结点的关系如图 2.10 所示。

(1) 用 p—>data 或(* p). data 表示 p 所指向的结点的
数据域;

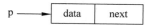

图 2.10　p 及其指向的结点的关系

(2) 用 p—>next 或(* p). next 表示 p 所指向的结点的指针域。

需要注意的是,p 在被定义成指针变量时,并没有指向任何结点,需要在程序执行过程中通过按结点的类型向系统申请建立一个新结点,通过调用标准函数 malloc()动态生成,具体格式为:

```
p = (Lnode * )malloc(sizeof(Lnode));
```

其中,sizeof(Lnode)用来测算 Lnode 类型的结点需占用的字节数;(Lnode *)用来进行类型转换,使得 malloc()函数返回一个指向 Lnode 结点类型的指针,并将该指针(该结点的首地址)赋给 p。

当不需要 p 结点时,应该用标准函数 free(p)来释放 p 所指向的结点空间,即系统收回 p 结点。

2. 单链表的基本运算

对单链表的操作都必须从头结点开始,单链表是非随机存取的存储结构。下面讨论如何实现单链表的"建立""求表长""查找""插入"和"删除"等基本操作。

1) 建立带头结点的单链表

从表尾到表头逆向建立带头结点单链表(头插法)的过程如图 2.11 所示。

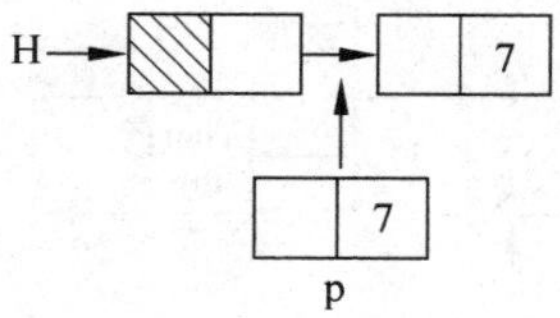

图 2.11 头插法建立带头结点的单链表

算法思路：

(1) 首先建立一个头结点 h,并使头结点的指针域为空；

(2) 读入值 ch；

(3) 建立一个新结点 p；

(4) 将 ch 赋给 p 的数据域；

(5) 分别改变新结点 p 的指针域和头结点 h 的指针域,使 p 成为 h 的直接后继；

(6) 重复(2)～(5),直到不满足循环条件为止。

算法 2.5 头插法建立带头结点的单链表算法。

```
//头插法建立带头结点的单链表
typedef char elemtype;
typedef struct node
{
    elemtype data;
    struct node * next;
}Lnode, * linklist;                  //Lnode 为结点类型,linklist 为指向结点的指针类型
//表头插入法,建立带头结点的单链表,通过函数返回头指针
Lnode * creat()
{
    FILE * fp;
    elemtype ch;
    Lnode * h, * p;
    h = (Lnode * )malloc(sizeof(Lnode)); //建立头结点
    h -> next = NULL;                    //使头结点的指针域为空
    if ((fp = fopen("inputfile.txt","r")) == NULL)   //从 inputfile.txt 文件输入元素的值
    {
        printf("can't open the file\n");
        exit(0);
    }
    while(!feof(fp))
    {
        fscanf(fp," % c",&ch);
        p = (Lnode * )malloc(sizeof(Lnode));      //建立一个新结点 p
        p -> data = ch;                           //将 ch 赋给 p 的数据域
        p -> next = h -> next;                    //改变指针状况
        h -> next = p;                            //h 的直接后继是 p
    }
    fclose(fp);
    return h;
}
```

从表头向表尾顺序建立带头结点的单链表(尾插法)的算法如算法 2.6 所示。

算法 2.6 尾插入法建立带头结点单链表算法。

//表尾插入法,建立带头结点的单链表,通过函数返回头指针

```
Lnode * creat()
{
    Lnode * h, * p, * t;
    elemtype ch;
    h = (Lnode * )malloc(sizeof(Lnode));
    h -> next = NULL;
    t = h;
    if ((fp = fopen("inputfile.txt","r")) == NULL)    //从 inputfile.txt 文件输入元素的值
    {
        printf("can't open the file\n");
        exit(0);
    }
    while(!feof(fp))
    {
        fscanf(fp," % c",&ch);
        p = (Lnode * )malloc(sizeof(Lnode));
        p -> data = ch;
        p -> next = NULL;
        t -> next = p;
        t = p;                                        //t 始终指向最后一个元素
    }
    return h;
}
```

2）求带头结点单链表的长度

求单链表的长度即求表中结点的个数，并返回其长度。

算法思路：

（1）设置一个工作指针变量 p，再设置一个整型变量 i 作计数器；

（2）让 p 指向第一个数据结点，置 i 为 0；

（3）指针 p 在单链表中后移并且 i 值加 1；

（4）当 p=NULL 时说明单链表结束，计数完毕，这时 i 的值正好是表长。

算法 2.7 求带头结点单链表的长度算法。

```
//h 是带头结点单链表的头指针，函数返回单链表的长度
int length(Lnode * h)
{
    Lnode * p;
    int i = 0;
    p = h -> next;                  //p 指向第一个结点
    while(p)                        //循环访问单链表的每个结点，p = NULL 时结束
    {
        i++;
        p = p -> next;              //p 指针后移
    }
    return i;
}
```

该算法的基本操作是指针 p 后移和计数，执行次数为 n，故时间复杂度为 $O(n)$。

从头结点开始,通过工作指针的不断后移而访问单链表的每个结点的扫描(遍历)技术是一种常用技术,在许多算法中都要用到。

3) 插入算法

在单链表中 p 结点之后插入值为 x 的新结点 s。插入算法中需要修改结点的指针域,插入前后指针变化状况如图 2.12 所示。

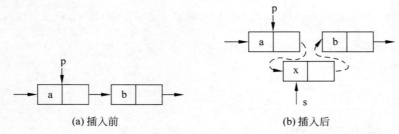

(a) 插入前   (b) 插入后

图 2.12   在单链表中插入结点的指针变化状况

指针的修改用下列两个语句描述:

(1) s—> next = p—> next;

(2) p—> next = s;

算法思路:

(1) 生成一个新结点 s;

(2) 将 x 赋给新结点 s 的数据域;

(3) 将新结点插入单链表中。

算法 2.8   在带头结点单链表的某结点后插入算法。

```
//将值为 x 的元素插在带头结点单链表中 p 结点之后
void insert(Lnode * p, elemtype x)
{
    Lnode * s;
    s = (Lnode * )malloc(sizeof(Lnode));    //生成一个新结点 s
    s -> data = x;
    s -> next = p -> next;                   //新结点链入单链表中
    p -> next = s;
}
```

该算法的时间复杂度为 $O(1)$。

下面介绍在单链表中第 i 个元素之前插入一个元素的算法。

算法 2.9   在带头结点单链表的第 i 个元素之前插入算法。

```
//在带头结点单链表中第 i 个元素之前插入一个值为 x 的元素
int insert(Lnode * h, int i, elemtype x)
{
    Lnode * p, * s;
    int j;
    p = h;
    j = 0;
    while(p&&j < i - 1)                      //寻找第 i - 1 号结点
```

```
            {
                p = p -> next;
                j++;
            }
            if(p)
            {
                s = (Lnode * )malloc(sizeof(Lnode));
                s -> data = x;
                s -> next = p -> next;          //改变指针状态,将 s 插入表中
                p -> next = s;
                return(1);                       //返回 1 表示正常结束
            }
            else
                return (0);                      //返回 0 表示插入失败
        }
```

该算法时间复杂度为 $O(n)$。

4）删除算法

删除单链表中 p 的后继结点 q。删除算法中也需要修改结点的指针域,删除前后指针变化状况如图 2.13 所示。

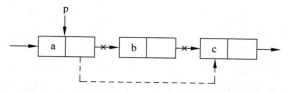

图 2.13 在单链表中删除结点的指针变化状况

指针的修改用下列两个语句描述:

（1）q＝p—>next;

（2）p—>next＝q—>next;

算法思路:

（1）将 q 指向 p 结点的直接后继;

（2）改变指针链接,把 q 结点的直接后继作为 p 结点的直接后继;

（3）从单链表中删除 q 结点;

（4）释放 q 结点空间。

算法 2.10 删除带头结点单链表中 p 的后继结点算法。

```
void dele(Lnode * p)
{
Lnode * q;
if (p -> next!= NULL)
{
    q = p -> next;                    //q 为 p 的直接后继
    p -> next = q -> next;            //删除 q
    free(q);                          //释放 q 结点空间
    }
}
```

该算法的时间复杂度为 $O(1)$。

思考：如果要求在带头结点单链表中删除第 i 个元素该如何实现？

5）按值查找

查找带头结点单链表中是否存在数据域为 x 的结点，若有该结点，则返回指向该结点的指针，否则返回空。

算法思路：

（1）从第一个结点开始扫描整个单链表，将结点数据域的值逐个与 x 比较；

（2）找到该结点后返回指向该结点的指针，否则返回空。

算法 2.11 带头结点单链表按值查找算法。

```
//查找带头结点单链表中值为 x 的结点
Lnode * search(Lnode * h, elemtype x)
{
Lnode * p;
p = h-> next;                        //p 为单链表的第一个结点
while(p&&p-> data!= x)               //扫描整个单链表,查找值为 x 的结点
    p = p-> next;                    //未找到,指针继续后移扫描
return (p);
}
```

该算法的时间复杂度为 $O(n)$。

6）取元素

读取带头结点单链表中的第 i 个元素。如果找到，则返回第 i 个结点的存储地址，否则返回空。在单链表中无法直接获得第 i 个元素的值，只有从头指针出发，顺着链域往下搜索，直到找到第 i 个结点为止。

算法思路：

（1）p 从单链表的第一个数据结点出发，并定义 $j=1$；

（2）在单链表中移动指针 p，同时累计 j；

（3）通过 j 的累计查找 $j=i$ 的结点；

（4）重复（2）、（3）直到 p 为空或 p 指向第 i 个元素。

算法 2.12 读取带头结点单链表中第 i 个元素地址算法。

```
Lnode * get(Lnode * h, int i)
{
    int j;
    Lnode * p;
    p = h-> next;
    j = 1;
    while (p&&j < i)                 //移动指针 p,直到 p 为空或 p 指向第 i 个元素
    {
        p = p-> next;
        j++;
    }
    if (i == j)
        return p;                    //返回第 i 个元素的存储地址
    else
```

```
    return NULL;
}
```

该算法的基本操作是指针 p 后移和计数,执行次数与所给 i 值有关,当 $i<1$ 时,执行次数为 0;当 $i=1$ 时,执行次数为 1;$i \geqslant n$ 时,执行次数为 n,平均约为 $n/2$,所以 $T(n)=O(n)$。

2.3.2 循环链表和双向链表

1. 循环链表

循环链表是一种首尾相接的链表。在单链表中,如果最后一个结点的链域值不是 NUIL,而是指向头结点,则整个链表形成一个环,它是另一种形式的链式存储结构,称为单循环链表。在单循环链表中,为了使空表和非空表的处理一致,同样设置了一个头结点。在建立单循环链表时,建立头结点后,应有"h—>next=h;"语句。图 2.14 所示为带头结点的单循环链表示意图。

非空表　　　　　　　　　　　　　　　　空表

图 2.14 带头结点的单循环链表示意图

类似地,还有多循环链表。

循环链表的特点是从表中任意结点出发均可以找到表中其他的结点,这样使得某些运算在循环链表上易于实现。

单循环链表上的操作实现和单链表上基本一致,但需要将算法中的循环条件 p 或 p—>next 是否为空改为是否等于头指针。

算法 2.13 在单循环链表中查找算法。

```
//在单循环链表中查找值为 x 的结点
Lnode * get(Lnode * h,elemtype x)
{
Lnode * p;
p = h—>next;
while (p!= h&&x!= p—>data)      //循环扫描查找,直到 p 指向头结点 h 或找到 x 结束
    p = p—>next;
if(p == h)
    return NULL;
return p;
}
```

2. 双向链表

在单链表中,每个结点只有一个指针域指向其直接后继,这样方便找到其后继。如果要便于找前驱,可以再加上一个指向其前驱的指针域。这样,链表的每一个结点中有两个指针域:一个指向直接后继;另一个指向直接前驱。这种链表称为双向链表。

双向链表的结点描述为：

```
typedef struct dulnode
 {elemtype data;
   struct dulnode  * next, * prior;
}dulnode;
```

其中,data 为数据域；next 为指向结点的直接后继的指针域；prior 为指向结点的直接前驱的指针域；dulnode 为双向链表的结点类型名。

双向链表及结点结构如图 2.15 所示。

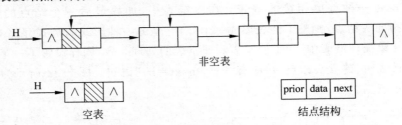

图 2.15　双向链表及结点结构

显然,在双向链表中,要找每一个结点的前驱和后继都很方便。

3. 双向循环链表

和单循环链表一样,双向链表也有循环链表,如图 2.16 所示。将双向链表中的头结点和尾结点链接起来,就形成了双向循环链表。

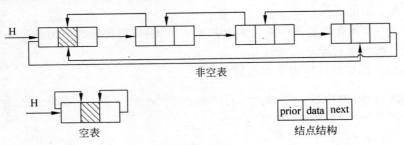

图 2.16　双向循环链表及结点结构

从图 2.16 可以看出,双向循环链表是将头结点的前驱指针指向了尾结点,同时将尾结点的后继指针指向了头结点。在空的双向循环链表中,头结点的前驱和后继指针均指向了它自己,这也是判断双循环链表是否为空的条件。

显然,双向循环链表具有对称性。

在双向(循环)链表中实现某些操作时,涉及两个方向的指针,下面以双向循环链表为例讨论插入和删除算法。

1) 插入算法

假设在结点 p 之前插入结点 s,必须改变指针的链接。图 2.17 显示了插入结点时指针修改的情况。

可见,改变指针链接的语句有：

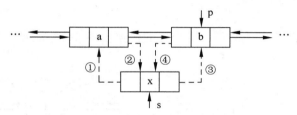

图 2.17　在双向链表上插入结点时指针变化示意图

(1) s—> prior＝p-> prior；

(2) p—> prior-> next＝s；

(3) s—> next＝p；

(4) p—> prior＝s；

算法 2.14 实现在双向循环链表的第 i 个结点之前插入值为 x 的新结点,如果成功,则返回 1,否则返回 0。

算法思路:

(1) 通过指针 p 的移动在双向循环链表中依次查找第 i 个元素;

(2) 如果找到,则建立一个新结点 s;

(3) 将 s 和 p 以及 p 的前驱链接起来,即令 s 的前驱是 p 原来的前驱,s 的后继是 p。

算法 2.14 双向循环链表的插入算法。

```
//在双向循环链表的第 i 个结点之前插入值为 x 的新结点
int insert(dulnode * h, int i, elemtype x)
{
dulnode * p, * s;
int j;
p = h－> next;
j = 1;
//查找第 i 个元素,直到 p 指向头结点 h 或 p 指向第 i 个元素结束
while(p!= h&&j < i)
    {
    j++;
        p = p－> next;
    }
if(j == i)                              //找到了第 i 个结点
    {
        s = (dulnode * )malloc(sizeof(dulnode));
        s－> data = x;
        s－> prior = p－> prior;          //改变指针链接,使 s 插入在 p 之前
        p－> prior－> next = s;
        s－> next = p;
        p－> prior = s;
        return 1;
    }
  else
        return 0;
}
```

2）删除算法

假设删除第 i 个结点 p 也必须改变指针的链接。图 2.18 显示了删除结点时指针修改的情况。

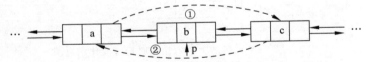

图 2.18   在双向链表上删除结点的指针变化示意图

可见，改变指针链接的语句有：

（1）p—>prior—>next＝p—>next；

（2）p—>next—>prior＝p—>prior；

算法 2.15 实现删除双向循环链表的第 i 个结点 p，如果成功，则返回删除结点的值，否则返回 0。

算法思路：

（1）通过指针 p 的移动在双向循环链表中依次查找第 i 个元素；

（2）如果找到，则改变指针链接，即令 p 的前驱指向 p 的后继，p 的后继结点的前驱指针指向 p 原来的前驱；

（3）释放 p。

算法 2.15   删除双向循环链表的删除算法。

```
//删除双向循环链表的第 i 个结点
elemtype dele(dulnode * h, int i)
{
elemtype s;
dulnode * p;
int j;
p = h -> next;
j = 1;
while (p!= h&&j < i)                      //在双向链表中依次查找第 i 个元素
{
    j++;
    p = p -> next;
}
if(j == i)                                //找到了第 i 个结点
{
    s = p -> data;
    p -> prior -> next = p -> next;       //删除结点 p
    p -> next -> prior = p -> prior;
    free(p);                              //释放 p 结点空间
    return s;
}
else
    return 0;
}
```

显然以上两个算法的时间复杂度与单链表的一样，为 $O(n)$。

2.4 线性表的应用示例

前面讨论了线性表的两种存储结构——顺序存储结构和链式存储结构。那么,在实际应用中采用哪种存储结构合适呢?

顺序表的特点是逻辑关系上相邻的数据元素在物理位置上也相邻,数据元素在表中的位置可以通过序号或数组下标直接表示。因此,在表中方便随机地存取任一元素,也方便求表的长度。但在进行插入或删除操作时,需要移动大量元素,尤其是当线性表的数据元素是很复杂的信息时,移动的工作量非常大。

链表的数据元素之间的逻辑关系用指针来表示,因此,在进行插入或删除操作时不需要移动元素,只需要修改指针。但是,链表是非随机存取的存储结构,要访问表中的元素,必须从第一个元素开始查找。

可见,线性表的顺序存储和链式存储各有优缺点,应用中应该根据实际问题的需要来进行选择。

学习了线性表的基本运算后,在实现线性表的其他操作时,可以调用已有算法间接实现;另外,掌握了编写算法的一些基本技能和技巧,可以写出直接实现的高效率算法。

为了更好地掌握线性表及其运算,下面讨论几个典型的算法。

例 2.1 编写一个算法将一个顺序表原地逆置,即不允许新建一个顺序表。

算法思想:将原表中的第一个元素变成新表中的最后一个元素,原表中的最后一个元素变成第一个元素,中间元素以此类推。

算法 2.16 顺序表原地逆置算法。

```
void inverse(sqlist * L)
{
    elemtype t;
    int n = L->len;
    for(int i = 0;i <= (n-1)/2;i++)
    {
        t = (L->v)[i];
        (L->v)[i] = (L->v)[n-i-1];
        (L->v)[n-i-1] = t;
    }
}
```

例 2.2 编写一个算法将一个带头结点单链表逆置,要求在原表上进行,不允许重新建链表。

算法思想:在遍历原表的时候,从原表的第一个结点开始,将各结点的指针逆转,最后修改头结点的指针域,令其指向原表的最后一个结点,即新表的第一个结点。

算法 2.17 单链表原地逆置算法。

```
//对带头结点单链表 h 原地逆置
int inverse(Lnode * h)
{
Lnode * r, * q, * p;
```

```
p = h -> next;
if(p == NULL)                          //若链表为空,无须反序
    return 0;
else if(p -> next == NULL)             //若链表上只有一个结点,无须反序
    return 0;
q = p;
p = p -> next;
q -> next = NULL;                      //首结点变成了尾结点
while(p)
{
    r = p -> next;
    p -> next = q;                     //逆转指针
    q = p;                             //指针前移
    p = r;
}
h -> next = q;                         //头指针 h 的后继是 q
return 1;
}
```

例 2.3　编写一算法将两个按元素值递增有序排列的单链表 A 和 B 归并成一个按元素值递增有序排列的单链表 C。

分析：对两个或两个以上结点按元素值有序排列的单链表进行操作时,应采用"指针平行移动,依次扫描完成"的方法。从两表的第一个结点开始沿着链表逐个将对应数据元素进行比较,复制小的数据元素并插入 C 表尾。当两表中之一已到表尾,则复制另一个链表的剩余部分,插入到 C 表尾。设 pa、pb 分别指向两表当前结点,p 指向 C 表的当前表尾结点。若设 A 中当前所指的元素为 a,B 中当前所指的元素为 b,则当前应插入到 C 中的元素 c 为

$$c = \begin{cases} a & a \leqslant b \\ b & a > b \end{cases}$$

例如,

$$A = (3,5,8,11)$$
$$B = (2,6,8,9,11,15,20)$$

则

$$C = (2,3,5,6,8,8,9,11,11,15,20)$$

算法 2.18　有序单链表归并算法。

```
//对 pa 和 pb 两个有序单链表进行归并,返回归并后的有序单链表
Lnode * hb(Lnode * pa, Lnode * pb)
{
Lnode * p, * q, * pc;
pb = pb -> next;
pa = pa -> next;
pc = (Lnode * )malloc(sizeof(Lnode));      //建立表 C 的头结点 pc
p = pc;                                     //p 指向表 C 头结点
while(pa&&pb)
{
    q = (Lnode * )malloc(sizeof(Lnode));   //建立新结点 q
    if(pb -> data < pa -> data)            //比较 A、B 表中当前结点的数据域值的大小
    {
```

```
            q -> data = pb -> data;              //B表中结点值小,将其值赋给q的数据域
            pb = pb -> next;                      //B表中指针pb后移
            }
        else
        {
            q -> data = pa -> data;              //否则,将A表结点的值赋给q的数据域
            pa = pa -> next;                      //A表中指针pa后移
            }
        p -> next = q;                            //将q接在p的后面
        p = q;                                    //p始终指向C表当前尾结点
    }
    while(pa)                                     //若表A比表B长,将表A余下的结点链在C表尾
    {
        q = (Lnode * )malloc(sizeof(Lnode));
        q -> data = pa -> data;
        pa = pa -> next;
        p -> next = q;
        p = q;
    }
    while(pb)                                     //若表B比表A长,将B余下的结点链在C表尾
    {
        q = (Lnode * )malloc(sizeof(Lnode));
        q -> data = pb -> data;
        pb = pb -> next;
        p -> next = q;
        p = q;
    }
    p -> next = NULL;
    return (pc);
    }
```

此算法的时间复杂度为 $O(m+n)$,其中 m、n 分别是两个被归并表的表长。

例 2.4 多项式相加。

多项式的算术运算,是线性表处理的一个经典问题。通常一个一元多项式 $P_n(x)$ 可按升幂写成

$$P_n(x) = p_0 + p_1 x + p_2 x^2 + \cdots + p_n x^n$$

它由 $n+1$ 个系数唯一确定。因此,它可用一个线性表 P 来表示:

$$P = (p_0, p_1, p_2, \cdots, p_n)$$

每一项的指数 i 隐含在其系数 p_i 的序号里。

若 $Q_m(x)$ 是一元多项式,也可用线性表 Q 来表示:

$$Q = (q_0, q_1, q_2, \cdots, q_m)$$

两个多项式相加的结果 $R(x) = P_n(x) + Q_m(x)$ 可用线性表 R 表示。假设 $m < n$,则

$$R = (p_0 + q_0, p_1 + q_1, p_2 + q_2, \cdots, p_m + q_m, p_{m+1}, \cdots, p_n)$$

对应于线性表的两种存储结构,前面定义的一元多项式也可以采用两种存储结构来表示。若只对多项式进行"求值"等而不改变多项式的系数和指数的运算,则采用类似于顺序表的顺序存储结构即可,否则应采用链式存储表示。下面利用线性链表的基本操作来实现

一元多项式的求和运算。

一个一元多项式用一个带头结点的单链表来表示,每个结点表示多项式的一项,由3个域组成:系数域、指数域、指针域。结点类型定义如下:

```
typedef struct node
{
    int coef,exp;
    struct node * next;
}Lnode;
```

其中,coef 为系数域;exp 为指数域;Lnode 为结点类型名。

假设有多项式 $A(x)=8+7x-9x^8+5x^{17}$, $B(x)=4x+6x^7+9x^8-10x^{19}$,用 ha、hb 表示表头指针,它们的链式表示如图 2.19 所示。

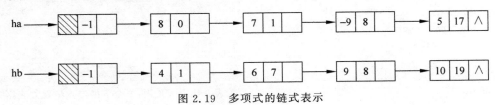

图 2.19 多项式的链式表示

一元多项式相加的运算规则是:两个多项式中所有指数相同的项,对应系数相加,若和不为零,则生成"和多项式"中的一项;对于指数不相同的项均复制到"和多项式"中。

现具体讨论将多项式 $B(x)$ 加到多项式 $A(x)$ 上的方法。为了扫描多项式链表,设工作指针 p 和 q 分别指向多项式 $A(x)$ 和 $B(x)$ 中当前被搜索的结点。比较结点的指数项,有以下 3 种情况。

(1) p—>exp<q—>exp:p 结点是和多项式中的一项,p 后移,q 不动。

(2) p—>exp>q—>exp:q 结点是和多项式中的一项,将 q 插在 p 之前,q 后移,p 不动。

(3) p—>exp==q—>exp:系数相加,如果系数和为 0,从 A 表中删去 p,释放结点 p 和结点 q,并将 p、q 指针后移;若系数和不为 0,修改结点 p 的系数域,释放结点 q,并将 p、q 指针后移。

若 q==NULL,合并结束;若 p==NULL,则将 $B(x)$ 中剩余部分连到 $A(x)$ 上即可。

算法 2.19 一元多项式相加算法。

```
//对两个一元多项式 ha 和 hb 相加,结果由 ha 代出
void add_poly(Lnode * pa,Lnode * pb)
{    Lnode * p, * q, * u, * pre;
     int x;
     p = pa - > next;
     q = pb - > next;
     pre = pa;
     while((p!= NULL) && (q!= NULL))
     {
     if(p - > exp < q - > exp)
         {
         pre = p;
         p = p - > next;
```

```
                }
            else
                if(p - > exp == q - > exp)
                    {
                    x = p - > coef + q - > coef;
                    if(x!= 0)
                        { p - > coef = x; pre = p;}
                    else
                        { pre - > next = p - > next; free(p);}
                    p = pre - > next;
                    u = q;
                    q = q - > next;
                    free(u);
                    }
            else
                {
                u = q - > next;q - > next = p;pre - > next = q;
                pre = q; q = u;
                }
            }
        if(q!= NULL)
            pre - > next = q;
        free(pb);
}
```

本例中"和多项式"hc 的链表如图 2.20 所示。

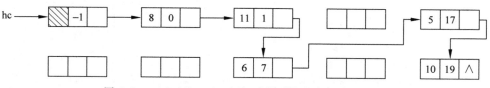

图 2.20　$A(x)$ 和 $B(x)$ 相加后得到的和多项式的链表

2.5　C++中的线性表

本节运用 C++的类及模板类的概念,对线性表进行了定义,并给出了一些应用的示例。

2.5.1　C++中线性表抽象数据类型

借助 C++的模板抽象类来定义线性表抽象数据类型 linearlist,它作为顺序表类和链表类的基类。例 2.5 给出了线性表抽象类 linearlist 的规范,保存在头文件 linearlist.h 中。
例 2.5　线性表。

```
# include < iostream. h >
template < class T >
class linearlist
{
```

```
public:
    virtual bool isempty() const = 0;
    virtual int length() const = 0;
    virtual bool find( int i,T& x) const = 0;
    virtual int search(T x) const = 0;
    virtual bool insert( int i,T x) = 0;
    virtual bool delete( int i) = 0;
    virtual bool update( int i,T x) = 0;
    virtual void output(ostream& out) const = 0;
protected:
    int n;
};
```

2.5.2 C++中线性表的顺序存储

由于 C++ 中的一维数组在内存中占用了一组地址连续的存储单元,因此可以用 C++ 中一维数组来描述顺序表的存储结构,并实现顺序表类。例 2.6 是顺序表类 seqlist 的定义及其实现,存放在头文件 seqlist.h 中,该类继承了线性表抽象类 linearlist。

例 2.6 顺序表类。

```
# include "linearlist.h"
template < class T >
class seqlist:public linearlist < T >
{
    public:
        seqlist( int msize);
        ~seqlist(){delete [] elements;}
        bool isempty() const;
        int length() const;
        bool find( int i,T& x) const;        //在 x 中返回表中下标为 i 的元素
        int search(T x) const;               //返回 x 在表中的下标
        bool insert( int i,T x);
        bool delete( int i);
        bool update( int i,T x);             //将下标为 i 的元素修改为 x
        void output(ostream& out) const;
    protected:
        int maxlength;                        //顺序表的最大长度
        T * elements;                         //动态一维数组的指针
};

template < class T >
seqlist < T >::seqlist ( int msize)
{
    maxlength = msize;
    elements = new T[maxlength];              //动态分配顺序表的存储空间
    n = 0;
}
template < class T >
bool seqlist < T >::isempty() const
```

```cpp
{
    return n == 0;
}
template < class T >
int seqlist < T >::length() const
{
    return n;
}
template < class T >
bool seqlist < T >::find( int i, T& x) const
{
    if (i < 1 || i > n) {
        cout <<"out of bounds"<< endl;
        return false;
    }
    x = elements[ i - 1];
    return true;
}
template < class T >
int seqlist < T >::search( T x) const
{
    for ( int j = 0; j < n; j++)
        if (elements[ j] == x) return j + 1;
    return 0;
}
template < class T >
bool seqlist < T >::insert( int i, T x)
{
    if (i < 1 || i > n + 1) {
        cout <<"out of bounds"<< endl;
        return false;
    }
    if (n == maxlength){
        cout <<"overflow"<< endl;
        return false;
    }
    for ( int j = n - 1; j >= i - 1; j-- )
        elements[ j + 1] = elements[ j];
    elements[ i - 1] = x;
    n++;
    return true;
}
template < class T >
bool seqlist < T >::delet( int i)
{
    if (!n){
        cout <<"underflow"<< endl;
        return false;
    }
    if (i < 1 || i > n) {
        cout <<"out of bounds"<< endl;
```

```
            return false;
        }
        for (int j = i;j < n;j++)
            elements[j - 1] = elements[j];
        n -- ;
        return true;
    }
    template < class T >
    bool seqlist < T >::update( int i,T x)
    {
        if (i < 1||i > n) {
            cout <<"out of bounds"<< endl;
            return false;
        }
        elements[ i - 1] = x;
        return true;
    }
    template < class T >
    void seqlist < T >::output( ostream& out) const
    {
        for (int i = 0;i < n;i++)
            out << elements[ i]<<" ";
        out << endl;
    }
```

例 2.7　用顺序表类 seqlist 实现集合“并”运算。

```
//实现集合"并"运算,放入头文件 seqlisttu. h 中
# include "seqlist. h"
template < class T >
void Union( seqlist < T > &la, seqlist < T > lb)
{
    T x;
    for (int i = 1;i < = lb. length();i++){
        lb. find( i,x);
        if (la. search(x) == 0)
            la. insert(la. length() + 1,x);
    }
}
```

例 2.8　编写验证集合“交”运算的程序。

主程序中,首先定义两个最多存放 20 个元素的顺序表对象 la 和 lb,通过顺序表的 insert()函数逐个插入元素形成两个集合;再用 Union()函数实现两个集合求并,最终结果存入 la 中;最后用 output()函数将结果输出。

```
# include "seqlistu. h"
const int size = 20;
void main()
{
    seqlist < int > la(size);
    seqlist < int > lb(size);
```

```
        for (int i = 1;i < = 5;i++)
            la.insert(i,i);
        la.output(cout);
        for (i = 6;i < = 10;i++)
            lb.insert(i - 5,i);
        lb.insert(1,0);
        lb.insert(3,2);
        lb.insert(lb.length(),4);
        lb.output(cout);
        Union(la,lb);
        la.output(cout);
    }
```

2.5.3　C++中线性表的链式存储

用 C++实现线性表的链式存储时,首先应声明一个结点类 node,它包含结点的数据域 data 和指向后继结点的指针域 next。再声明一个单链表类 singlelist,它是结点类的友元,可以访问 node 类中的私有成员。单链表类同顺序表类一样继承了线性表类 linearlist。单链表类 singlelist 的定义和实现见例 2.9,并存入头文件 singlelist.h 中。

例 2.9　结点类和单链表类。

```
# include "linearlist.h"
template < class T > class singlelist;
template < class T >
class node
{
    private:
        T data;
        node < T > * next;
        friend class singlelist < T >;
};
template < class T >
class singlelist:public linearlist < T >
{
    public:
        singlelist(){head = NULL;n = 0;}
        ~singlelist();
        bool isempty() const;
        int length() const;
        bool find(int i,T& x) const;
        int search(T x) const;
        bool insert(int i,T x);
        bool delete(int i);
        bool update(int i,T x);
        void clear();
        void output(ostream& out) const;
    protected:
        node < T > * head;
};
```

```
template < class T >
singlelist < T >::~singlelist()
{
    node < T >  * p;
    while (head){
        p = head -> next;
        delete head;
        head = p;
    }
}
template < class T >
bool singlelist < T >::isempty() const
{
    return n == 0;
}
template < class T >
int singlelist < T >::length() const
{
    return n;
}
template < class T >
bool singlelist < T >::find( int i, T& x) const
{
    if (i < 0 || i > n - 1) {
        cout <<"out of bounds"<< endl;
        return false;
    }
    node < T >  * p = head;
    for( int j = 0; j < i; j++)
        p = p -> next;
    x = p -> data;
    return true;
}
template < class T >
int singlelist < T >::search( T x) const
{
    node < T >  * p = head;
    for( int j = 0; p&&p -> data!= x; j++)
        p = p -> next;
    if (p)   return j;
    return - 1;
}
template < class T >
bool singlelist < T >::insert( int i, T x)
{
    if (i < - 1 || i > n - 1) {
        cout <<"out of bounds"<< endl;
        return false;
    }
    node < T >  * q = new node < T >;
    q -> data = x;
```

```cpp
        node < T >  * p = head;
        for( int j = 0; j < i; j++)
            p = p - > next;
        if ( i > - 1){
            q - > next = p - > next;
            p - > next = q;
        }
        else {
            q - > next = head;
            head = q;
        }
        n++;
        return true;
    }
    template < class T >
    bool singlelist < T >::delete( int i)
    {
        if (!n){
            cout <<"underflow"<< endl;
            return false;
        }
        if ( i < 0 || i > n - 1) {
            cout <<"out of bounds"<< endl;
            return false;
        }
        node < T >  * q = head, * p = head;
        for( int j = 0; j < i - 1; j++)
            p = p - > next;
        if ( i == 0)
            head = head - > next;
        else {
            p = q - > next;
            q - > next = p - > next;
        }
        delete p;
        n -- ;
        return true;
    }
    template < class T >
    bool singlelist < T >::update( int i, T x)
    {
        if ( i < 0 || i > n - 1) {
            cout <<"out of bounds"<< endl;
            return false;
        }
        node < T >  * p = head;
        for( int j = 0; j < i; j++)
            p = p -> next;
        p - > data = x;
        return true;
    }
```

```
template < class T >
void singlelist < T >::output(ostream& out) const
{
    node < T >  * p = head;
    while (p){
        out << p - > data <<" ";
        p = p - > next;
    }
    out << endl;
}
```

例 2.10 用单链表类 singlelist 实现集合求交算法程序,放入头文件 singlelist. h 中。

```
# include "singlelist. h"
template < class T >
void intersction(singlelist < T > &la,singlelist < T > &lb)
{
    T x;
    int i = 0;
    while (i < la. length()){
        la. find(i,x);
        if (lb. search(x) == - 1) la. delete(i);
        else i++;
    }
}
```

例 2.11 编写主函数,验证例 2.10 的算法。

```
# include "singlelist. h"
void main()
{
    singlelist < int > la;
    singlelist < int > lb;
    for (int i = 1;i < = 5;i++)
        la. insert(i,i);
    la. output(cout);
    for (i = 6;i < = 10;i++)
        lb. insert(i - 5,i);
    lb. insert(1,0);
    lb. insert(3,2);
    lb. insert(lb. length(),4);
    lb. output(cout);
    Union(la,lb);
    la. output(cout);
}
```

习题 2

1. 描述以下 4 个概念的区别:头指针变量、头指针、头结点、首结点(第一个结点)。
2. 简述线性表的两种存储结构的主要优缺点及各自使用的场合。

3. 设计一个算法,在头结点为 h 的单链表中,把值为 b 的结点 s 插入到值为 a 的结点之前,若不存在 a,则把结点 s 插入到表尾。

4. 设计一个算法,将一个带头结点的单链表 A 分解成两个带头结点的单链表 B 和 C,使 B 中含有原链表中序号为奇数的元素,而 C 中含有原链表中序号为偶数的元素,并且保持元素原有的相对顺序。

5. 设线性表中的数据元素是按值非递减有序排列的,试以顺序表和单链表不同的存储结构,编写一个算法,将 x 插入到线性表的适当位置上,以保持线性表的有序性。

6. 假设 A 和 B 分别表示两个递增有序排列的线性表集合(即同一表集合中元素值各不相同),求 A 和 B 的交集 C,C 中也依值递增有序排列。试分别用顺序表和单链表两种不同的存储结构编写求得表集合 C 的算法。

7. 设计一个算法,求两个递增有序排列的线性表集合 A 和 B 的差集(每个线性表中不存在重复的元素),试以顺序表和单链表两种不同的存储结构分别编写算法。

提示:即在 A 中而不在 B 中的结点的集合。

8. 设有线性表集合 $A=(a_1,a_2,\cdots,a_m)$,$B=(b_1,b_2,\cdots,b_n)$。试写一合并 A、B 为线性表集合 C 的算法,使得

$$C=\begin{cases}(a_1,b_1,\cdots,a_m,b_m,b_{m+1},\cdots,b_n) & m\leqslant n \\ (a_1,b_1,\cdots,a_n,b_n,a_{n+1},\cdots,a_m) & m>n\end{cases}$$

要求:A、B 和 C 均以单链表作为存储结构,且 C 利用 A 和 B 中的结点空间。

9. 试用两种线性表的存储结构来解决约瑟夫问题。设有 n 个人围坐在圆桌周围,现从第 s 个人开始报数,数到第 m 个人出列,然后从出列的下一个人重新开始报数,数到第 m 个人又出列……如此重复,直到所有的人全部出列为止,出列序列即为约瑟夫问题结果。例如,当 $n=8,m=4,s=1$,得到的新序列为:4,8,5,2,1,3,7,6,写出相应的求解算法。

10. 已知单链表中的数据元素含有 3 类字符(即字母字符、数字字符和其他字符),试编写算法构造 3 个单循环链表,使每个单循环链表中只含同一类的字符,且利用原表中的结点空间作为这 3 个表的结点空间,头结点可另辟空间。

11. 假设有一个循环链表的长度大于1,且表中既无头结点也无头指针。已知 p 为指向链表中某结点的指针,试编写算法在链表中删除结点 p 的前驱结点。

12. 假设有一个单向循环链表,其结点含 3 个域:pre、data 和 next,每个结点的 pre 值为空指针,试编写算法将此链表改为双向循环链表。

分析:在遍历单链表时,可以利用指针记录当前访问结点和其前驱结点。知道了当前访问结点的前驱结点位置,就可以给当前访问结点的前驱指针赋值。这样在遍历了整个链表后,所有结点的前驱指针均得到赋值。

上机练习 2

1. 设计一个程序,生成两个按值非递减有序排列的线性表 LA 和 LB,再将 LA 和 LB 归并为一个新的线性表 LC,且 LC 中的数据仍按值非递减有序排列,输出线性表 LA、LB、LC。

2. 生成两个多项式 PA 和 PB,求 PA 和 PB 之和,输出"和多项式"。

3. 设计一个统计选票的算法,输出每个候选的得票结果(假设采用单链表存放选票,候选人编号依次为 1,2,…,N,且每张选票选且只选一人)。

提示:以单链表存放选票,每个结点的 data 域存放该选票所选的候选人,用一个数组 a 统计得票结果。

4. 编写一算法来解决约瑟夫问题。设有 n 个人围坐在圆桌周围,现从第 s 个人开始报数,数到第 m 个人出列,然后从出列的下一个人重新开始报数,数到第 m 个人又出列……如此重复,直到所有的人全部出列为止,例如当 $n=8,m=4,s=1$,得到的新序列为:4,8,5,2,1,3,7,6。

5. 设计一个算法,求 A 和 B 两个单链表表示的集合的交集、并集、差集。

第3章

栈和队列

本章学习要点

（1）掌握栈和队列这两种数据结构的特点，了解在什么问题中应该使用哪种结构。

（2）熟悉栈（队列）和线性表的关系、顺序栈（顺序队列）和顺序表的关系、链栈（链队列）和链表的关系。

（3）重点掌握在顺序栈和链栈上实现的栈的7种基本运算，特别注意栈满和栈空的条件及它们的描述。

（4）重点掌握在循环队列和链队列上实现的7种基本运算，应特别注意队满和队空的描述方法。

（5）熟悉栈和队列的下溢和上溢的概念；顺序队列中产生假上溢的原因；循环队列消除假上溢的方法。

（6）了解递归算法执行过程中工作记录的变化情况。

栈和队列与线性表有着密切的联系，一方面，栈和队列的逻辑结构也是线性结构；另一方面，栈和队列的基本操作是线性表操作的子集，因此，可将栈和队列看成两种特殊的线性表。

3.1 栈

3.1.1 栈的基本概念

日常生活中有不少类似于栈（如图 3.1(a)所示）的例子。假设有一个很窄的死胡同，其宽度只能容纳一辆车，现有 5 辆车，分别编号为①～⑤，按编号顺序依次进入此胡同，若要退出④，必须先退出⑤；若要退出①必须将⑤、④、③、②依次都退出才行。这个死胡同就是一个栈，如图 3.1(b)所示。

栈（stack）是允许仅在表的一端进行插入和删除操作的线性表。允许进行插入和删除的一端称为栈顶（top），不允许插入和删除的一端称为栈底（bottom）。不含元素的空表称为空栈。

假设栈 $S=(a_1,a_2,\cdots,a_n)$，如图 3.1(a)所示，a_1 为栈底元素，a_n 为栈顶元素。栈中元素按 $a_1,a_2,\cdots,a_n$ 的次序进栈，退栈的第一个元素应为栈顶元素。也就是说，栈的特点是后进先出（last in first out，LIFO），因此，栈又称为后进先出的线性表，简称 LIFO 线性表。

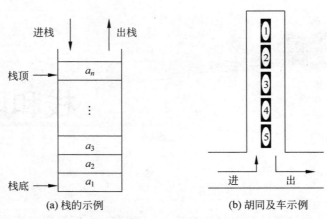

(a) 栈的示例   (b) 胡同及车示例

图 3.1   栈及其示例

在已知栈的逻辑结构和确定常用运算后,就可以定义栈的抽象数据类型。

ADT3.1是栈的抽象数据类型描述,其中包含最常见的栈运算。

ADT3.1 栈 ADT

ADT stack{

数据对象:

$D=\{a_i|a_i\in$元素集合$,i=1,2,\cdots,n,n\geqslant0\}$

数据关系:

$R_1=\{\langle a_{i-1},a_i\rangle|a_{i-1},a_i\in D,i=2,\cdots,n\}$,约定 a_n 端为栈顶,a_1 为栈底。

基本操作:

InitStack():创建一个空栈。

Destroy():撤销一个栈。

StackEmpty():若栈空,则返回 1,否则返回 0。

StackFull():若栈满,则返回 1,否则返回 0。

Top(x):在 x 中返回栈顶元素。若操作成功,则返回 1,否则返回 0。

Push():在栈顶插入元素 x(入栈)。若操作成功,则返回 1,否则返回 0。

Pop():从栈中删除栈顶元素(出栈)。若操作成功,则返回 1,否则返回 0。

Clear():清除栈中全部元素。

}ADT stack

栈的应用非常广泛,例如进位记数制之间的转换问题。在将十进制数转换成二进制数时,常采用除法。用初始十进制数除以 2,把余数记录下来,若商不为 0,则再用商去除以 2,直到商为 0,这时把所有的余数按出现的逆序排列起来(先出现的余数排在后面,后出现的余数排在前面)就得到了相应的二进制数。例如把十进制数 35 转换成二进制数的过程如图 3.2 所示。

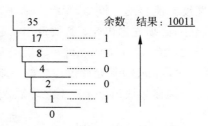

图 3.2   十进制数 35 转换成
二进制数的过程

根据上述操作的描述,可以采用一个栈来保存所有的余数,当商为 0 时让栈中的所有余数出栈,这样就得到了正确的二进制数。

算法 3.1 十进制数转换成二进制数算法。

```
void conversion()
{
    Stack S;
    int n;
    InitStack(&S);
    printf("Input a number to convert:\n");
    scanf(" % d",&n);
    if(n < 0)
    {
        printf("\nThe number must be over 0.");
        return 0;
    }
    if(n == 0) Push(&S,0);
    while(n!= 0)
    {
        Push(&S,n % 2);
        n = n/2;
    }
    printf("the result is: ");
    while(!StackEmpty(&S))
    {
        printf(" % d", Pop(&S));
    }
}
```

3.1.2 栈的顺序存储结构

由栈的定义以及栈的实例,很容易想到用数组或类似的结构去存储它。栈的顺序存储结构简称顺序栈(sequential stack)。顺序栈利用一组地址连续的存储单元依次存放从栈底到栈顶的数据元素,通常用一维数组存放栈的元素,同时设“指针”top 指示栈顶元素的当前位置。注意,top 并不是指针型变量,只是整型变量,它指示栈顶元素在数组中的位置,空栈的 top 值为零。

在 C 语言中,顺序栈的类型说明如下:

```
# define maxsize <栈可能的最大数据元素的数目>              //栈的最大容量
typedef struct
{
    elemtype elem[maxsize];
    int top;
}sqstacktp;
```

设 s 为 sqstacktp 型变量,即 s 表示一个顺序栈。图 3.3 说明了这个顺序栈的几种状态。其中:图 3.3(a)表示顺序栈为空,s. top=0;图 3.3(b)表示栈中只含一个元素 A,s. top=1,在图 3.3(a)的基础上用进栈操作 Push(s,A)可以得到这种状态;图 3.3(c)表示在图 3.3(b)的基础上将元素 B、C 依次进栈后的状态,s. top=3;图 3.3(d)表示在图 3.3(c)

状态下将元素 C 退栈后的情况,s. top=2,由执行一次 Pop(s)得到;图 3.3(e)表示栈中有
5 个元素,s. top=maxsize,这种状态称为栈满,此时若有元素进栈则将产生"数组越界"的错
误,称为栈溢出。

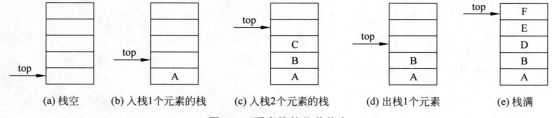

(a) 栈空   (b) 入栈1个元素的栈   (c) 入栈2个元素的栈   (d) 出栈1个元素   (e) 栈满

图 3.3   顺序栈的几种状态

因此,s. top=0 表示空栈,出栈和读栈顶元素之前应判断栈是否为空。 s. top=maxsize
表示栈满,进栈之前应判断是否栈满。

下面讨论在顺序栈上实现的操作。

1. 初始化(栈置空)操作

算法 3.2   顺序栈置空算法。

```
void InitStack(sqstacktp * s)
{
    //将顺序栈 s 置为空
    s - > top = 0;
}
```

如下函数生成了一个顺序栈,并完成了对该顺序栈的初始化。

```
void main()
{
    void InitStack(sqstacktp * s);
    sqstacktp * s;
    s = (sqstacktp * )malloc(sizeof(sqstacktp));
    InitStack(s);
}
```

2. 判栈空操作

算法 3.3   顺序栈判栈空算法。

```
int StackEmpty(sqstacktp * s)
{
    if(s - > top > 0)
        return 0;
    else
        return 1;
}
```

3. 进栈操作

算法 3.4　顺序栈进栈算法。

```
void Push(sqstacktp * s,elemtype x)
{
    //若栈 s 未满,将元素 x 压入栈中;否则,栈的状态不变并给出出错信息
    if(s -> top == maxsize)
        printf("Overflow");
    else
        s -> elem[s -> top++] = x;              //x 进栈
}
```

4. 出栈操作

算法 3.5　顺序栈出栈算法。

```
elemtype Pop(sqstacktp * s)
{
    //若栈 s 不空,则删去栈顶元素并返回元素值,否则返回空元素 NULL
    if(s -> top == 0)
        return NULL;
    else
    {
        s -> top -- ;                          //栈顶指针减 1
        return s -> elem[s -> top];            //返回原栈顶元素值
    }
}
```

5. 求栈深操作

算法 3.6　顺序栈求栈深算法。

```
int Size(sqstacktp * s)
{
    return(s -> top);
}
```

6. 读取栈顶元素操作

算法 3.7　顺序栈读取栈顶元素算法。

```
elemtype Top(sqstacktp * s)
{
    if(s -> top == 0)
        return NULL;
    else
        return(s -> elem[s -> top - 1]);
}
```

顺序栈使用起来比较简单,但是必须预先为它分配存储空间。而且,为了避免栈溢出,通常必须分配较大的存储空间。显然,这样操作在大多数时候都会造成存储空间的浪费。但是当在程序中同时使用两个栈时,有一种方法可以提高存储空间的使用效率:将两个栈的栈底设在一维数组空间的两端,让两个栈各自向中间延伸,仅当两个栈的栈顶相遇时才可能发生上溢,如图 3.4 所示。这样当一个栈里的元素较多,超过向量空间的一半时,只要另

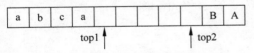

一个栈的元素不多,那么前者就可以占用后者的部分存储空间。所以,当两个栈共享一个长度为 maxsize 的数组空间时,每个栈实际可利用的最大空间大于 maxsize/2。

| a | b | c | a | | | | | | B | A |

top1　　　　　　　top2

图 3.4　两个栈共享空间示意图

共享空间的双栈结构的类型描述如下:

```
#define maxsize <栈可能的最大数据元素的数目>        //栈的最大容量
typedef struct
{
  elemtype elem[MAXSIZE];
  int top[2];
}dustacktp
```

若 ds 为 dustacktp 型变量,显然:

(1) 栈 1 的顶由 ds.top[0]指示,ds.top[0]=0 表示栈 1 为空。

(2) 栈 2 的顶由 ds.top[1]指示,ds.top[1]=maxsize-1 表示栈 2 为空。

(3) ds.top[0]+1=ds.top[1]表示栈满。

3.1.3　栈的链式存储结构

由栈的顺序存储结构可知,顺序栈的最大缺点是:为了保证不溢出,必须预先为栈分配一个较大的空间,这很有可能造成存储空间的浪费,而且在很多时候并不能保证所分配的空间足够使用。这些缺陷大大降低了顺序栈的可用性,这时可以考虑采用栈的链式存储结构。

栈的链式存储结构简称链栈(linked stack),其组织形式与单链表类似,链表的尾部结点是栈底,链表的头部结点是栈顶。由于只在链栈的头部进行操作,故链栈没有必要设置头结点。如图 3.5 所示,其中,单链表的头指针 head 作为栈顶指针。链栈由栈顶指针 head 唯一确定,栈底结点的 next 域为 NULL。

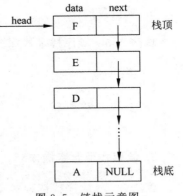

图 3.5　链栈示意图

链栈的类型定义如下:

```
typedef struct stacknode
{
    elemtype data;
    struct stacknode * next;
}stacknode;
typedef struct
```

```
{
    stacknode * top;                    //栈顶指针
}LinkStack;
```

下面给出初始化、进栈和出栈操作在链栈上的实现。

1. 初始化操作

算法 3.8 链栈初始化算法。

```
void InitStack(LinkStack * ls)
{
    //建立一个空栈 ls
    ls -> top = NULL;
}
```

下面函数完成了对一个链栈的创建和初始化操作。

```
void main()
{
    LinkStack * ls;
    ls = (LinkStack * )malloc(sizeof(LinkStack));
    InitStack(ls);
}
```

2. 进栈操作

算法 3.9 链栈进栈算法。

```
void Push(LinkStack * ls, elemtype x)
{
    stacknode * s = NULL;
    s = (stacknode * )malloc(sizeof(stacknode));        //生成新结点
    s -> data = x;
    s -> next = ls -> top;                              //链入新结点
    ls -> top = s;                                      //修改栈顶指针
}
```

3. 出栈操作

算法 3.10 链栈出栈算法。

```
elemtype Pop(LinkStack * ls)
{
    //若栈 ls 不空,删去栈顶元素并返回元素值,否则返回空元素 NULL
    stacknode * p = NULL;
    elemtype x;
    if(ls -> top == NULL)
        return NULL;
    else
    {
        x = (ls -> top) -> data;
```

```
            p = ls -> top;
            ls -> top = p -> next;
            free(p);
            return x;                              //返回原栈顶元素值
        }
    }
```

显然,链栈一般不会发生栈满,只有当整个可用空间都被占满,malloc()函数过程无法实现时才可能发生上溢。

另外,链栈占用的空间是动态分配的,所以多个链栈可以共享存储区域。

3.2 栈的应用实例

栈在计算机科学领域具有广泛的应用,只要问题满足后进先出原则,均可使用栈作为其数据结构。例如,在编译和运行计算机高级语言程序的过程中,需要利用栈进行语法检查(如检查 PASCAL 语言中 begin 和 end、(和)、[和]是否配对等);实现递归过程和函数的调用、计算表达式的值时需要利用栈实现其功能。

3.2.1 表达式求值

要将一个表达式翻译成能正确求值的机器指令,或者直接对表达式求值,首先要能正确解释表达式。例如,对下面的算术表达式求值

$$1+2*4-9/3$$

必须遵循先乘除后加减、先左后右及先括号内后括号外的四则运算法则,其计算顺序应为

$$1 + 2 * 4 - 9 / 3$$

① ②
③
④

那么,如何让机器也按照这样的规则求值呢?通常采用"运算符优先数法"。

一般表达式中会遇到操作数、运算符和表达式结束符(为了简化问题,这里仅讨论只含加、减、乘、除 4 种运算,并且不含括号的情况)。对每种运算符赋予一个优先数,如表 3.1 所示,其中♯是表达式结束符。

表 3.1   运算符的优先数

运算符	*	/	+	-	♯
优先数	2	2	1	1	0

对表达式求值时,一般设立两个栈:一个称为运算符栈(OPTR);另一个称为操作数栈(OPND),以便分别存放表达式中的运算符和操作数。

具体处理方法是:从左至右扫描表达式。

（1）凡遇操作数，一律进 OPND 栈。

（2）若遇运算符，则比较它与 OPTR 栈的栈顶元素的优先数。若它的优先数大，则将该运算符进 OPTR 栈；反之，则弹出 OPTR 栈顶的运算符 θ，并从 OPND 栈连续弹出两个栈顶元素 y 和 x，进行运算 xθy，并将运算结果压进 OPND 栈。

为了使算法简捷，在表达式的最左边也虚设一个 ♯，一旦左边的 ♯ 与右边的 ♯ 相遇，说明表达式求值结束。

算法 3.11 算术表达式求值算法。

```
int precedence(char ch)          //求运算符优先数
{
    int z = 0;
    switch (ch)
    {
        ' + ':z = 1;break;
        ' - ':z = 1;break;
        ' * ':z = 2;break;
        '/':z = 2;break;
        ' ♯ ':z = 0;break;
    default:printf("error!\n");
    }
    return z;
}
int operate(int x,char ch,int y)   //进行二元运算 xθy
{
    int z = 0;
    switch (ch)
    {
        ' + ':z = x + y;break;
        ' - ':z = x - y;break;
        ' * ':z = x * y;break;
        '/':z = x/y;break;
    default:printf("error!\n");
    }
    return z;
}
operandtype exp_reduced()          //算术表达式求值的运算符优先数算法,假定表达式无语法错误
{
    char ch,theta;
    operandtype x,y,result;
    strcpy(op," +- * / ♯ ");     //op 为运算符的集合
    InitStack(OPTR);
    Push(OPTR,'♯');               //栈初始化,并在运算符栈的栈底压入表达式左边虚设的字符" ♯ "
    InitStack(OPND);
    scanf(" % c",&ch);            //从终端读入一个字符
    while(ch!= ' ♯ ' || Top(OPTR)!= ' ♯ ')
    {
        if(!strchr(op,ch))
        {
          Push(OPND,ch);
```

```
                ch = getchar();
            }
        else if(precedence(ch)> precedence(Top(OPTR)))        //比较优先数
            {
                Push(OPTR,ch);
                ch = getchar();
            }
        else
            {
                theta = Pop(OPTR);                            //弹出栈顶运算符
                y = Pop(OPND),x = Pop(OPND);                  //连续弹出两个操作数
                result = operate(x,theta,y);                  //进行运算 xθy
                Push(OPND,result);                           //将运算结果压入操作数栈
            }
        }
    return(Top(OPND));                                        //从操作数栈顶取出表达式运算结果返回
}
```

上述算法中使用了有关栈的基本操作的若干函数,另外,还调用了两个函数,其中 precedence(w)是求运算符优先数的函数,operate(x,theta,y)是进行二元运算 xθy 的函数。

例 3.1   利用算法 3.11,写出对算术表达式 $1+2*4-9/3$ 求值的操作过程。

利用算法 3.11 对算术表达式 $1+2*4-9/3$ 求值的操作过程如图 3.6 所示。

步骤	OPTR 栈	OPND 栈	输入字符	主要操作
1	#		$1+2*4-9/3$#	Push(OPND,'1')
2	#	1	$+2*4-9/3$#	Push(OPTR,'+')
3	# +	1	$2*4-9/3$#	Push(OPND,'2')
4	# +	1 2	$*4-9/3$#	Push(OPTR,'*')
5	# + *	1 2	$4-9/3$#	Push(OPND,'4')
6	# + *	1 2 4	$-9/3$#	operate('2','*','4')
7	# +	1 8	$-9/3$#	operate('1','+','8')
8	#	9	$-9/3$#	Push(OPTR,'-')
9	# -	9	$9/3$#	Push(OPND,'9')
10	# -	9 9	$/3$#	Push(OPTR,'/')
11	# - /	9 9	3#	Push(OPND,'3')
12	# - /	9 9 3	#	operate('9','/','3')
13	# -	9 3	#	operate('9','-','3')
14	#	6	#	return(Top(OPND))

图 3.6   算术表达式 $1+2*4-9/3$ 求值的操作过程

3.2.2   栈与函数调用

在模块化程序设计的思想中,模块(或函数、过程)是功能相对独立的一个程序段,在主函数(主程序)中调用模块来解决复杂的实际问题。由于函数调用后,需要返回调用处,所以在调用时,需要用栈记录断点的地址以及有关信息,以便返回。

函数调用的执行过程如图 3.7 所示。

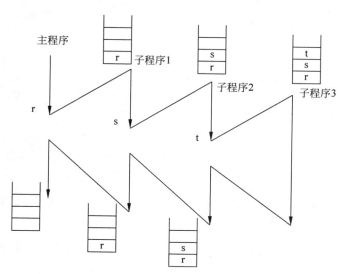

图 3.7 函数调用的执行过程

递归调用是一种特殊的函数调用,关于栈在递归调用中的应用详见 3.5 节。

3.2.3 栈在回溯法中的应用

在某些问题的求解过程中常常采用试探方法,当某一路径受阻时,需要逆序退回,重新选择新路径,这样必须用栈记录曾经到达的每一状态,栈顶状态即是回退的第一站,例如迷宫问题、地图四染色问题等。下面讨论地图四染色问题。

四染色定理:可以用不多于四种颜色对地图着色,使相邻的地区不重色。

算法思想:回溯法。

从第一号地区开始逐一染色,每一个地区逐次用色号 1、2、3、4 进行试探,若当前所取的色号与周围已染色的地区不重色,则用栈记下该地区的色号,否则依次用下一色号进行试探;若试探 4 种颜色均与相邻地区发生重色,则需退栈回溯,修改当前栈顶的色号。

数据结构:

r[n][n]:n * n 的关系矩阵,r[i][j]=0 表示 i 号地区与 j 号地区不相邻,r[i][j]=1 表示 i 号地区与 j 号地区相邻。

s[n]:栈的顺序存储,s[i]表示第 i 号地区的染色号。

在下述算法中,n 代表地区号,为方便描述,r 和 s 分别定义如下:

```
int r[n+1][n+1];
int s[n+1];
```

算法 3.12 地图四染色算法。

```
void mapcolor(int r[][n+1],int n,int s[])        //n 为地区号
{
    int i,j,k;
    s[1]=1;                                       //1 号地区染 1 色
    i=2;
```

```
        j = 1;                                      //i 为地区号,j 为染色号
        while (i <= n)
    {
        while ((j <= 4)&&(i <= n))
        {
            k = 1;                                  //k 指示一个染色地区号
            while((k < i)&&(s[k] * r[i][k]!= j))
                k++;
            if (k < i)
                j++;                                //用 j + 1 色号继续试探
            else
                s[i] = j,i++,j = 1;
        //若不与相邻地区重色,进栈记录染色结果,继续对下一地区从 1 色号起试探
        }
        if(j > 4)
            i -- ,j = s[i] + 1;                     //改变栈顶地区的色号
    }
    }
```

3.3 队列

　　日常生活中,队列的例子比比皆是,如等待购物的顾客总是按先来后到的次序排成队列,排在队头的人先得到服务,后到的人总是排在队列的末尾。在计算机系统中,队列的应用例子也很多,例如,操作系统中的作业排队。在允许多道程序运行的计算机中,同时有几个作业运行,如果运行的结果都要输出,则要按请求输出的先后次序排队。每当通道传输完毕,可以接受新的输出任务时,就从等待输出的队列中取出队头的作业进行输出。凡是申请输出的作业都从队尾进入队列。

3.3.1 队列的基本概念

　　队列(queue)是只允许在表的一端进行插入,在表的另一端进行删除的线性表。允许插入的一端叫作队尾(rear),允许删除的一端称为队头(front),不含元素的队列称为空队列。

　　假设队列为 $q = (a,b,c,\cdots,h,i,g)$,如图 3.8 所示,a 是队头元素,g 则是队尾元素。队列中的元素是按照 a,b,c,$\cdots$,h,i,g 的顺序进入的,退出队列也只能按照这个次序依次退出,也就是说,只有在 a,b 离队后,c 才能退出队列,同理 a,b,c,$\cdots$,h,i 都离队之后,g 才能退出队列。因此,队列的特点是先进先出(First In First Out,FIFO),队列又称为先进先出的线性表,简称 FIFO 表。

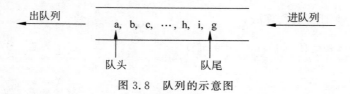

图 3.8 队列的示意图

在已知队列的逻辑结构和确定常用运算后就可以定义队列的抽象数据类型。ADT3.2 是队列的抽象数据类型描述,其中只包含最常见的队列运算。

ADT3.2 队列 ADT

ADT queue{

数据对象:

$D = \{a_i \mid a_i \in 元素集合, i = 1, 2, \cdots, n, n \geqslant 0\}$

数据关系:

$R_1 = \{\langle a_{i-1}, a_i \rangle \mid a_{i-1}, a_i \in D, i = 2, \cdots, n\}$,约定 a_1 为队列头,a_n 端为队列尾。

基本操作:

InitQueue():创建一个空队列。

Destroy():撤销一个队列。

QueueEmpty():若队列空,则返回 1,否则返回 0。

QueueFull():若队列满,则返回 1,否则返回 0。

Front(x):在 x 中返回队列头元素。若操作成功,则返回 1,否则返回 0。

EnQueue():在队列尾插入元素 x(入队)。若操作成功,则返回 1,否则返回 0。

DelQueue():从队列中删除队列头元素(出队)。若操作成功,则返回 1,否则返回 0。

Clear():清除队列中全部元素。

}ADT queue

3.3.2 队列的顺序存储结构

队列的顺序存储结构,简称顺序队列(sequential queue),它由一个存放队列元素的一维数组,以及分别指示队头和队尾的"指针"所组成。通常约定:队尾指针指示队尾元素在一维数组中的当前位置,队头指针指示队头元素在一维数组中当前位置的前一个位置,如图 3.9 所示。

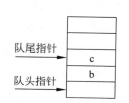

图 3.9 顺序队列示意图

顺序队列的类型定义如下:

```
#define maxsize <队列可能的最大长度>        //maxsize 为队列可能达到的最大长度
typedef struct
{
    elemtype elem[maxsize];
    int front, rear;
}squeuetp;
```

假设 Sq 为 squeuetp 变量,即 Sq 表示一个顺序队列,入队操作为:

```
Sq.rear = Sq.rear + 1;          //修改队尾指针 rear
Sq.elem[Sq.rear] = x;           //将 x 放入 rear 所指位置
```

类似地,出队列需要修改队头指针:

```
Sq.front = Sq.front + 1
```

图 3.10 说明了在顺序队列上按上述方法入队、出队的几种状态。

图 3.10(a)为空队列，Sq. rear＝－1,Sq. front＝－1;

图 3.10(b)中 a,b,c,d,e 依次入队后,Sq. rear＝4,Sq. front＝－1;

图 3.10(c)中 a,b,c 依次出队后,Sq. rear＝4,Sq. front＝2。

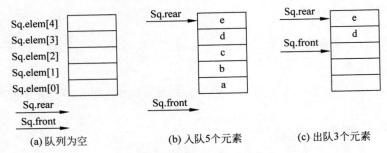

图 3.10　顺序队列的几种状态

由此可见,Sq. front＝Sq. rear 表示队列空。但是队列满的条件是什么呢?

在图 3.10(b)和图 3.10(c)状态下,Sq. rear＝maxsize,显然按上述方法不能再做入队操作。然而在图 3.10(c)状态下顺序队列的存储空间并没有被占满,因此这是一种假溢出现象。

为了克服假溢出现象,一个巧妙的办法是把队列设想为一个循环的表,设想 Sq. elem[0]接在 Sq. elem[maxsize－1]之后。这种存储结构称为循环队列。利用取余运算(%),很容易实现队头、队尾指针在循环意义下的加 1 操作。循环队列示意图如图 3.11 所示。

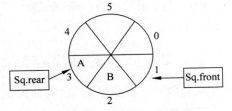

图 3.11　循环队列示意图

循环队列上的入队操作为:

```
Sq.rear = (Sq.rear + 1) % maxsize;
Sq.elem[Sq.rear] = x;
```

出队操作为:

```
Sq.front = (Sq.front + 1) % maxsize
```

图 3.12 说明了在循环队列上入队、出队的几种状态,其中:

图 3.12(a)为空队列,Sq. rear＝0,Sq. front＝0;

图 3.12(b)中 A,B,C,D 依次入队后,Sq. rear＝4,Sq. front＝0;

图 3.12(c)中 A,B,C,D 依次出队后,Sq. rear＝4,Sq. front＝4;

图 3.12(d)中 E 入队后,Sq. rear＝5,Sq. front＝4;

图 3.12(e)中 F 入队,Sq. rear＝(Sq. rear+1)%maxsize＝(5+1)%6＝0,Sq. front＝4;

图 3.12(f)中 G,H,I,J 依次入队后,Sq. rear＝4,Sq. front＝4。

在图 3.12(a)和图 3.12(c)的状态下,队列空,Sq. front＝Sq. rear;在图 3.12(f)的状态下,队列满,Sq. front＝Sq. rear。由此可见,不能只凭等式 Sq. front＝Sq. rear 来判定循环队列的状态是空还是满。为此,有两种处理方法:第一种,另设一个标志位以区别队列是空还是满;第二种,约定队头指针指示的位置不用来存放元素,这样当队尾指针"绕一圈"后追上

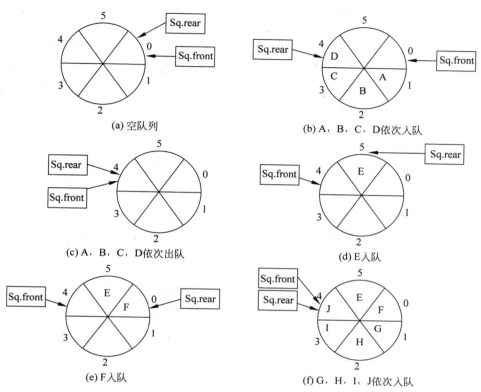

图 3.12 循环队列的几种状态

队头指针时,视为队满。故队满的条件为:

(Sq.rear + 1) % maxsize = Sq.front

显然,队空的条件为:

Sq.front = Sq.rear

在此采用第二种方法。因此,循环队列的定义为:

```
#define maxsize <为队列可能达到的最大长度> +1
typedef struct
{
    elemtype elem[maxsize];
    int front,rear;
}cqueuetp;
```

下面给出在循环队列上实现的操作。

1. 队列的初始化操作

算法 3.13 循环队列初始化算法。

```
void InitQueue(cqueuetp * sq)
{
    //设置 sq 为空的循环队列
```

```
        sq -> front = 0;
        sq -> rear = 0;
}
```

下面的函数实现了对一个循环队列的定义和初始化操作。

```
void main()
{
        cqueuetp * sq;
        sq = (cqueuetp * )malloc(sizeof(cqueuetp));
        InitQueue(sq);
}
```

2. 判队空操作

算法 3.14   循环队列判队空算法。

```
int QueueEmpty(cqueuetp * sq)
{
        //判别队列 sq 是否为空;若为空则返回真值,否则返回假值
        if (sq -> rear == sq -> front)
                return 1;
        return 0;
}
```

3. 求队长度操作

算法 3.15   求循环队列长度算法。

```
int Size(cqueuetp * sq)
{
        //取模运算的被除数加上 maxsize 是考虑 sq -> rear - sq -> front < 0 的情况
        return((maxsize + sq -> rear - sq -> front) % maxsize);
}
```

4. 读队头元素操作

算法 3.16   读循环队列队头元素算法。

```
elemtype Head(cqueuetp * sq)
{
        //若循环队列 sq 不空,则返回队头元素值,否则返回空元素 NULL
        if(sq -> front == sq -> rear)
                return NULL;
        else
                return(sq -> elem[(sq -> front + 1) % maxsize]);
}
```

5. 入队操作

算法 3.17   循环队列入队算法。

```
void EnQueue(cqueuetp * sq, elemtype x)
```

```
{
    //若循环队列 sq 未满,插入 x 为新的队尾元素,否则队列状态不变并给出错误信息
    if ((sq -> rear + 1) % maxsize == sq -> front)
        printf("Overflow");
    else
    {
        sq -> rear = (sq -> rear + 1) % maxsize;
        sq -> elem[sq -> rear] = x;
    }
}
```

6. 出队操作

算法 3.18 循环队列出队算法。

```
elemtype DelQueue(cqueuetp * sq)
{
//若循环队列 sq 不空,则删去队头元素并返回元素值,否则返回空元素 NULL
if(sq -> front == sq -> rear)
    return NULL;
else
{
    sq -> front = (sq -> front + 1) % maxsize;
    return(sq -> elem[sq -> front]);
}
}
```

3.3.3 队列的链式存储结构

与栈的顺序存储一样,队列的顺序存储也存在溢出的情况,因此可以考虑采用队列的链式存储结构。

队列的链式存储结构简称链队列,它实际上是一个同时带有头指针和尾指针的单链表,头指针指向队头结点,尾指针指向队尾结点,如图 3.13 所示。虽然用头指针就可以唯一确定这个单链表,但是插入操作总是在队尾进行,如果没有尾指针,入队操作的时间复杂度将由 $O(1)$ 升到 $O(n)$。

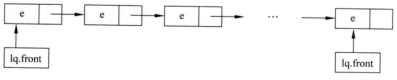

图 3.13 链队列示意图

链队列的类型定义如下:

```
typedef struct NODETYPE
{
    elemtype data;
    struct NODETYPE * next;
```

```
}nodetype;
typedef struct
{
    nodetype * front;
    nodetype * rear;
}lqueuetp;
```

其中,头、尾指针被封装在一起,将链队列的类型 lqueuetp 定义为一个结构类型,若做如下操作:

```
lqueuetp  lq;
```

则得到一个链队列变量,其好处是使得对 lq 的操作,仅涉及结构变量 lq。

由图 3.13 容易看出,链队列空的判断条件为:

```
lq.front = lq.rear
```

下面给出在链队列上实现的操作。

1. 初始化操作

算法 3.19　链队列初始化算法。

```
void InitQueue(lqueuetp * lq)
{
    //设置一个空的链队列 lq
    lq -> front = (nodetype * )malloc(sizeof(nodetype));
    lq -> front -> next = NULL;
    lq -> rear = lq -> front;
}
```

如下函数实现了对一个链队列的定义以及初始化操作。

```
void main()
{
    lqueuetp * lq;
    lq = (lqueuetp * )malloc(sizeof(lqueuetp));
    InitQueue(lq);
}
```

2. 判队空操作

算法 3.20　链队列判队空算法。

```
int QueueEmpty(lqueuetp * lq)
{
    if (lq -> front == lq -> rear)
        return 1;
    return 0;
}
```

3．求队长度操作

算法 3.21 求链队列长度算法。

```
int Size(lqueuetp * lq)
{
    //返回队列中元素个数
    int i = 0;
    nodetype * p = lq - > front - > next;
    while(p)
    {
        i++;
        p = p - > next;
    }
    return i;
}
```

4．读队头元素操作

算法 3.22 读链队列队头元素算法。

```
elemtype Head(lqueuetp * lq)
{
    //若链队列 lq 不空,则返回队头元素值,否则返回空元素 NULL
    if(lq - > front == lq - > rear)
        return NULL;
    else
        return (lq - > front - > next - > data);
}
```

5．入队操作

算法 3.23 链队列入队算法。

```
void EnQueue(lqueuetp * lq,elemtype x)
{
    //在链队列 lq 中,插入 x 为新的队尾元素
    nodetype * s;
    s = (nodetype * )malloc(sizeof(nodetype));
    s - > data = x;
    s - > next = NULL;
    lq - > rear - > next = s;
    lq - > rear = s;
}
```

6．出队操作

算法 3.24 链队列出队算法。

```
elemtype DelQueue(lqueuetp * lq)
```

```
{
    //若链队列 lq 不空,则删去队头元素并返回元素值,否则返回空元素 NULL
    elemtype x;
    nodetype * p;
    if(lq -> front == lq -> rear)
        return NULL;
    else
    {
        p = lq -> front -> next;
        lq -> front -> next = p -> next;
        if(p -> next == NULL)
            lq -> rear = lq -> front;          //当链队列中仅有一个结点时,出队时还需修改尾指针
        x = p -> data;
        free(p);
        return x;
    }
}
```

注意:

(1) 链队列和链栈类似,无须判队满操作。

(2) 在出队算法中,当原队中只有一个结点时,该结点既是队头也是队尾,故删去此结点时也需修改尾指针,且删去此结点后队列变空。

(3) 和链栈情况相同,对于链队列,一般不会产生队列满。由于队列的长度变化一般比较大,所以用链式存储结构比用顺序存储结构更有利。

3.4 队列的应用实例

在日常生活中有很多队列的应用,如银行窗口排队等待服务、车辆在单行道上行驶等。本节介绍两个队列应用的实例:舞伴问题和打印队列的模拟管理。前者是用两个队列来完成匹配;后者是一个典型的离散事件的模拟。

3.4.1 舞伴问题

1. 问题叙述

在周末舞会上,男士们和女士们进入舞厅时,各自排成一队,跳舞开始时,依次从男队和女队的队头上各出一人配成舞伴,若两队初始人数不相同,则较长的一队中未配对者需等待下一支舞曲。现要求写一算法模拟上述舞伴配对问题。

2. 问题分析

从问题叙述看,先入队的男士和女士分别先出队配成舞伴,因此该问题具有典型的先进先出特性,可用队列作为算法的数据结构。

在算法中,假设男士和女士的记录存放在一个数组中作为输入,然后依次扫描该数组的各元素,并根据性别来决定是进入男队还是女队。当这两个队列构造完成后,依次将两队当

前的队头元素出队来配成舞伴,直至某队列变空为止。此时,若某队仍有等待配对者,输出此队列中等待者的人数及排在队头的等待者的名字,他(或她)将是下一支舞曲开始时第一个可获得舞伴的人。

3. 相关类型定义及具体算法

算法 3.25 舞伴配对算法。

```
typedef struct
{
    char name[20];
    char sex;                          //性别,'F'表示女性,'M'表示男性
}Person;
typedef Person DataType;               //将队列中元素的数据类型改为 Person
typedef struct
{
    DataType elem[maxsize];
    int front,rear;
}squeuetp;
void DancePartner(Person dancer[ ],int num)
{   //结构数组 dancer 中存放跳舞的男女,num 是跳舞的总人数
    int i;
    Person p;
    squeuetp Mdancers,Fdancers;
    InitQueue(&Mdancers);              //男士队列初始化
    InitQueue(&Fdancers);              //女士队列初始化
    for(i = 0;i < num;i++)             //依次将跳舞者依其性别入队
    {
        p = dancer[i];
        if(p.sex == 'F')
            EnQueue(&Fdancers,p);      //排入女队
        else
            EnQueue(&Mdancers,p);      //排入男队
    }
    printf("The dancing partners are: \n \n");
    while(!QueueEmpty(&Fdancers)&&!QueueEmpty(&Mdancers))
    {
        p = DelQueue(&Fdancers);       //女士出队
        printf(" % s ",p.name);
        p = DelQueue(&Mdancers);       //男士出队
        printf(" % s\n",p.name);
    }
    if(!QueueEmpty(&Fdancers))
    {                                  //输出女士剩余人数及队头女士的名字
        printf("\n There are % d women waitin for the next round. \n",Size(&Fdancers));
        p = Head(&Fdancers);           //取队头
        printf(" % s will be the first to get a partner. \n",p.name);
    }
    else if(!QueueEmpty(&Mdancers))
    {                                  //输出男队剩余人数及队头男士的名字
```

```
printf("\n There are %d men waiting for the next round.\n",Size(&Mdancers));
p = Head(&Mdancers);
printf(" %s will be the first to get a partner.\n",p.name);
    }
}
```

3.4.2 打印队列的模拟管理

1. 问题描述

计算机中有一个缓冲区用来保存打印队列,所有的打印任务按先后顺序进入此队列,当打印机空闲时,就从队列中调出一个任务执行打印工作。现在要求编写一个程序,模拟在一个时段内(时间单位为分钟)的打印过程,要求输出每个打印任务的开始时间和打印时间。

2. 问题分析

该问题需要模拟出每个打印任务的开始时间和打印时间,这是一个典型的离散事件模拟。可以把一个任务的开始打印和打印完成这两个时刻称为事件,整个模拟程序会按事件发生的先后顺序进行处理。

在这个问题中,不妨将事件逐个存放在一个队列里,用循环依次触发这些事件。在每一个开始打印事件发生时,显示其任务编号和开始时间;在每一个打印结束事件发生时,显示该任务的打印时间,流程图如图 3.14 所示。

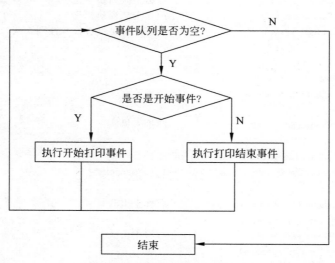

图 3.14　模拟打印队列的流程图

现在的问题是,如何添加这些事件呢?

解决方法是:可以在一个任务的开始事件中添加这个任务的结束事件,在一个任务的结束事件中添加下一个任务的开始事件(当然要先判断是否已超过了打印机的工作时间)。

下面是算法中要使用的一些数据结构和操作的说明。

```
typedef struct EVENT                        //事件
```

```
{
    int number;                                      //任务编号
    int starttime;                                   //事件开始时间
    int durtime;                                     //任务执行时间
    int type;                                        //type为0表示开始打印事件,否则打印结束事件
    struct EVENT * next;
}event;
typedef struct
{
    event * front;
    event * rear;
}event_list;                                         //事件队列
void task_over(event_list ev,event e,int lasttime,int tasknumber);
void task_start(event_list ev,event e);
void init_event_list(event_list * ev);               //初始化队列
void ins_event_list(event_list * ev,event * ee);     //在队列中插入一个事件
event del_event_list(event_list * ev);               //第一个结点出队列
int isempty(event_list * ev);                        //判断事件队列是否为空
int random();                                        //得到一个随机数
```

算法 3.26 是在上述工作的基础上实现。

算法 3.26 模拟打印队列。

```
void main()
{
    int lasttime = 100;                              //任务到达的最迟时刻
    event_list ev;
    int tasknumber = 0;                              //任务编号
    //添加一个任务开始事件
    event ee,en;
    ee.type = 0;
    ee.starttime = 0;
    ee.durtime = random();
    ee.number = tasknumber++;
    ins_event_list(&ev,&ee);
    while(!isempty(&ev))
    {
        en = del_event_list(&ev);
        if(en.type == 0)
            task_start(ev,en);
        else
            task_over(ev,en,lasttime,tasknumber);
    }
}
//任务开始事件执行的程序
void task_start(event_list ev,event e)
{
    printf("\n%d: tast %d now begin!",e.starttime,e.number);   //打印任务开始时间
    //添加任务结束事件
    event ee;
    ee.type = 1;
```

```
        ee. starttime = e. starttime + e. durtime;
        ee. number = e. number;
        ins_event_list(&ev, &ee);
    }
//任务开始事件执行的程序
void task_over(event_list ev, event e, int lasttime, int tasknumber)
{
    printf("\n % d: tast % d now over!", e. starttime, e. number);    //打印任务结束时间
    int temp = random();                                             //下一个任务间隔多少时间
    if(e. starttime + temp < = lasttime)
    { //添加下一任务开始事件
      event ee;
      ee. type = 0;
      ee. starttime = e. starttime + temp;
      ee. durtime = random();                                        //下一个任务的执行时间
      ee. number = tasknumber++;
      ins_event_list(&ev, &ee);
    }
}
```

该算法能够模拟一个打印机的执行情况。当然,在实际应用中还可能有多种情况,如每个打印任务的最短时间、最长时间以及两个任务的最长和最短时间间隔可以由用户设定。另外,若有多个打印机从一个打印队列提取任务该怎么处理? 若有多个打印机从多个队列提取任务又该怎么做? 这些问题留给读者思考。

3.5　递归

递归是一个数学概念,也是一种有用的程序设计方法。在程序设计中,处理重复性计算最常用的方法是组织迭代循环,此外还可以采用递归计算的方法,特别是非数值计算领域中更是如此。

递归本质上也是一种循环的程序结构,它把较复杂的计算逐次归结为较简单的情形的计算,一直归结到最简单的情形的计算,并得到计算结果为止。许多问题都采用递归方法来编写程序,使得程序非常简洁和清晰,易于分析。

3.5.1　递归的定义及递归模型

1. 递归的定义

程序调用自身的编程方法称为递归。若一个对象部分地包含它自己,或用它自己给自己定义,则称这个对象是递归的;若一个过程直接地或间接地调用自己,则称这个过程是递归的过程。

直接递归:

```
fun_a()
{…
    fun_a()
```

```
    …
    }
```

间接递归：

```
fun_a()
{…
    fun_b()
    …
}
fun_b()
{ …
    fun_a()
    …
}
```

许多计算机问题采用递归的方法来解决非常方便。但是,一个问题要采用递归方法来解决时,必须符合以下 3 个条件。

(1) 解决问题时,可以把一个问题转化为一个新的问题,而这个新的问题的解决方法仍与原问题的解法相同,只是所处理的对象有所不同,这些被处理的对象之间是有规律地递增或递减的。

(2) 可以通过转化过程使问题得到简化。

(3) 必定要有一个明确的结束递归的条件,否则递归将会无休止地进行下去,直到耗尽系统资源。也就是说必须要有某个终止递归的条件。

例如求阶乘的问题。如果要求 n 的阶乘($n!$),可以把这个问题转化为 $n*(n-1)!$;而要求 $(n-1)!$ 又可转化为 $(n-1)*(n-2)!$ ……这里面都有一个数乘以另一个数的阶乘的问题,被处理的对象分别是 $n,n-1,\cdots$,这些数是有规律地递减。为了避免程序无休止地进行下去,必须要给一个结束条件。该问题恰好有一个结束条件,即当 $n=0$ 时,$0!=1$。

下述 3 种情况常常会用到递归的方法。

(1) 定义是递归的。

阶乘函数的定义就是采用的递归方法,其定义为

$$n!=\begin{cases}1 & n=0 \quad //递归终止条件 \\ n*(n-1) & n>0 \quad //递归步骤\end{cases}$$

求解阶乘函数的递归算法如算法 3.27。

算法 3.27 求解阶乘函数的递归算法。

```
long fact(long n)
{
    if (n==0) return 1;
    else return n * fact(n-1);
}
```

(2) 问题的解法是递归的。

汉诺塔问题:古代有一个梵塔,塔内有 A、B、C 3 个柱,A 柱上有 64 个盘子,盘子大小不等,大的在下,小的在上,如图 3.15 所示。有一个和尚想把这 64 个盘子从 A 柱移到 C 柱,

但每次只允许移动一个盘子,并且在移动过程中,3个柱上的盘子始终保持大盘在下,小盘在上。在移动过程中可以利用B柱,要求给出移动的步骤。

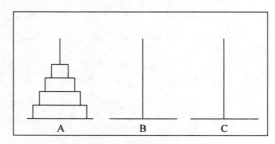

图 3.15　汉诺塔问题

汉诺塔问题的解法就是按递归算法实现的。

如果 $n=1$,则将这一个盘子直接从 A 柱移到 C 柱上,否则,执行以下 3 步:

① 用 C 柱作过渡,将 A 柱上的($n-1$)个盘子移到 B 柱上:

② 将 A 柱上最后一个盘子直接移到 C 柱上;

③ 用 A 柱作过渡,将 B 柱上的($n-1$)个盘子移到 C 柱上。

算法 3.28　汉诺塔问题算法

```
void hanoi(int n,char A,char B,char C)
    {
    if(n == 1)
        move(1,A,C);
    else{
        hanoi(n - 1,A,C,B);
        move(n,A,C);
        hanoi(n - 1,B,A,C);
        }
    }
```

(3) 数据结构是递归定义的。

在第 5 章介绍二叉树时,将看到二叉树是一种递归定义的数据结构,其遍历等操作常常采用递归的方法实现。

单链表也可以看成是一个递归的数据结构,其定义为:一个结点,它的指针域为 NULL,是一个单链表;一个结点,它的指针域指向单链表,仍是一个单链表。

算法 3.29　搜索单链表最后一个结点并打印其数值算法

```
void Print(Lnode * f)                              //f 是单链表的头指针
{
    if (f!= NULL){
        if (f -> next == NULL)
            printf(" % d\n", f -> data);
        else Print(f -> next);
    }
}
```

2. 递归模型

递归设计首先要确定求解问题的递归模型,了解递归的执行过程,在此基础上进行递归程序设计,同时还要掌握从递归到非递归的转换过程。

递归模型反映一个递归问题的递归结构,例如:

(1) $f(0)=1$;

(2) $f(n)=n*f(n-1),n>0$。

(1)给出了递归的终止条件,(2)给出了 $f(n)$ 的值与 $f(n-1)$ 的值的关系,在这个问题中,把(1)称为递归出口,(2)称为递归体。

一般地,一个递归模型是由递归出口和递归体两部分组成,前者确定递归到何时为止,后者确定递归的方式。

(1) 递归出口的一般格式为:

$$f(s_0)=m_0$$

这里的 s_0 与 m_0 均为常量。有的递归问题可能有几个递归出口。

(2) 递归体的一般格式为:

$$f(s)=g(f(s_1),f(s_2),\cdots,f(s_n),c_1,c_2,\cdots,c_m)$$

其中,s 是一个递归的"大问题";$s_1,s_2,\cdots,s_n$ 是递归的"小问题";$c_1,c_2,\cdots,c_m$ 是若干个可以直接(用非递归方法)解决的问题;g 是一个非递归函数,反映了递归问题的结构。

例如,无穷数列 $1,1,2,3,5,8,13,21,34,55,\cdots$,称为 Fibonacci 数列,它可以递归地定义为:

$$F(n)=\begin{cases} 1 & n=0 \\ 1 & n=1 \\ F(n-1)+F(n-2) & n>1 \end{cases}$$

其中,$n=0$ 和 $n=1$ 时是递归出口,$n>1$ 时是递归体。

3.5.2 递归的实现

递归过程在实现时,需要自己调用自己,层层向下递归,退出时的次序则正好相反,例如阶乘函数的递归过程如图 3.16 所示。

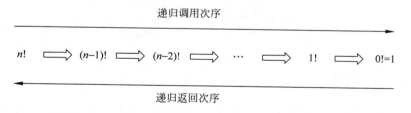

图 3.16 阶乘函数的递归过程

为保证递归过程的每次调用和返回得以正确执行,必须解决调用时的参数传递和返回地址问题。因此,在每次递归过程调用时,必须做地址保存、参数传递等工作。一般地,每一层递归调用所需要保存的信息构成一个工作记录,一个工作记录通常包括如下内容:

(1) 返回地址,即本次递归过程调用语句的后继语句的地址;

(2) 本次调用中与形参结合的实参值,包括函数名、引用参数与数值参数等;

(3) 本次递归调用中的局部变量值。

每执行一次递归调用,系统就需要建立一个新的工作记录,并将其压入递归工作栈;每退出一层递归,就从递归工作栈中弹出一个工作记录。由此可见,栈顶的工作记录必定是当前正在执行的这一层递归调用的工作记录,所以又称为当前活动工作记录。

例 3.2   说明下列阶乘函数 Factorial()的活动记录组成部分以及每一次调用时的活动记录的值。

```
long Factorial(long n) {
                int temp;
                if (n == 0) return 1;
                else temp = n * Factorial(n−1);
        RetLoc2 _____↑
        return temp;
        }
void main() {
        int n;
        n = Factorial (4);
RetLoc1 _____↑
        }
```

说明:阶乘函数 Factorial()的工作记录由实参值 n、返回位置和局部变量 temp 3 个域组成,为了简化问题,只考察由实参值 n 和返回位置这两个域组成的工作记录。

阶乘函数 Factorial()每一次递归调用时的活动记录如图 3.17 所示。

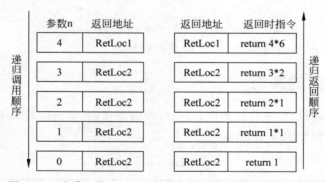

图 3.17   阶乘函数 Factorial()每一次递归调用时的活动记录

3.5.3   递归设计

进行递归设计时,首先要给出递归模型,然后再转换成对应的 C 语言函数。

从递归的执行过程看,要解决 $f(s)$,不是直接求其解,而是转化为计算 $f(s')$ 和一个常量 c'。求解 $f(s')$ 的方法与环境和求解 $f(s)$ 的方法与环境是相似的,但 $f(s)$ 是一个"大问题",而 $f(s')$ 是一个"较小问题",尽管 $f(s')$ 还未解决,但向解决目标靠近了一步,这就是一个"量变",如此到达递归出口,便发生了质变,递归问题就解决了。因此,递归设计就是要给出合理的"较小问题",然后确定"大问题"的解与"较小问题"之间的关系,即确定递归体;最后朝此方向分解,必然有一个简单基本问题解,以此作为递归出口。由此得出递归设计的步骤如下:

(1) 对原问题 $f(s)$ 进行分析,假设出合理的较小问题 $f(s')$;

(2) 假设 $f(s')$ 是可解的,在此基础上确定 $f(s)$ 的解,即给出 $f(s)$ 与 $f(s')$ 的关系;

(3) 确定一个特定情况($f(1)$ 或 $f(0)$)的解,由此作为递归出口。

递归函数编写注意事项如下:

(1) 利用递归边界书写出口/入口条件;

(2) 递归调用时参数要朝出口方向修改,每次递归发生改变的量要作为参数出现;

(3) 当递归函数有返回值时,在函数体内对每个分支的返回值赋值;

(4) 谨慎使用循环语句;

(5) 注意理解当前的工作环境(即工作栈的内容)。

递归函数编写注意事项的说明见例 3.3。

例 3.3　用递归函数实现归并排序算法。

```
void MergeSort(Type a[], int left, int right)      //对数组 a 进行归并排序
//排序区间[left, right]会发生改变,为此 left 和 right 作为参数出现
   {
       if (left < right)                           //出口/入口条件
       {
               int i = (left + right)/2;
               mergeSort(a, left, i);              //参数朝出口方向修改
               mergeSort(a, i + 1, right);         //参数朝出口方向修改
               merge(a, b, left, i, right);        //两个有序表归并为一个有序表,达到整体有序
               copy(a, b, left, right);
       }
   }
```

3.5.4　递归到非递归的转换

递归方法虽然在解决某些问题时是最直观、最方便的方法,但却并不是一种高效的方法,主要原因在于递归方法过于频繁地进行函数调用和参数传递。在这种情况下,若采用循环或递归算法的非递归实现,将会大大提高算法的执行效率。

求解递归问题有两种方法:一种是直接求值,不需要回溯的;另一种是不能直接求值,需要回溯的。这两种方式在转换成非递归问题时采用的方式也不相同:前者使用一些中间变量保存中间结果,称为直接转换法;后者需要回溯,所以要用栈来保存中间结果,称为间接转换法。

1. 直接转换法

该方法使用一些中间变量保存中间结果。

例 3.4　编写一个函数,用非递归方法计算如下递归函数的值:

$$f(1)=1$$
$$f(2)=1$$
$$f(n)=f(n-1)+f(n-2)\quad n>2$$

解:

```
int f(int n)
{
    int i,s,s1,s2;
    s1 = 1;            //s1 用于保存 f(n-1)的值
    s2 = 1;            //s2 用于保存 f(n-2)的值
    s = 1;
    for (i = 3;i < = n;i++)
    {
        s = s1 + s2;
        s2 = s1;
        s1 = s;
    }
    return(s);
}
```

2. 间接转换法

该方法使用栈保存中间结果。其一般过程如下。

```
将初始状态 s 进栈;
while (栈不为空)
{
    退栈,将栈顶元素赋给 s;
    if (s 是要找的结果) 返回;
    else
        {
        寻找到 s 的相关状态 s1;
        将 s1 进栈;
        }
}
```

间接转换法的示例见算法 5.4。

3.6　C++中的栈和队列

3.6.1　C++中的栈

借助 C++的模板抽象类来定义栈抽象数据类型 stack,它作为顺序栈类 seqstack 的基类。例 3.5 给出了栈类 stack 的规范定义,保存在头文件 stack.h 中。

例 3.5　栈类。

```
# include < iostream.h >
```

```
template < class T >
class stack
{
    public:
        virtual bool isempty() const = 0;
        virtual bool isfull() const = 0;
        virtual bool top(T& x) const = 0;
        virtual bool push(T x) = 0;
        virtual bool pop(T& x) = 0;
        virtual void clear() = 0;
};
```

栈的顺序表示方式也用 C++ 中的一维数组加以描述。在顺序栈类 seqstack 中,私有成员包括最大栈顶指针(下标)maxtop、当前栈顶指针 top 和指向数组的指针 elem。

例 3.6 给出顺序栈类的定义和实现,它是 stack 类的派生类,其定义保存在头文件 seqstack.h 中。

```
//顺序栈类
# include < stack.h >
template < class T >
class seqstack:public stack < T >
{
    public:
        seqstack(int msize);
        ~seqstack(){delete[] elem;}
        bool isempty() const {return top == -1;}
        bool isfull() const{return top == maxtop;}
        bool top(T& x) const;
        bool push(T x) = 0;
        bool pop(T& x) = 0;
        void clear(){ top = -1;}
    private:
        int top;                              //栈顶指针
        int maxtop;                           //最大栈顶指针
        T * elem;
};
template < class T >
seqstack < T >::seqstack(int msize)
{
    maxtop = msize - 1;
    elem = new T[msize];
    top = -1;
}
template < class T >
bool seqstack < T >::isempty() const
{
    return n == 0;
}
template < class T >
bool seqstack < T >::top(T &x) const
```

```
{
    if (isempty()){
        cout <<"empty"<< endl;
        return false;
    }
    x = elem[top];
    return true;
}
template < class T >
bool seqstack < T >::push(T x) const
{
    if (isfull()){
        cout <<"overflow"<< endl;
        return false;
    }
    s[top++] = x;
    return true;
}
template < class T >
bool seqstack < T >::pop(T& x) const
{
    if (isempty()){
        cout <<"underflow"<< endl;
        return false;
    }
    x = elem[ -- top];
    return true;
}
```

3.6.2　C++中的队列

借助 C++的模板抽象类来定义队列抽象数据类型 queue,它作为循环队列类 seqqueue 的基类。

例 3.7　给出队列类 queue 的规范定义,保存在头文件 queue. h 中。

```
//队列类
# include < iostream. h >
template < class T >
class queue
{
    public:
        virtual bool isempty() const = 0;
        virtual bool isfull() const = 0;
        virtual bool front(T& x) const = 0;
        virtual bool enqueue(T x) = 0;
        virtual bool dequeue(T& x) = 0;
        virtual void clear() = 0;
};
```

队列的顺序表示方式也可以用 C++中的一维数组加以描述。循环队列类 seqqueue 中,私有成员包括最大队列容量 maxsize、队头指针 front、队尾指针 rear 和指向数组的指针 elem。

例 3.8 给出循环队列类的定义和实现，它是 queue 类的派生类，保存在头文件 seqqueue.h 中。

```cpp
//循环队列类
# include < queue.h >
template < class T >
class seqqueue:public queue < T >
{
    public:
        seqqueue(int msize);
        ~seqqueue(){delete[] elem;}
        bool isempty() const {return front == rear;}
        bool isfull() const{return (rear + 1) % maxsize == front;}
        bool front(T& x) const;
        bool enqueue(T x);
        bool dequeue(T& x);
        void clear(){front = rear = 0;}
    private:
        int front,rear;                   //栈顶指针
        int maxsize;                      //最大栈顶指针
        T * elem;
};
template < class T >
seqqueue < T >::seqqueue(int msize)
{
    maxsize = msize;
    elem = new T[msize];
    front = rear = 0;
}
template < class T >
bool seqqueue < T >::front(T &x) const
{
    if (isempty()){
        cout <<"empty"<< endl;
        return false;
    }
    x = elem[(front + 1) % maxsize];
    return true;
}
template < class T >
bool seqqueue < T >::enqueue(T x) const
{
    if (isfull()){
        cout <<"overflow"<< endl;
        return false;
    }
    elem[rear = (rear + 1) % maxsize] = x;
    return true;
```

```
}
template < class T >
bool seqqueue < T >::dequeue(T& x) const
{
    if (isempty()){
        cout <<"underflow"<< endl;
        return false;
    }
    x = elem[front = (front + 1) % maxsize];
    return true;
}
```

习题 3

1. 设将整数 a,b,c,d 依次进栈,但只要出栈时栈非空,则可将出栈操作按任何次序加入其中,请回答下述问题:

(1) 若执行以下操作序列 Push(a),Pop(),Push(b),Push(c),Pop(),Pop(),Push(d),Pop(),则出栈的数字序列为何(这里 Push(i)表示 i 进栈,Pop()表示出栈)?

(2) 能否得到出栈序列 adbc 和 adcb 并说明为什么不能得到或者如何得到?

(3) 请分析 a,b,c,d 的所有排列中,哪些序列是可以通过相应的入、出栈操作得到的。

2. 分别借助顺序栈和链栈,将单链表倒置。

3. 有两个栈 A,B 分别存储一个升序数列,现要求编写算法把这两个栈中的数合成一个升序队列。

4. 设两个栈共享一个数组空间,其类型定义见 3.1.2 节,试写出两个栈公用的读栈顶元算法 elemtp top_dustack(dustacktp ds,p; int i)、进栈操作算法 void push_dustack(dustacktp ds,p; int i,elemtp x)及出栈算法 elemtp pop_dustack(dustacktp ds,p; int i)。其中 i 的取值是 1 或 2,用以指示栈号。

5. 假设以数组 sequ(0..m−1)存放循环队列元素,同时设变量 rear 和 quelen 分别指示循环队列中队尾元素和内含元素的个数。试给出此循环队列的队满条件,并写出相应的入队列和出队列的算法(在出队列的算法中要返回队头元素)。

6. 假设以带头结点的环形链表表示队列,并且只设一个指针指向队尾元素结点(注意不设头指针),试编写相应的初始化队列、入队列、出队列的算法。

上机练习 3

1. 设单链表中存放 n 个字符,设计一个算法,使用栈判断该字符串是否中心对称,如 abccba 即为中心对称字符串(根据题目填空完善程序)。

提示:先用 create()函数从用户输入的字符串创建相应的单链表,然后调用 judge()函数判断是否为中心对称字符串。在 judge()函数中先将字符串进栈,然后将栈中的字符逐个与单链表中字符进行比较。

```
# include < stdio. h >
# include < malloc. h >
# define MaxLen 100
typedef struct node
{
    char data;
    struct node  * next;
}cnode;
cnode  * create (char s[ ])
{
    int I = 0;
    cnode  * h,  * p,  * r;
    while (s[I]!= '\0')
     {
            p = (cnode  * )malloc(sizeof(cnode));
            p - > data = s[I];p - > next = NULL;
            if (I == 0)
                {
                h = p;
                . _____;            / * r 始终指向最后一个结点 * /
                }
            else
                {
                r - > next = p;r = p;
                }
                I++;
     }
return h;
}


int judge(cnode  * h)
{
  char st[MaxLen];
  int top = 0;
  cnode  * p = h;
  while (p!= NULL)
     {
     st[top] = p - > data;
     top++;
     p = p - > next;
     }
  p = h;
  while (p!= NULL)
     {
     top -- ;
     if (p - > data == st[top])
     p = p - > next;
     else
     break;
     }
  if (p == NULL)
```

```
        return _____;
    else     .
        return _____;
}
void main()
{
    char str[maxlen];
    cnode * h;
    printf("输入一个字符串:");
    scanf(" % c",str);
    h = create(_____);
    if ( judge(h) = = 1)
        printf("str 是中心对称字符串\n");
    else
        printf("str 不是中心对称字符串\n");
}
输入一个字符串:abccba
输出:_____
```

2. 设一个算术表达式中包含圆括号、方括号和花括号 3 种类型的括号,编写一个算法判断其中的括号是否匹配。

提示:本题使用一个运算符栈 st,当遇到(、[或{时进栈,当遇到}、]、)时判断栈顶是否为相应的括号,若是退栈则继续执行,否则算法结束。

3. 设计一个程序,演示用运算符优先法对算术表达式求值的过程。

基本要求:以字符序列的形式从终端输入语法正确的、不含变量的整数表达式。利用书中表 3.1 给出的运算符优先关系,实现对算术四则混合运算表达式的求值,并仿照书中例 3.1 演示在求值中运算符栈、运算数栈、输入字符和主要操作的变化过程。

测试数据:3 * (7-2)。

第 4 章

数组和字符串

本章学习要点

(1) 掌握数组的逻辑结构定义及其存储结构。

(2) 掌握特殊数组的定义、存储结构及其基本操作的实现。

(3) 熟悉串的有关概念、串和线性表的关系。

(4) 掌握串的各种存储结构,比较它们的优、缺点,从而学会串的存储结构的选择。

(5) 熟练掌握串的 7 种基本操作,并能利用这些基本操作实现串的其他各种操作。

数组是最常用的数据类型之一,几乎所有的程序设计语言都将数组类型设定为固有数据类型。字符串作为一种变量类型出现在越来越多的程序设计语言中,同时也产生了一系列与字符串相关的操作。字符串和数组都呈现线性结构,但元素或操作具有特殊性,本章重点讨论数组和字符串的逻辑结构、存储结构和操作。

 ## 4.1 数组

在数据结构中,数组(array)是一种特殊的线性表,表中的数据元素本身也是一个数据结构,即元素的值可以再分解。与一般的线性表相比,数组进行的操作有结构的初始化、销毁,存取元素和修改元素,数组一般不做插入或删除操作。

4.1.1 数组的定义与操作

和线性表一样,数组是由同一种数据类型的数据元素组成的,它的每个元素由一个值和一组下标确定。即在数组中,对于每组有定义的下标,都存在一个与之相对应的值。

一维数组的每个数据元素由一个值和一个下标确定,若把数组元素的下标顺序改变成其在线性表中的序号,则一维数组就是一个线性表。图 4.1 所示是一个二维数组,含有 $m \times n$ 个数据元素,每一个元素由值 a_{ij} 和一组下标 $(i,j)(i=0,1,2,3,\cdots,m-1;\ j=0,1,2,3,\cdots,n-1)$ 来确定。每组下标 (i,j) 唯一对应一个数据元素值 a_{ij}。

$$A_{m \times n} = \begin{pmatrix} a_{00} & a_{01} & \cdots & a_{0,n-1} \\ a_{10} & a_{11} & \cdots & a_{1,n-1} \\ \vdots & \vdots & \ddots & \vdots \\ a_{m-1,0} & a_{m-1,1} & \cdots & a_{m-1,n-1} \end{pmatrix}$$

图 4.1 二维数组

数组是线性表的推广,它的每个数据元素也是个线性表,例如 $a_{i,j+1}$ 是 a_{ij} 在行关系中的直接后继元素;而 $a_{i+1,j}$ 是 a_{ij} 在列关系中的直接后继元素。所以,上面的数组 A 可以看成一个线性表:

$$A = (\alpha_0, \alpha_1, \cdots, \alpha_k) \quad (k = m-1 \text{ 或 } n-1)$$

其中每一个数据元素 α_i 是由第 i 行元素组成的一维数组,即一个行向量的线性表。

$$\alpha_i = (a_{i0}, a_{i1}, \cdots, a_{i,n-1}) \quad (0 \leqslant i \leqslant m-1)$$

或 α_j 是由第 j 列元素组成的一维数组,即一个列向量的线性表。

$$\alpha_j = (a_{0j}, a_{1j}, \cdots, a_{m-1,j}) \quad (0 \leqslant j \leqslant n-1)$$

同样,可以把 n 维数组也看成一个线性表,表中每一个数据元素是一个 $n-1$ 维数组。

数组通常只有两种操作:

(1) 给定一组下标,存取相应数据元素;

(2) 给定一组下标,修改相应数据元素中的某一个或几个数据项的值。

4.1.2 数组的顺序存储结构

用一组连续的存储单元来依次存放数组元素,称为数组的顺序存储结构。由于一组连续的存储单元是一维的结构,而多维数组不像一维数组那样,所有的元素已经排列成一个线性序列,所以要把多维数组顺序地存储到一维顺序的存储单元中,就必须按一定的次序把多维数组中所有的元素排在一个线性序列中。

因此谈到数组的顺序存储结构时,就有一个次序约定的问题。二维数组元素间的顺序有两种方法:一种是按行的升序存储元素,称为以行序为主序的存储方式,如图 4.2(a) 所示;另一种是按列存储元素,称为以列序为主序的存储方式,如图 4.2(b) 所示。在扩展 BASIC、PASCAL 和 C 高级语言中,采用的是以行序为主序存储数组中的数据元素,而在 FORTRAN 高级语言中,则以列序为主序存储数组中的数据元素。

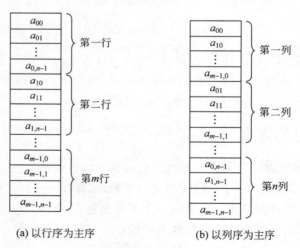

(a) 以行序为主序   (b) 以列序为主序

图 4.2 二维数组的两种存储方式

数组的顺序存储结构的优点是可以随机存取数组元素。只要知道数组元素的下标值,就可以通过公式计算并找到该数组元素在存储器中的相对位置,从而按地址存取元素。

下面介绍二维数组中数组元素的存储位置计算公式。

若以行序为主序的存储方式存储,假设数组有 n 列、m 行,每个数组元素占用 s 个存储单元,设元素 a_{ij} 在存储器中的地址为 $\text{LOC}(i,j)$,a_{00} 的存储地址是 $\text{LOC}(0,0)$,即二维数组存储的起始位置,也叫首地址或基地址。由于 a_{ij} 位于第 $i+1$ 行、第 $j+1$ 列,前面已存放了 i 行共 $i*n$ 个元素,而在第 $i+1$ 行上,a_{ij} 元素前面有 j 个元素,所以它前面共有 $(i*n+j)$ 个元素,由此可以得到数组中任一元素 a_{ij} 的存储地址为:

$$\text{LOC}(i,j)=\text{LOC}(0,0)+(n*i+j)*s \tag{4.1}$$

同样,对于按列序为主序的存储结构,数组中的任一元素的存储地址为:

$$\text{LOC}(i,j)=\text{LOC}(0,0)+(m*j+i)*s \tag{4.2}$$

由此可见,数组元素的存储位置是其下标的线性函数,当数组下标的范围确定以后,计算数组元素存储位置的时间仅取决于乘法运算的时间,因此,存取数组中任一元素的时间相等。

具有上述特点的存储结构称为随机存储结构。

4.1.3 矩阵的压缩存储方法

在科学与工程应用中,经常出现一些阶数很高的矩阵,同时在矩阵中有许多零值(或者是值相同)的元素。为了节省存储空间,可以对这类矩阵进行压缩存储。所谓压缩存储,是指为多个值相同的元素只分配一个存储空间;对零元素不分配空间。

一般地,将需要压缩存储的矩阵分为特殊矩阵和稀疏矩阵。

1. 特殊矩阵

若值相同的元素或零元素在矩阵中的分布有一定的规律,则称此类矩阵为特殊矩阵。下面讨论几种特殊矩阵的压缩存储方式。

1)对称矩阵

若 n 阶矩阵 A 中的元素满足下列性质

$$a_{ij}=a_{ji} \quad (0 \leqslant i,j \leqslant n-1)$$

则称为对称矩阵,如图 4.3 所示。

对称矩阵中的元素关于主对角线对称,所以可以为每一对对称元素只分配一个存储空间,只存储矩阵中主对角线以上或以下的元素,即将 n^2 个元素压缩存储到 $n(n+1)/2$ 个空间中,这样就可以节约近一半的存储空间。

$$\begin{pmatrix} 3 & 2 & 7 & 8 \\ 2 & 7 & 5 & 9 \\ 7 & 5 & 0 & 6 \\ 8 & 9 & 6 & 3 \end{pmatrix}$$

图 4.3 对称矩阵

假设以行序为主序存储对角线(含对角线)以下的元素,并以一维数组 $M[n(n+1)/2]$ 作为 n 阶矩阵 A 的存储结构,则 $M[k]$ 和矩阵元素 a_{ij} 存在一一对应的关系:

$$k=\begin{cases} \dfrac{i(i-1)}{2}+j-1 & i \geqslant j \\ \dfrac{j(j-1)}{2}+i-1 & i < j \end{cases} \tag{4.3}$$

$M[n(n+1)/2]$ 为 n 阶对称矩阵 A 的压缩矩阵,即将 $n*n$ 个元素压缩存储到 $n(n+1)/2$ 个存储空间中,其存储状况如图 4.4 所示。

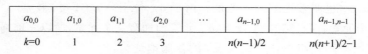

$a_{0,0}$	$a_{1,0}$	$a_{1,1}$	$a_{2,0}$	...	$a_{n-1,0}$	...	$a_{n-1,n-1}$
$k=0$	1	2	3		$n(n-1)/2$		$n(n+1)/2-1$

图 4.4　对称矩阵的压缩存储

2）三角矩阵

以对角线划分，三角矩阵有上三角矩阵与下三角矩阵两种。若 n 阶方阵的对角线右上方（含对角线）的元素均为常数 c 或零的 n 阶矩阵，称为下三角矩阵。反之，称为上三角矩阵，如图 4.5 所示。

$$\begin{pmatrix} a_{00} & a_{01} & \cdots & a_{0,n-1} \\ 0 & a_{11} & \cdots & a_{1,n-1} \\ \vdots & \vdots & \ddots & \vdots \\ 0 & 0 & \cdots & 0 \\ 0 & 0 & \cdots & a_{n-1,n-1} \end{pmatrix} \qquad \begin{pmatrix} a_{00} & 0 & \cdots & 0 \\ a_{10} & a_{11} & \cdots & 0 \\ \vdots & \vdots & \ddots & \vdots \\ \cdots & \cdots & \cdots & 0 \\ a_{n-1,0} & a_{n-1,1} & \cdots & a_{n-1,n-1} \end{pmatrix}$$

(a) 上三角矩阵　　　　　(b) 下三角矩阵

图 4.5　三角矩阵

三角矩阵的压缩存储方式同对称矩阵的存储方式类似，除了和对称矩阵一样只存储其上三角或下三角中的元素之外，再加一个存储常数 c 的存储空间即可。

3）带状矩阵

除了上述特殊矩阵外，还有一种较为复杂的矩阵，称为带状矩阵或对角矩阵，即在 n 阶矩阵中，全部非零元素都集中在以对角线为中心的带状区域中，如图 4.6 所示。对这种矩阵也可以按某个原则（或以行为主，或以对角线的顺序）将其压缩存储到一维数组中。

在所有的特殊矩阵中，由于非零元素的分布都有一个明显的规律，因而都可将其压缩存储到一维数组中，并找到每个非零元素在一维数组中的对应关系。

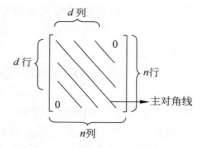

图 4.6　带状矩阵（对角矩阵）

2. 稀疏矩阵

如果一个矩阵中有很多元素是零，而且非零元素的分布没有规律，则该矩阵称为稀疏矩阵。如果用一般的存储方法表示稀疏矩阵，就会存储大量的零元素，这将造成存储空间的浪费。下面讨论稀疏矩阵的压缩存储方法。

1）三元组顺序表

用一个线性表来表示稀疏矩阵，线性表中的每个结点对应稀疏矩阵的一个非零元素，其中包括三个域，分别为非零元素的行下标、列下标和值。结点仍按矩阵的行优先顺序排列，称该线性表为三元组表。表中结点类型定义如下：

```
#define MAX 10
typedef struct
```

```
    {int i,j;
     elemtype v;
    }node;
typedef struct
    {int m,n,t;
     node data[MAX];
    }mat;
```

其中,MAX 为非零元素个数的最大值;i,j 为非零元素的行、列下标,v 为元素值;node 为线性表中结点的类型名;m、n、t 分别为稀疏矩阵的行数、列数、非零元素个数;data 为存放三元组表的数组;mat 为稀疏矩阵类型名。

一个三元组 (i,j,a_{ij}) 唯一地确定矩阵的非零元。由此,稀疏矩阵可由表示非零元的三元组及其行列数唯一确定。可以用数组表示三元组表,如 a 是 mat 类型的变量,表示矩阵 A,a.data 是矩阵 A 的三元组表,如图 4.7 所示。

$$A = \begin{bmatrix} 3 & 0 & 0 & 0 & 0 & 7 \\ 0 & 0 & 6 & 0 & 0 & 0 \\ 2 & 3 & 0 & 0 & 0 & 0 \\ 0 & 0 & 0 & 0 & 0 & 0 \\ 0 & 0 & 0 & 0 & 2 & 0 \end{bmatrix}$$

	i	j	v
0	5	6	6
1	1	1	3
2	1	6	7
3	2	3	6
4	3	1	2
5	3	2	3
6	5	5	2

(a) 稀疏矩阵A (b) 三元组表a.data

图 4.7 稀疏矩阵及三元组表

注意:表中 a.data[0] 的 i,j,v 值分别存储稀疏矩阵的行数、列数和非零元素的个数。

在三元组顺序表的压缩存储结构下如何进行某些矩阵运算呢?下面以矩阵的转置为例讨论。

求矩阵的转置是一种最简单的矩阵运算。对于一个 $m \times n$ 的矩阵 A,它的转置矩阵 B 是一个 $n \times m$ 的矩阵,且 $b_{ji} = a_{ij}$,$1 \leqslant i \leqslant m$,$1 \leqslant j \leqslant n$,例如图 4.7(a) 中的稀疏矩阵 A 和图 4.8(a) 中的稀疏矩阵 B 互为转置矩阵,b 是 mat 分量。

$$B = \begin{bmatrix} 3 & 0 & 2 & 0 & 0 \\ 0 & 0 & 3 & 0 & 0 \\ 0 & 6 & 0 & 0 & 0 \\ 0 & 0 & 0 & 0 & 0 \\ 0 & 0 & 0 & 0 & 2 \\ 7 & 0 & 0 & 0 & 0 \end{bmatrix}$$

	i	j	v
0	6	5	6
1	1	1	3
2	1	3	2
3	2	3	3
4	3	2	6
5	5	5	2
6	6	1	7

(a) 稀疏矩阵B (b) 稀疏矩阵B的三元组表

图 4.8 稀疏矩阵 A 的转置矩阵 B 及其三元组表

在采用三元组表表示法的前提下,如何实现稀疏矩阵的转置运算呢?

算法思路:

① 将两个矩阵的行数和列数相互交换;

② 将每个三元组中的 i 和 j 相互调换;

③ 重排三元组之间的次序便可实现矩阵的转置,即使 b.data 中的三元组以 **B** 的行(即 **A** 的列)为主序依次排列。

为此,可按下面的方法实现矩阵转置。

按照矩阵 **A** 的列序来进行转置运算。也就是首先寻找 a.data 中的第一列的所有三元组,将其 (i,j,v) 改为 (j,i,v) 后依次存放到 b.data 中,作为转置矩阵 **B** 的第一行的非零元素所对应的三元组。然后在 a.data 中寻找第二列的所有三元组,将其 (i,j,v) 改为 (j,i,v) 后依次存放在 b.data 中,作为转置矩阵 **B** 的第二行的非零元素所对应的三元组,以此类推。为了找到 **A** 的每一列中所有的非零元素,需要对其三元组 a.data 从第一行起整个扫描一遍,由于 a.data 是以 **A** 的行序为主序来存放每个非零元的,由此得到的恰是 b.data 应有的顺序。其具体算法描述如算法 4.1 所示。

算法 4.1 稀疏矩阵转置算法。

```
mat * zzjz(mat * a)
{
int am,bn,col;
mat * b;                              //转置后的矩阵 b
b = (mat * )malloc(sizeof(mat));
b-> nu = a-> m;
b-> mu = a-> n;
b-> tu = a-> t;                       //a,b 矩阵行、列交换
bn = 0;
for (col = 1;col <= a-> n;col++)      //按 a 的列序转置
    for(am = 1;am <= a-> t;am++)      //扫描整个三元组表
        if(a-> data[am].j == col)    //列号为 col 是转置
        {
            b-> data[bn].i = a-> data[am].j;
            b-> data[bn].j = a-> data[am].i;
            b-> data[bn].v = a-> data[am].v;
            bn++;                    //b.data 中的结点序号加 1
        }
return b;                            //返回转置矩阵的指针
}
```

该算法的时间耗费主要是在 col 和 am 的两重循环中,所以算法的时间复杂度为 $O(n * t)$ (n 表示 a.n,t 表示 a.t),即和 **A** 的列数与非零元素的个数的乘积成正比。

如果用二维数组来表示矩阵,一般总可用算法:

```
for (j = 1;j <= n;j++)
    for (i = 1;i <= m;i++)
        b[j][i] = a[i][j];
```

来实现矩阵的转置运算,其时间复杂度是 $O(m * n)$。

由于上述算法主要是在二重循环内完成的,当非零元个数值 $t = m * n$ 时,算法 4.1 的时间复杂度为 $O(m * n^2)$。显然,此时算法 4.1 的时间复杂度比 $O(m * n)$ 还差。可见该算法虽然节省了空间,但时间复杂度却提高了。所以一般上述转置算法只适用于当 $t \ll m * n$

的情况。在许多数据结构的资料中都讲解了改进后的快速转置算法。这一算法是在适当增加存储单元后,用时间复杂度为 $O(n+t)$ 完成的矩阵转置。

快速转置算法思想是按 a 中三元组次序转置,转置结果放入 b 中恰当位置。此算法的关键是要预先确定 a 中每一列第一个非零元在 b 中位置,这就需要先求得 a 的每一列中非零元个数。

num[col]:表示 a 中第 col 列中非零元个数。

cpot[col]:表示 a 中第 col 列第一个非零元在 b 中位置。显然有:

```
cpot[1] = 1;
cpot[col] = cpot[col - 1] + num[col - 1];          //(2≤col≤a[0].j)
```

算法 4.2 稀疏矩阵的快速转置。

```
void fasttrans(mat * a,mat * b)                    //对 a 进行快速转置,结果存放在 b 中
{
    int p,q,col,k;
    int num[MAX + 1],cpot[MAX + 1];
    b -> m = a -> n; b -> n = a -> m; b -> t = a -> t;
    if(b -> t < = 0)
        printf("a = 0\n");
    for(col = 1;col < = a -> n;++col)
            num[col] = 0;
    for(k = 1;k < = a -> tu;++k)                    //求 a 中每一列非零元个数
            ++num[a -> data[k].j];
    cpot[1] = 1;
    for(col = 2;col < = a -> n;++col)
        cpot[col] = cpot[col - 1] + num[col - 1];  //
    for(p = 1;p < = a -> t;++p)
    {
        col = a -> data[p].j;
        q = cpot[col];                             //由列号直接求得在 b 中位置
        b -> data[q].i = a -> data[p].j;
        b -> data[q].j = a -> data[p].i;
        b -> data[q].v = a -> data[p].v;
        ++cpot[col];
    }
}
```

稀疏矩阵的快速转置算法的时间复杂度 $T(n)=O(a$ 的列数 $n+$ 非零元个数 $t)$,若 t 与 $m \times n$ 同数量级,则 $T(n)=O(m \times n)$。

2) 行逻辑链接的顺序表

为了方便某些矩阵运算,常常在按行优先存储的三元组表中,加入一个行表来记录稀疏矩阵中每行的非零元素在三元组表中的起始位置。当将行表作为三元组表的一个新增属性加以描述时,就得到了稀疏矩阵的另一种顺序存储结构:行逻辑链接的顺序表。

其类型描述为:

```
#define MAX                            //最大可能的非零元素个数 + 1
#define MAXROW                         //最大可能的稀疏矩阵行数 + 1
```

```
typedef struct
{
    int i,j;
    elemtype v;
}node;
typedef struct
{
    int m,n,t;
node data[MAX];
int rpot[MAXPOW];                              //行表,应保证 m<=MAXPOW
}matrow;
```

显然有：

$$\begin{cases} \text{rpot}[1]=1; \\ \text{rpot}[i]=\text{rpot}[i-1]+\text{第 i}-1\text{ 行非零元素的个数} \end{cases}$$

行逻辑链接的顺序表这种表示方法对实现两个矩阵相乘具有优越性。

关于稀疏矩阵的乘法请读者参阅相关资料进一步理解。

3) 十字链表

上述求稀疏矩阵的转置运算中,用三元组表(顺序表)的方法可以节省内存空间并加快运算速度。但在矩阵的另一些运算过程中,如矩阵的加法 $C=A+B$,若稀疏矩阵的非零元素位置发生变化,将会引起数组中元素过多的移动。此时,采用链表存储结构(十字链表)比用三元组表更好,其插入和删除操作也更方便。

十字链表是稀疏矩阵的另一种表示方法。在链表中,每个非零元可用一个结点表示,每个结点由五个域组成,其中,行域 i、列域 j、值域 v 分别表示非零元素的行下标、列下标和值;向右域 right 用来链接同一行中下一个非零元素的结点,向下域 down 用以链接同一列中下一个非零元素的结点。其结点结构如图 4.9(b)所示。稀疏矩阵中同一行中的非零元通过向右域 right,链接成一个行链表。同一列中的非零元也通过向下域 down,链接成一个列链表。表中每一个非零元既是第 i 个行表中的结点,又是第 j 个列表中的结点,整个稀疏矩阵用一个十字交叉的链表结构表示,所以称十字链表。用两个一维数组分别存储行链表的头指针和列链表的头指针,从头指针开始,顺着行链表或列链表查找矩阵元素。矩阵 A 和其十字链表示例如图 4.9(a)和图 4.9(c)所示。

采用十字链表表示稀疏矩阵时,由于需要额外的存储链域空间,且还要有行、列指针数组,所以在十字链表中,只有当非零元素不超过总元素个数的 20% 时才可能比一般的数组表示方法节省存储空间。

十字链表的结点类型定义如下：

```
typedef struct node
 {int i,j,v;
  struct node * down, * right;
 }szjd;
```

下面是十字链表的建立算法。

算法步骤：

① 将行、列指针数组置空。假设 m, n 分别是行指针和列指针数组,hs,ls 是指向存放

$$A = \begin{pmatrix} 8 & 0 & 0 \\ 0 & 0 & 2 \\ 0 & 0 & 0 \\ 5 & 0 & 6 \end{pmatrix}$$

(a) 稀疏矩阵 A

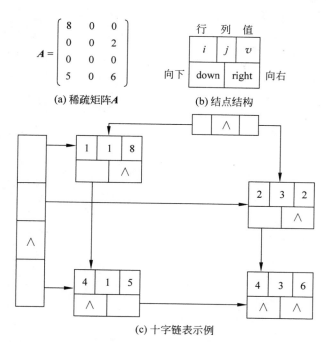

(b) 结点结构

(c) 十字链表示例

图 4.9　稀疏矩阵 A 及十字链表

矩阵行数和列数变量的指针变量。

② 输入三元组,若行下标或列下标为 0 时,则表示输入完毕,算法结束,否则生成 p 结点,并把行、列、值域分别置为 i,j,v。

③ 把 p 结点插入到第 x 行链表中。

④ 把 p 结点插入到第 y 列链表中,转向步骤②。

算法 4.3　稀疏矩阵的十字链表建立算法。

```
int szlbcreat(szjd * m[], szjd * n[], int * hs, int * ls)
{
int i, j, v, k, ms, ns;
szjd * p = NULL, * q = NULL;
ms = ns = 0;
scanf("% d % d", &ms, &ns);
for(k = 0; k < ms; k++)
    m[k] = NULL;
for(k = 0; k < ns; k++)
    n[k] = NULL;
* hs = ms;
* ls = ns;
while(1)
{
    scanf("% d % d % d", &i, &j, &v);
    if(i > ms || j > ns)
        continue;
    if(i <= 0 || j <= 0)
        break;
```

```
            q = (szjd * )malloc(sizeof(szjd));
            q -> i = i; q -> j = j; q -> v = v;
            q -> down = q -> right = NULL;
            p = m[i - 1];
            if(p == NULL||p -> j > j)
            {
                q -> right = p;
                m[i - 1] = q;
            }
            else
            {
                if(p -> j == j)
                {
                    m[i - 1] = q;
                    free(p);
                }
                else
                {
                    while(p -> right)
                        p = p -> right;
                    p -> right = q;
                }
            }
            p = n[j - 1];
            if(p == NULL||p -> i > i)
            {
                q -> down = p;
                n[j - 1] = q;
            }
            else
            {
                if(p -> i == i)
                {
                    m[j - 1] = q;
                    free(p);
                }
                else
                {
                    while(p -> down)
                        p = p -> down;
                    p -> down = q;
                }
            }
        }
        return 1;
    }
```

该算法时间复杂度是 $O(t \times s)$,其中 t 为非零元素的个数,$s = \max\{m,n\}$。

在用十字链表表示稀疏矩阵时,应如何实现矩阵 **A** 和 **B** 相加的问题,请读者参阅有关资料完成。

4.2 字符串

4.2.1 字符串的定义与操作

字符串(string,简称串)就是一组由常用的字符组成的有限序列,一般记为:

$$S = 'c_0 c_1 \cdots c_{n-1}' \quad (n \geq 0)$$

其中 $c_i (0 \leq i \leq n-1)$ 可以是字母、数字或其他字符。

1. 字符串有关术语

(1) 串名:串的名字,如上式中的 S。

(2) 串的值:用成对的单引号括起来的字符序列是串的值。成对的单引号本身仅是串值的标记,不包含在串中,它的作用是避免串与常数或标识符混淆。例如,'123'是数字字符串,它与常数 123 不同,又如'x1'是长度为 2 的字符串,而 x1 通常表示一个标识符。注意,在 C 语言中,用单引号引起来的单个字符与单个字符的串是不同的,如'a'与"a"两者是不同的,前者表示单个字符,而后者表示字符串。

(3) 串的长度:串中字符的数目 n 称为串的长度。零个字符的串为空串(null string),它的长度为零。

(4) 子串和主串:串中任意个连续的字符组成的序列称为该串的子串。包含子串的串相应地称为主串。特别地,空串是任意串的子串,任意串是其自身的子串。

(5) 串的位置:字符在序列中的序号为该字符在串中的位置。子串在主串中的位置则以子串的第一个字符在主串中的位置来表示。

例如,s1、s2、s3 为如下三个串:s1 = 'I have a dog';s2 = 'have';s3 = 'dog',则它们的长度分别为 12、4、3;串 s3 是 s1 的子串,子串 s3 在 s1 中的位置为 10,也可以说 s1 是 s3 的主串;串 s2 不是 s1 的子串;串 s2 和 s3 不相等。

(6) 两个串相等:当两个串的长度相等,并且各个对应位置的字符都相等时才相等。例如上例中的串 s1,s2,s3 都是不等的。

(7) 空格串:由一个或多个空格组成的串称为空格串(请注意,此处不是空串),它的长度不为 0。如' '是空格串,长度为 2。

(8) 空串:不含任何字符的串,它的长度为 0。为了清晰起见,以后用符号"来表示空串。

可用二元组的形式 (D,R) 来定义字符串(或串):

$$string = (D,R)$$

其中: $D = \{a_i | a_i \in CHARACTER, i=1,2,\cdots,n, n \geq 0\}$, $R = N$, $N = \{\langle a_{i-1},a_i \rangle | a_{i-1}, a_i \in D, i=2,3,\cdots,n\}$。

显然,串的逻辑结构和线性表极为相似,区别仅在数据元素集合 D 的定义上。串的数据对象是字符集 CHARACTER,元素之间的关系满足线性关系。

2. 字符串的基本操作定义

字符串的基本操作常常以串或子串为单位,而不是以一个字符为单位,常用的字符串的基本操作有下列 7 种。为了叙述简便起见,假设本节中的 s,t,v,a,b,c 和 d 都是串名,并且 a,b,c 和 d 的值分别为 'BEI','JING','' 和 'BEIJING'。

1) 赋值操作:Assign(s,t) 和 Create(s,ss)

其中,t 为串名,ss 为字符序列。Create(s,ss) 的操作结果为设定了一个串 s,其值为字符序列 ss;Assign(s,t) 的操作结果是将串 t 的值赋给串 s。

例如,执行 Assign(s,d) 的操作之后,s 的值为 'BEIJING'。

2) 判相等函数:Equal(s,t)

若串 s 和串 t 相等,则返回函数值(即运算结果)1,否则返回函数值 0。s 和 t 可以是非空串,也可以是空串。

3) 求串长函数:Len(s)

返回函数值为串 s 中字符的个数,若 s 是一个空串,则其函数值为 0。

4) 连接函数:Concat(s,t)

串 s 和串 t 的连接是把 t 的字符序列紧接在 s 的字符序列之后构成一个新的字符序列,从而产生一个新的串,作为函数值返回。

例如,如果 s='hand',t='work',那么,Concat(s,t) 的返回值为新串 'handwork'。

5) 求子串函数:SubStr(s,start,len)

若 $0 \leqslant start \leqslant length(s)-1$ 且 $0 \leqslant len \leqslant length(s)-start+1$,则返回函数值为从串 s 中第 start 个字符起,长度为 len 的连续字符序列,否则返回一个特殊的串常量。

例如,SubStr(d,0,3) 返回新串 'BEI',SubStr(d,4,0) 返回空串''。

6) 定位函数:Index(s,t)

若在主串 s 中存在和 t 相等的子串,则函数值为 s 中第一个这样的子串在主串 s 中的位置,否则函数值为 -1。注意,在此处 t 不能是空串。

例如,Index(d,b) 返回子串位置 3,Index(d,c) 返回函数值 -1。

7) 替换操作:Replace(s,t,v)

操作结果是以串 v 替换所有在串 s 中出现的和非空串 t 相等的不重叠的子串。

例如,设 s='bbabbabba',t='ab',v='c',则 Replace(s,t,v) 的操作结果为 s='bbcbcba'。其他的串操作还有下述两个。

1) 插入操作:Insert(s,pos,t)

当 $0 \leqslant pos \leqslant length(s)$ 时,在串 s 的第 pos 个字符之前插入串 t。

2) 删除操作:Delete(s,pos,len)

当 $0 \leqslant pos \leqslant length(s)-1$ 且 $1 \leqslant len \leqslant length(s)$ 时,从串 s 中删除从第 pos 字符起长度为 len 的子串。

有些操作还可以用其他基本操作来实现。例如可利用判等、求串长和求子串等实现定位函数 index(s,t)。下面以算法 index(s,t) 为例说明其实现方法。

算法的基本思想是:在主串 s 中从第 i(i 的初值为 0)个字符起,取长度与串 t 相等的子串和 t 相比较。若相等,则求得函数值为 i;否则 i 增加 1,直至串 s 中不存在和 t 相等的子串为止,如算法 4.4 所示。

算法 4.4 定位算法。

```
int Index(string * s, string * t)
```

```
{
    //若串 s 中存在和 t 相等的子串,则返回第一个子串在主串中的位置,否则返回 - 1
    int n = length(s);
    int m = length(t);
    int i = 0;
    if(m == 0)
        return - 1;
    while(i < = (n - m))
    {
        if((equal(substr(s,i,m),t))
            return i;
        i++;
    }
    return - 1;
}
```

4.2.2　字符串的存储结构

串的存储方式取决于对串所进行的运算。如果在程序设计语言中,串只是作为输入输出的常量出现,则只需作为一个字符的序列存储即可。但在多数非数值处理程序中,串也是操作的对象,在程序执行的过程中,它的值可变。其也和在程序中出现的其他类型的变量一样,可以赋给它一个串变量名,在对串进行操作时,可通过变量名访问其值。此时,有两种存储串的方法:一种是将串设计成一种结构类型,例如在 C 语言中,串是字符型的数组,以'\0'表示串的结束,从串名可直接访问到串值,串值的存储分配是在编译时完成的;另一种是串值的存储分配是在程序运行时完成的,在串名和串值之间需建立一个对照表,这个对照表称为串(变量)名的存储映像,对串值的访问通过串名的存储映像进行。前一种存储方式称为静态存储结构,后一种称为动态存储结构。下面对串的这两种存储结构分别进行讨论。

1. 静态存储结构(顺序存储方式)

类似于线性表的顺序存储结构,用一组地址连续的存储单元存储串的字符序列。由于一个字符只占 1 字节,而现在大多数计算机的存储器地址是采用的字编址,一个字(即一个存储单元)占多字节,因此顺序存储结构方式有两种。

1) 非紧缩格式

这种方式是以一个存储单元为单位,每个存储单元仅存放一个字符。这种存储方式的空间利用率较低,如一个存储单元有 4 字节,则空间利用率仅为 25%。但这种存储方式不需要分离字符,因而程序处理字符的速度高。图 4.10 是这种结构的示意图。

用字符数组存放字符串时,其结构用 C 语言定义如下:

```
#define maxnum <允许的最大的字符数> typedef struct {
    char ch[maxnum];
    int length;                     //串长度
} string;                           //串类型定义
```

2) 紧缩格式

紧缩格式的实现方法是把数组的几个分量紧缩到一个字存储单元里,即一个字节存储一个字符。这种存储方式可以在一个存储单元中存放多个字符,充分地利用了存储空间。但在进行串的运算时,若要分离某一部分字符,则变得非常麻烦,如图 4.11 所示。假设一个字存储单元可存放 k 个字符,则长度为 n 的串只占 n/k 个存储单元(图 4.11 是 $n=15$,$k=4$ 的例子)。

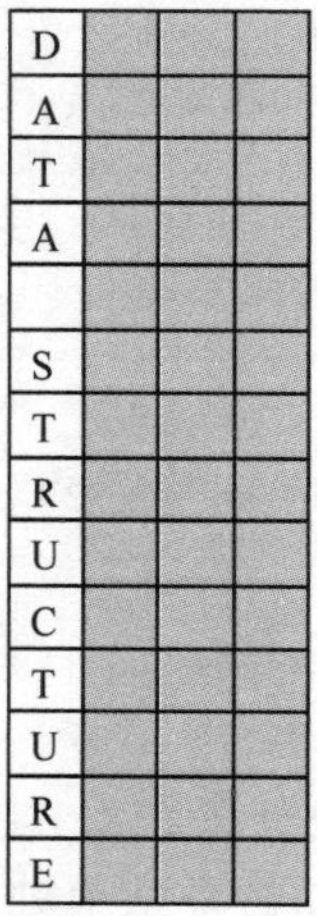

图 4.10   串值存储的非紧缩格式示例 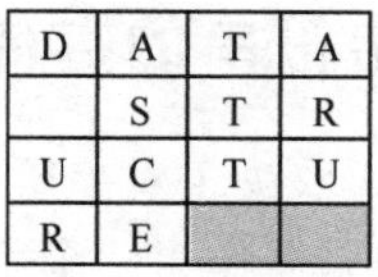   图 4.11   串值存储的紧缩格式示例

如果计算机采用的是字节编址存储器,则可以单字节格式存放,即一个字节(八位二进制数码)存储一个字符,此时既节省空间,又方便处理。

当用顺序方式存储串值时,由于在串类型的定义中预先规定了一个串允许的最大长度(一般情况下处理的串,其长度变化范围很大),则当多数串长较小时,空间的利用率很低。另一方面,由于限定了串的最大长度,使串的某些操作,如连接、替换等受到很大限制或者产生错误的结果(参见 4.2.3 节的讨论)。

2. 动态存储结构

如前所述,串的各种运算与串的存储结构有着很大的关系。在随机取子串时,顺序存储方式操作起来比较方便,而对串进行插入、删除等操作时,就会变得很复杂。这时就有必要采用串的动态存储方式。

串的动态存储方式有链式存储结构和堆存储结构两种。

1) 链式存储结构

与线性表的链式存储结构类似,串值也可以采用链式存储。串的链式存储结构中每个结点包含字符域和结点链接指针域,字符域用于存放字符,指针域用于存放指向下一个结点的指针,因此,串可用单链表表示。

用链表存放字符串时,其结构用 C 语言定义如下:

```
typedef struct node{
char ch;
struct node  * next;
} slstrtype;
```

　　用单链表存放串,每个结点仅存储一个字符,如图 4.12(a)所示,因此,每个结点的指针域所占空间比字符域所占空间大得多。为了提高空间的利用率,可以使每个结点存放多个字符,如图 4.12(b)所示,每个结点存放了 4 个字符。由于串长不一定是结点大小的整倍数,因此链表的最后一个结点不一定全被串值占满,此时通常补上♯或其他非串值字符(通常♯不属于串的字符集,是一个特殊的符号)。

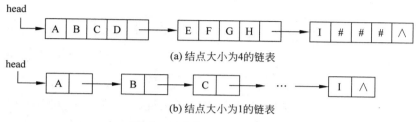

(a) 结点大小为4的链表

(b) 结点大小为1的链表

图 4.12　串值的链表存储方式

　　为便于进行串的操作,当以链表存储串值时,除头指针外还可附设一个尾指针,指示链表中的最后一个结点,并给出当前串的长度。这样定义的串存储结构称为块链结构,其定义如下:

```
♯define CHUNKSIZE <用户定义的结点大小>
typedef struct CHUNK
{
    char ch[CHUNKSIZE];
    struct CHUNK * next;
}chunk;
typedef struct
{
    chunk * head, * tail;
    int length;
};
```

　　由于在一般情况下,对串进行操作时,只需从头向尾顺序扫描即可,所以对串值不必建立双向链表。设尾指针的目的是便于进行连接操作,但应注意连接时需处理第一个串尾的无效字符。

　　从块链存储方式的结构可以看出,当结点大小为 1 时,由于每个结点都有一个指针域,因此实际上存储空间只利用了一半(每两个存储单位中有一个被实际利用)。如果结点大小为 4,则变成每 5 个存储单位有 4 个被实际利用,因此利用率为 80%。可见,结点大小的选择和存储方式的选择同样重要,它直接影响着串处理的效率。在各种串的处理系统中,所处理的串往往很长或很多。上面讨论的存储单元利用率定义为存储密度:

$$存储密度 = \frac{串值所占的存储位}{实际分配的存储位}$$

　　显然,存储密度小(如结点大小为 1 时),运算处理方便,但是占用存储量大。如果在串处理过程中需进行内外存交换,则会因为内外存交换操作过多而影响处理的总效率。应该看到,串的字符集的大小也是一个重要因素。一般地,字符集小,则字符的机内编码就短,这也影响了串值的存储方式的选取。如果存储密度大,则在串处理过程中进行内外存交换比较少,但是操作起来比结点大小为 1 时困难得多。例如,要删除图 4.12 中的字符'B',若结点大小为 1,则是一个简单的单链表的删除;若结点大小为 4,则在删除'B'后还必须将后面结点中的字符全部向前移动,如图 4.13 所示。

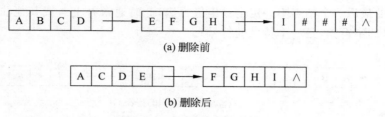

(a) 删除前

(b) 删除后

图 4.13   删除串中的字符

显然,当用块链结构存储串值时,虽然链表结构比较灵活,串长不受限制,但同样受到存储密度的制约,存在着结点大小取多大较合适的问题,从而使串的操作复杂化。

2)堆存储结构

由于顺序存储结构和链式存储结构在使用中各有其不足之处,因此,在很多实际应用的串处理系统中,采用了另一种动态存储结构。它的特点是:每个串的串值各自存储在一组地址连续的存储单元中,但它们的存储地址是在程序执行过程中动态分配而得到的。系统中将一个容量很大、地址连续的存储空间作为串值的可利用空间,每当建立一个新串时,系统就从这个可利用空间中分配一个大小和串长相等的空间,用于存储新串的串值。假设以一维数组

```
char store[maxsize];
```

表示可供串值进行动态分配的存储空间,其中 maxsize 表示连续空间的最大容量,并设整型变量 free 指示该存储空间中尚未进行分配区间的起始地址,则在程序执行过程中,每当产生一个串时,均可从这个起始地址起,为串值分配一个存储空间(除非尚未分配空间大小不足串长),同时建立一个串的描述符指示串的长度及其在数组 store 中的起始位置。例如在图 4.14 中,s 为已建立串值的串,free 为指示当前可分配空间起始地址的指针,其初值为 1。称这种存储结构为堆结构,其说明如下:

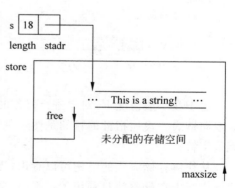

图 4.14   串的堆结构示意图

```
typedef struct strtp
{
    int curlen, * stadr;
};
```

其中,curlen 域指示串序列的长度,stadr 域指示串序列在 store 中的起始地址。借助这两个域可在这种存储结构的串名和串值之间建立起一个对应关系,称作串名的存储映像(或描述符)。存储映像可有其他形式,例如以链表存储串值时定义的串类型也是一种存储映像,它

以头指针指示串值序列的第一个字符,以尾指针和串长指示串值序列的最后一个字符。总之,无论设定什么形式都必须保证为访问串值提供足够的信息。所有串名的存储映像构成了一张为系统中所有串名和串值之间建立一一对应关系的符号表。例如图4.15所示为以顺序表表示的符号表,表中每个元素都是一个串的描述符,表示一个串。在C语言中,存在一个称为堆的自由空间,由动态分配函数malloc()分配一块实际串长所需的存储空间,如果分配成功,则返回这段空间的起始地址,作为串的基址。由free()释放串不再需要的空间。

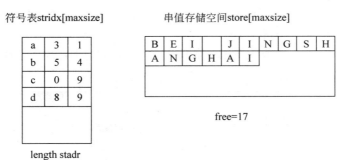

图4.15　串的存储映像示例

4.2.3　字符串基本操作的实现

实际应用中有很多串的操作。例如在用Word进行文字编辑的时候,若要选择文档中的一部分字符进行复制,就涉及"求子串"的操作;若要使用"查找"功能则涉及串的"求子串定位操作(匹配模式)"。虽然从逻辑结构来看,串是特殊的线性表,但是,从前面的讨论中可见,串的存储结构和线性表不同,串的基本操作和线性表也不同:一是它们的基本操作子集不同;二是线性表的操作通常以"数据元素"为操作对象,而串的操作主要以"串的整体"为操作对象。例如,对线性表的查找操作通常是在表中查找一个关键字等于给定值的元素,而对串的查找操作则是查找一个串。因此,实现串的基本操作有它自己的处理方法。串的基本运算有赋值、连接、求串长、求子串、求子串在主串中出现的位置、判断两个串是否相等、删除子串等。本节针对4.2.2节中定义的string类型的串,着重讨论用静态存储方式存储的串的操作。下面的算法示例尽可能以C语言的库函数表示其中的一些运算,若没有库函数,则用自定义函数说明。

1．串连接、求子串

串连接操作就是把两个串合并为一个串的操作。这个操作看起来非常简单,但是如果串的存储方式不一样,操作也可能有相应的区别。如采用链式存储时,只需要修改两个串的指针即可。但是若采用静态存储结构,由于事先分配给串的空间是不能改变的,所以如果两个串合并后长度有可能超过分配的存储空间大小,则必须做一些辅助工作。由于这里着重讨论用静态存储方式存储的串,串定义为其长度在一定范围内可变的字符型数组,因此访问串值可以直接通过串名(或串的标识符)进行。由于这种类型的串的长度的上界maxnum的值在常量说明中已被确定,而且在整个程序的执行中不可改变。因此这种类型的串的操作特点是：如果在操作中出现串值序列的长度超过上界 maxnum 时，约定用截尾法进行处理，即丢弃超出 maxnum 部分的字符序列。

1) 串的连接：Concat(l,s,t)

假设 l,s,t 都是 string 型的串的变量，且 l 为 s 连接 t 之后得到的串，则连接运算是将 s 和 t 的串值分别传送到 l 的相应位置上，超过 maxnum 的部分截断。其运算结果可能有 3 种情况：

① s. curlen＋t. curlen≤maxnum，如图 4.16(a)所示，得到的 l 串是正确的结果；

② s. curlen＋t. curlen＞maxnum 而 s. curlen＜maxnum，则将 t 的一部分截断，得到的 l 串只包含 t 的一个子串，如图 4.16(b)所示；

③ s. curlen＝maxnum，则得到的 l 串只是 s 一个串，如图 4.16(c)所示。

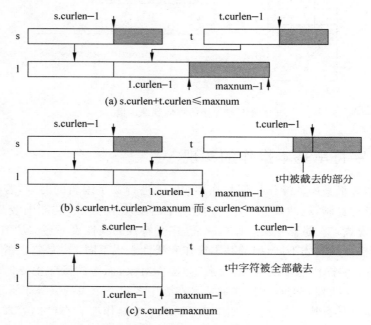

(a) s.curlen+t.curlen≤maxnum

(b) s.curlen+t.curlen>maxnum 而 s.curlen<maxnum

(c) s.curlen=maxnum

图 4.16　串的连接操作 CONCAT(l,s,t)示意图

根据上述 3 种情况可以得到算法 4.5。

算法 4.5　串连接算法

```
//返回 s 和 t 连接的结果,s 和 t 的值不变,当有串值超长时,用截尾法解决
void concat(string * s,string * t,string * l)
{
    int i,j;
    if (s-> length + t-> length <= maxnum)
    {
        for(i = 0;i < s-> length;i++)
            l-> ch[i] = s-> ch[i];
        for(j = 0;j < t-> length;j++,i++)
            l-> ch[i] = t-> ch[j];
        l-> length = s-> length + t-> length;
    }                                  //正常连接
```

```
    else
        if((s->length + t->length > maxnum) && (s->length < maxnum))
        {
            for(i = 0; i < s->length; i++)
                l->ch[i] = s->ch[i];
            for(j = 0; i < maxnum; j++, i++)
                l->ch[i] = t->ch[j];
            l->length = maxnum;
        }                                    //只连接 t 的子串
        else
            if(s->length == maxnum)
            {
                for(i = 0; i < maxnum; i++)
                    l->ch[i] = s->ch[i];
                l->length = maxnum;
            };                               //串 l 只含串 s
}
```

2) 求子串：SubStr(sub,s,start,len)

在后续的学习中,求子串将是经常碰到的操作之一,不妨现在就记住这个函数,在各种语言中其使用方法基本一致。这个函数将 s 串中从第 start 个字符开始长度为 len 的字符序列复制到 sub 中。

算法 4.6 求子串算法。

```
#define FALSE 0
#define TRUE 1
int SubStr(string * sub, string * s, int start, int len)
{
    //若 0≤start≤s->length-1 且 0≤len≤s.curlen-start+1,返回函数值 TRUE
    //否则 sub 为非法串,并返回函数值 FALSE,此处 start 为子串的开始下标,而不是位序号
    //下标 = 位序号 - 1
    int i;
    if((start >= 0 && start < s->length) && (len >= 0 && len <= s->length - start))
    {
        for(i = 0; i < len; i++)
            sub->ch[i] = s->ch[start + i];
        sub->length = len;
        return TRUE;
    }
    else
    {
        sub->length = -1;                    //串长等于 -1 表示非法串
        return FALSE;
    }
}
```

2. 求子串位置：串的模式匹配

1) 模式匹配的概念

设有两个串 S 和 P,如果 P 是 S 的子串,则将查找 P 在 S 中出现的位置的操作过程称为

模式匹配,称 S 为正文(text),称 P 为模式(pattern)。容易想到 P 完全有可能在 S 中多次出现,例如:S= 'ABCDEABCFGABC',P= 'ABC',显然,P 相继在 S 中出现了 3 次,因此把 P 在 S 中的首次出现的地方作为子串 P 在串 S 中的位置。

2) 求子串位置的定位函数(简单模式匹配):Index(s,t)

在 4.2.1 节,曾经借助串的其他基本操作给出了定位函数的一个算法(见算法 4.4)。根据算法 4.4 的基本思想,可以写出不依赖于其他操作的匹配算法,如算法 4.7 所示。

算法 4.7 串的模式匹配算法。

```
int Index_bf(string * s, string * t)
{  //Brute - Force算法思想 求模式串 t 在主串 s 中的定位函数
    int i = 0, j = 0;                        //指针初始化
    while ((i < s - > length)&&(j < t - > length))
    {
        if(s - > ch[i] == t - > ch[j])
        {
            i = i + 1; j = j + 1;
        }                                    //继续比较后继字符
        else
        {
            i = i - j + 1;
            j = 0;
        }                                    //指针后退重新开始匹配
    }
    if(j > = t - > length)
        return i - t - > length + 1;         //返回位序号
    else
        return - 1;
}
```

在算法 4.7 中,利用 i 和 j 分别指示正文 s 和模式 t 中当前正待比较的字符位置。算法的基本思想是:从正文 s 的第一个字符起和模式的第一字符比较,若相等,则继续逐个比较后续字符,否则从正文的第二个字符起再重新与模式的字符比较。以此类推,直至模式 t 中的每个字符依次和主串 s 中的一个连续的字符序列相等,则称匹配成功,函数值为与模式 t 中的每一个字符相等的字符在正文 s 中的序号;否则匹配不成功,函数值为零。

图 4.17 展示了模式 t = 'abcac'和正文 s 的匹配过程。

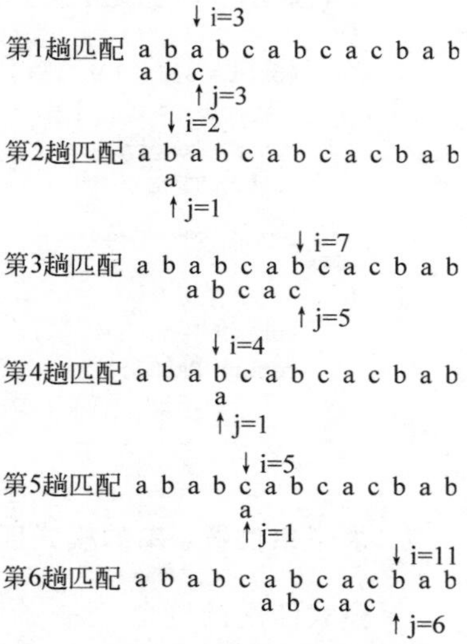

算法 4.7 的匹配过程易于理解,且在某些应用场合,如文本编辑等,效率也较高。例如,在检查模式'STRING'是否存在于正文'A STRING SEARCHING EXAMPLE CONSISTING OF SIMPLE TEXT'中时,上述算法中的 WHILE 循环次数(即进行单个字符比较的次数)为 41,恰好为(index+t-> length-1)+4。在这种情况下,此算法的时间复杂度为 $O(n+m)$。其中 n 和 m 分别为正

图 4.17 算法 4.7 的匹配过程

文和模式的长度。然而,在有些情况下,该算法的效率却很低。例如,当模式串为'00000001',而正文串为'00000000000000000000000001'时,由于模式中的前 7 个字符均为'0',而正文串中前 26 个字符均为'0',每趟比较都在模式的最后一个字符出现不等,此时需将指针 i 回溯到 i−6 的位置上,并从模式的第一个字符开始重新比较,整个匹配过程中指针 i 需回溯 45 次,则 WHILE 循环次数为 46 * 8(index * m)。可见,该算法在最坏情况下的时间复杂度为 $O(n * m)$。这种情况是由于 0、1 两种字符的文本串处理中经常出现,在正文串中可能存在多个和模式串"部分匹配"的子串,因而引起指针 i 的多次回溯所致。01 串可能出现在许多应用中,例如,一些计算机的图形显示就是把画面表示为一个 01 串,一页书就是由几百万个 0 和 1 组成的串,一个字符的 ASCII 码也可以看成八个二进位的 01 串,包括汉字存储在计算机中也是作为一个 01 串看待。在二进位计算机上实际处理的都是 01 串。

若对简单模式匹配算法加以改进:每趟匹配过程中若出现字符不等时,不回溯 i 指针,而是利用已经得到的"部分匹配"的结果将模式向右"滑动"一段距离后再继续比较,则能将模式匹配算法的时间控制在 $O(n+m)$ 数量级上,这就是 KMP 算法的主要思路。若要了解具体的算法,有兴趣的读者可以参看书后所列的参考文献。

3. 子串的插入和修改、串的置换操作

利用连接运算和求子串运算,不难实现对串的插入、删除和修改。

1) 插入操作

令 a='DATASTRUCTURE',如果要在串 a 的第 4 个字符和第 5 个字符间插入一个空格字符' ',可通过下述的基本串运算来完成。设 s 表示结果串,则有

s = Concat(SubStr(a,0,4),' ',SubStr(a,4,13))

2) 修改操作

设 a='BEIHAI',希望得到的结果串是'NANHAI',可通过先取子串再连接得到

a = Concat('NAN',SubStr(a,3,3));

3) 置换操作

置换操作是把串中的子串用另一个串来代替。

实现置换 Replace(a,b,c)的算法是:在 a 串中搜寻和 b 串相同的子串的位置,若有,则以 c 串取代这个子串,然后,再继续搜索,直到在 a 中找不到和 b 相同的子串为止。

运用上述串的基本运算,可以进行各种字符信息处理的工作。下面是一个简单的应用示例。

设有一篇用英文书写的文章,要求统计每个英文字母在文章中出现的频率。具体实现时,把文章看作一个串,用 text 表示,则可利用串的基本运算写出统计每个字母出现频率的算法,如算法 4.8 所示。

算法 4.8 统计各字母频率算法。

```
void Letter_Frequency(string * text)
{    //统计给定文本 text 中每个字母出现的频率
    char alph[] = {"abcdefghijklmnopqrstuvwxyz"};
    float freq[26] = {0};
```

```
        int total = 0;
        int n, i;
        n = len(text);
        string c;
        for(i = 0; i < n; i++)
        {
            SubStr(&c, text, i, 1);
            if(Index(alph, c) > 0)
            {
                total++;
                alph[(int)(c.ch[0] - 'a')]++;
            }
        }
        for(i = 0; i < 26; i++)
        {
            freq[i] = alph[i]/total;
            if(freq[i] != 0)
                printf("%c: %f\n", (char)(i + (int)'a'), freq[i]);
        }
    }
```

4.2.4　字符串的应用举例

文本编辑是串的一个很典型的应用。它被广泛用于各种源程序的输入和修改,也被应用于信函、报刊、公文、书籍的输入、修改和排版。文本编辑的实质就是修改字符数据的形式或格式。在各种文本编辑程序中,把用户输入的所有文本都作为一个字符串。尽管各种文本编辑程序的功能有强有弱,但是其基本的操作都是一致的,一般包括串的输入、查找、修改、删除、输出等。

作为串运算的应用举例,下面对文本编辑进行简单介绍。

在用计算机求解问题时,首先要编写程序,然后上机调试程序和运行程序,以获得结果。在调试和运行中,当发现程序不够理想或有错误时,则需进行修改。当然,修改工作可以手工进行,但很麻烦,而且使调试时间拖得很长。若利用计算机系统提供的文本编辑程序,则可以方便地完成各种修改工作。例如,如下程序:

```
100    void main()
101    {int a, b, s;
102    scanf("%f, %f", &a, &b);
103    s = a;
104    if(s < b) s = b;
105    s = s * s;
106    printf("s = %f", s);
107    }
```

将这个程序看作一个文本,编写程序就是进行文本编辑。文本编辑程序要求把文章划分为若干行,每行可以有一个或几个语句,如图 4.18 所示,图中↓为换行符号。在输入程序的同时,文本编辑程序先为文本串建立相应的页表和行表,即建立各子串的存储映像。串值存放在文本工作区,而将页号和该页中的起始行号存放在页表中;行号、串值的存储起始地址和串的长度记录在行表,由于使用了行表和页表,因此新的一页或一行可存放在文本工作区的任何一个自由区中,页表中的页号和行表中的行号是按递增的顺序排列的,如图 4.19 所示。

201

v	o	i	d		m	a	i	n	(	)	↓	{	i	n	t
a	,	b	,		s	;	↓	s	a	n	f	(	'	%	f
,	%	f	'		,	&	a	,		&	b	)	;	↓	S	=	a
;	↓	i	f	(	s	<	b	)	s	=	b	;	↓	s	=
s	*	s	;	↓	p	r	i	n	t	f	(	'	s	=	%
f	'	,	s	)	↓	}	↓								

图 4.18　文本示例

行号	起始地址	长度
100	201	12
101	213	12
102	225	21
103	246	5
104	251	12
105	263	7
106	270	17
107	287	2

图 4.19　行表示例

下面讨论文本编辑的过程。

首先,输入文本,与此同时,编辑程序将建立行表,假设此例的行号自 100 开始,每当给出一个行号,编辑程序就先检查行表。若给出的行号在行表中,则需要进行的处理为删除或修改;若给出的行号不在行表中,则为插入一个新行。

插入一行时,一方面,需要在文本末尾的空闲工作区写入该行的串值;另一方面,需要在行表中建立该行的信息。为了维持行号的由小到大的顺序,保证能迅速地查找行号,可能要移动行表中原有的一些行,以便插入新行号。例如,插入行号为 125,则行表从 125 开始的行号全部往下移动。

删除一行时,只要在行表中删除这个行号,就等于从文本中抹去这一行,因为对文本的访问是通过行表实现的。例如要删除第 140 行,则行表中从 140 起的行号全应往上移动,以覆盖掉行号 140 及其相应的信息。

更改文本时,应指明更改哪一行和哪些字符。编辑程序通过行表查到更改行的起始地址,从而在文本里搜索到待修改的字符(串)的位置,然后进行修改。一般有 3 种情况:

(1) 新的字符个数比原有的少,这时需要更改行表中的长度信息和文本中的字符;

(2) 新的字符个数和原有的相等,这时只需要修改文本中的字符即可;

(3) 新的字符个数比原有的多,这时,应检查本行与下一行之间是否有足够大的空闲空间,若有,则只需要修改行表中的长度信息和文本中的字符;若无,则需要另外分配空间,并更改行表中的起始地址和长度信息。

文本输出时,其格式应力求易读、美观大方。

关于文本编辑程序的各命令之具体算法,作为串运算的练习,留给读者自己去完成。

4.3　C++中的数组和字符串

4.3.1　C++中的数组

如前所述,数组是非常有用的数据结构,几乎所有的高级程序设计语言都提供了数组类型。矩阵是科学计算常用的数据结构,而稀疏矩阵又有其存储表示和实现的特殊性,本节利用 C++ 的数组,实现稀疏矩阵的存储及其转置操作。

例 4.1   稀疏矩阵类。

```
template < class T >
class SparseMatrix
{
  public:
      SparseMatrix(int maxRowSize, int maxColSize){};
      ~SparseMatrix(){};
      virtual void Add(const SparseMatrix < T > &B, SparseMatrix < T > &C) const;
      virtual void Mul(const SparseMatrix < T > &B, SparseMatrix < T > &C) const;
      virtual void Transpose(SparseMatrix < T > &B)const;
  private:
      int maxRows, maxCols;
};
```

例 4.2   行三元组表示的稀疏矩阵的 C++ 类。

```
template < class T >
class SeqTriple
{
public:
    SeqTriple(int mSize);
    ~SeqTriple(){ delete [] trip; };
    void Add(const SeqTriple < T > &B, SeqTriple < T > &C) const;
    void Mul(const SeqTriple < T > &B, SeqTriple < T > &C) const;
    void Transpose(SeqTriple < T > &B)const;
    friend istream &operator >>(istream &input, const SeqTriple < T > &);
    friend ostream &operator <<(ostream &output, const SeqTriple < T > &);
private:
    int maxSize;                          //最大元素个数
    int m,n,t;                            //稀疏矩阵的行数、列数和非零元素个数
    Term < T > * trip;                    //动态一维数组的指针
};
```

例 4.3   稀疏矩阵的快速转置。

```
template < class T >
void SeqTriple < T >::Transpose(SeqTriple < T > & B)const
{                                                    //将 this 转置赋给 B
    int * num = new int[n]; int * k = new int[n];    //为 num 和 k 分配空间
    B.m = n; B.n = m; B.t = t;
    if (t > 0){
        for (int i = 0; i < n; i++) num[i] = 0;      //初始化 num
        for (i = 0; i < t; i++) num[trip[i].col]++;  //计算 num
        k[0] = 0;
        for(i = 1; i < n; i++) k[i] = k[i-1] + num[i-1]; //计算 k
        for(i = 0; i < t; i++) {                     //扫描 this 对象的三元组表
            int j = k[trip[i].col]++;                //求 this 对象的第 i 项在 B 中的位置 j
            B.trip[j].row = trip[i].col;             //将 this 对象的第 i 项转置到 B 的位置 j
```

```
            B.trip[j].col = trip[i].row;
            B.trip[j].value = trip[i].value;
        }
    }
    delete [ ] num; delete [ ] k;
}
```

4.3.2　C++中的字符串

字符串是许多程序设计语言已实现的数据类型,C++语言也在 string.h 中提供了许多字符串处理函数。例 4.4 给出了字符串的 C++类定义,但只给出了其中部分的成员函数,可以根据需要加以扩充。

例 4.4　字符串类。

```
# include < string.h>
class string
{
public:
    string();
    string(const char * p);
    ~string(){delete [ ] str;}
    int find(int i,string &p);
private:
    int n;
    char * str;
};
string::string(const char * p)
{
    n = strlen(p);
    str = new char[n + 1];
    strcpy(str,p);
}
```

习题 4

1. 设有一个二维数组 A[m][n],假设 A[0][0]存放位置在 $644_{(10)}$,A[2][2]存放位置在 $676_{(10)}$,每个元素占一个地址空间,求 A[3][3]$_{(10)}$ 存放在什么位置?

分析:根据二维数组的地址计算公式 $LOC(i,j)=LOC(0,0)+[n*i+j]*s$,首先要求出数组第二维的长度,即 n 值。

2. 设稀疏矩阵采用十字链表结构表示,试写出实现两个稀疏矩阵相加的算法。

3. 简述下列每对术语的区别:空串和空格串;串变量和串常量;主串和子串;串名和串值。

4. 对于字符串的每个基本运算,讨论是否可用其他基本运算构造而得,如何构造。

5. 设串 s1 = 'ABCDEFG',s2 = 'PQRST',函数 con(x,y)返回 x 和 y 串的连接串,subs(s,i,j)返回串 s 的从序号 i 的字符开始的 j 个字符组成的子串,len(s)返回串 s 的长度,

则 con(subs(s_1,2,len(s_2)),subs(s_1,len(s_2),2)))的结果串是什么?

6. 设 s＝'I AM A STUDENT',t＝'GOOD',q＝'WORKER',求：Len(s),Len(t),SubStr(s,8,7),SubStr(t,2,1),Index(s,'A'),Index(s,t),Replace(s,'STUDENT',q)和Concat(substr(s,6,2),Concat(t,substr(s,7,8)))。

7. 试问执行以下过程会产生怎样的输出结果?

```
Demonstrate()
{
    Assign(s,'THIS IS A BOOK');
    Replace(s,SubStr(s,3,7),'ESE ARE');
    Assign(t,Concat(s,'S'));
    Assign(u,'XYXYXYXYXYXY');
    Assign(v,SubStr(u,6,3));
    Assign(w,'W');
    printf('t= % s v= % s u= % s %s',t,v,u,replace(u,v,w));
}
```

8. 已知 s＝'(XYZ)＋ * ',t＝'(X＋Z) * Y'。试利用连接、求子串和置换等运算,将 s 转化为 t。

9. 编写一个算法 void StrReplace(char * T,char * P,char * S),将 T 中首次出现的子串 P 替换为串 S。

注意：S 和 P 的长度不一定相等,可以使用已有的串操作。

10. 若 X 和 Y 是用结点大小为 1 的单链表表示的串,设计一个算法,找出 X 中第一个不在 Y 中出现的字符。

11. 在串的顺序存储结构上实现串的比较运算 StrCmp(S,T)。

12. 若 S 和 T 是用结点大小为 1 的单链表存储的两个串,试设计一个算法找出 S 中第一个不在 T 中出现的字符。

上机练习4

1. 稀疏矩阵运算器。

基本要求：以“带行逻辑链接信息”的三元组顺序表表示稀疏矩阵,实现两个矩阵相加、相减和相乘的运算。稀疏矩阵的输入形式采用三元组表示,而运算结果的矩阵则以通常的阵列形式列出。

2. 设计一个算法将串中所有的字符倒过来重新排列。

3. 采用顺序结构存储串,编写一个函数 index($s1$,$s2$),用于判断 $s2$ 是否是 $s1$ 的子串。若是,则返回其在主串中的位置,否则返回－1。

提示：设 s_1＝'$a_1 a_2 \cdots a_m$' ; s_2＝'$b_1 b_2 \cdots b_n$',从 s_1 中找出与 b_1 匹配的字符 a_i,若 a_i＝b_1,则判断是否 a_{i+1}＝b_2,…,a_{i+n-1}＝b_n,若都相等,s_2 为 s_1 的子串,否则继续比较 a_i 之后的字符。

4. 利用串的基本运算,编写一个算法删除串 s_1 中所有 s_2 子串。

提示：本题利用 index()函数和删除子串函数循环实现。

第 5 章

树

本章学习要点

（1）熟悉树和二叉树的递归定义、有关的术语及基本概念。

（2）熟练掌握二叉树的性质，了解相应的证明方法。

（3）熟练掌握二叉树的两种存储方法、特点及适用范围。

（4）遍历二叉树是二叉树的各种运算的基础，因此，不仅要熟练掌握各种次序的遍历算法，而且还要能灵活运用遍历算法，实现二叉树的其他各种运算。

（5）了解二叉树的线索化及其实质，是建立结点及其在相应次序（先根、中根或后根）下的前驱和后继之间的直接联系，目的是加速遍历过程，迅速查找给定结点在指定次序下的前驱和后继。

（6）熟练掌握树、森林与二叉树之间的转换方法。

（7）了解最优二叉树的特性，掌握建立最优二叉树和哈夫曼编码的方法。

线性结构用于描述数据元素间的线性关系，然而实际应用中数据元素之间的关系错综复杂，很难完全用线性关系来描述。从本章开始将讨论非线性的数据结构。树是一种典型的非线性的数据结构，它描述了客观世界中事物之间的层次关系，这种结构有着广泛的应用，一切具有层次关系的问题都可以用树来描述。例如：家族的家谱、各种社会机构的组织都呈现出树形的层次结构；在操作系统的文件系统中，用树来表示目录结构；在编译程序中，用树来表示源程序的语法结构等。

5.1　树的概念与操作

5.1.1　树的概念

1. 树（tree）的定义

首先，可以注意到，自然界中的树有树根、树枝（不妨称为子树）和树叶，由此可以给出以下关于树的定义。

定义 5.1　树是由 $n(n \geqslant 0)$ 个结点组成的有限集合，当 $n=0$ 时称为空树；否则，在任一非空树中：

（1）必有一个特定的称为根的结点；

（2）剩下的结点被分成 $m \geqslant 0$ 个互不相交的集合 $T_1, T_2, \cdots, T_m$，而且这些集合中的每一个又都是树。树 $T_1,T_2,\cdots,T_m$ 被称作根的子树。

　　显然,这是一个递归的定义,因为它用树自身来定义树。树的定义显示了树的固有特性：树中的每一个结点都是该树中的某一棵子树的根。在定义中,特别强调子树的互不相交特性,即每个结点只属于一棵树(或子树),只有一个双亲。图 5.1(a)表示只有一个结点的树,图 5.1(b)是一般的树,有 13 个结点。树还可有其他的表示形式,图 5.2 所示为图 5.1(b)中树的各类表示,其中图 5.2(a)是以嵌套集合的形式表示的(即是一些集合的集合;对于其中任意两个集合,或者不相交,或者一个包含另一个)；图 5.2(b)是以广义表的形式表示的；图 5.2(c)用的是凹入表示法(类似书的编目)。一般来说,分等级的分类方案都可用层次结构来表示,也就是说,都可表示为一个树结构。

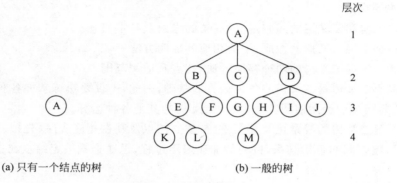

(a) 只有一个结点的树　　　　　(b) 一般的树

图 5.1　树的示例

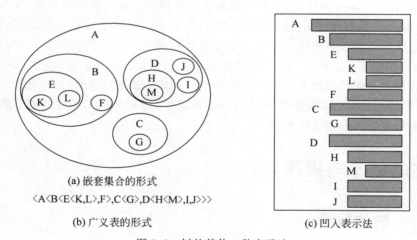

(a)嵌套集合的形式

〈A〈B〈E〈K,L〉,F〉,C〈G〉,D〈H〈M〉,I,J〉〉〉

(b)广义表的形式　　　　　(c)凹入表示法

图 5.2　树的其他 3 种表示法

2. 树的基本术语

下面给出树结构中的一些基本术语。

树包含若干个结点以及若干指向其子树的分支。

结点拥有的子树数称为结点的度(degree)。例如在图 5.1(b)中 A 的度为 3,C 的度为 1,F 的度为 0。

度为 0 的结点称为叶子(leaf)或终端结点。图 5.1(b)中的结点 K、L、F、G、M、I、J 都是树的叶子。度不为 0 的结点称为非终端结点或分支结点。除根结点之外,分支结点也称为内部结点。

树的度是树中各结点的度的最大值。如图 5.1(b)中树的度为 3。结点的子树的根称为该结点的孩子(child),相应地,该结点称为孩子的双亲(parent)。例如,在图 5.1(b)所示的树中,D 为 A 的子树的根,则 D 是 A 的孩子,而 A 则是 D 的双亲。

同一个双亲的孩子之间互称兄弟(sibling)。例如,在图 5.1(b)所示的树中,H、I 和 J 互为兄弟。

将这些关系进一步推广,可认为 D 是 M 的祖父。结点的祖先是从根到该结点所经分支上的所有结点,例如 M 的祖先为 A、D、H。反之,以某结点为根的子树中的任一结点都称为该结点的子孙,如 B 的子孙为 E、K、L 和 F。

结点的层次(level)从根开始定义起,根为第 1 层,根的孩子为第 2 层。若某结点在第 C 层,则其子树的根就在第 $C+1$ 层。

其双亲在同一层的结点互称为堂兄弟。例如,结点 G 与 E、F、H、I、J 互为堂兄弟。

树中结点的最大层次称为树的深度(depth)或高度。图 5.1(b)所示的树的深度为 4。

如果将树中结点的各子树看成从左至右是有次序的(即不能互换),则称该树为有序树,否则称为无序树。在有序树中最左边的子树的根称为第一个孩子,最右边的子树的根称为最后一个孩子。

森林(forest)是 $m(m \geqslant 0)$ 棵互不相交的树的集合。对树中每个结点而言,其子树的集合即为森林。

5.1.2　树的基本操作

树的基本操作有下列几种。

(1) 初始化操作:INITATE(T),置 T 为空树。

(2) 求根函数:ROOT(T)或 ROOT(x),求树 T 的根或求结点 x 所在的树的根结点。若 T 是空或 x 不在任何一棵树上,则函数值为"空"。

(3) 求双亲函数:PARENT(T,x),求树 T 中结点 x 的双亲结点,若结点 x 是树 T 的根结点或结点 x 不在树 T 中,则函数值为"空"。

(4) 求孩子结点函数:CHILD(T,x,i),求树 T 中结点 x 的第 i 个孩子结点,若结点 x 是树 T 的叶子或无第 i 个孩子或结点 x 不在树 T 中,则函数值为"空"。

(5) 求右兄弟函数:RIGHT_SIBLING(T,x),求树 T 中结点 x 右边的兄弟,若结点 x 是其双亲的最右边的孩子结点或结点 x 不在树 T 中,则函数值为"空"。

(6) 建树函数:CRT_TREE(x,F),生成一棵以 x 结点为根,以森林 F 为子树森林的树。

(7) 插入子树操作:INS_CHILD(y,i,x),置以结点 x 为根的树是结点 y 的第 i 棵子树,若原树中无结点 y 或结点 y 的子树个数小于 i−1,则为空操作。

(8) 删除子树操作:DEL_CHILD(x,y),删除结点 x 的第 i 棵子树,若无结点 x 或结点 x 的子树个数小于 i,则为空操作。

(9) 遍历操作:TRAVERSE(T),按某个次序依次访问树中各个结点,并使每个结点只被访问一次。

(10) 清除结构操作 CLEAR(T),将树 T 置为空树。

5.2   二叉树

树形结构和自然界的树一样具有各种各样的形态,这增加了研究树形结构的问题的复杂性。为此,首先定义并研究规范化的二叉树,讨论二叉树的性质、存储结构和运算,然后给出二叉树与一般树之间的转换规则,这样就解决了树的存储结构及其运算复杂性的问题。

5.2.1   二叉树的概念

1. 二叉树(binary tree)的定义

定义 5.2   二叉树是结点的有限集合,这个集合或者是空的,或者由一个根结点或两棵互不相交的称为左子树的和右子树的二叉树组成。

这个递归定义表明二叉树或者为空,或者是由一个根结点加上两棵分别称为左子树和右子树的互不相交的二叉树组成。由于这两棵子树也是二叉树,则由二叉树的定义,它们也可以是空树。由此,二叉树可以有五种基本形态,如图 5.3 所示。

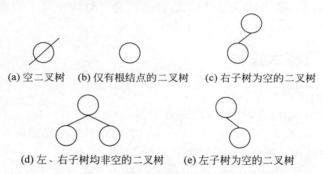

(a) 空二叉树   (b) 仅有根结点的二叉树   (c) 右子树为空的二叉树

(d) 左、右子树均非空的二叉树   (e) 左子树为空的二叉树

图 5.3   二叉树的五种基本形态

二叉树的特点是:树中的每个结点最多只能有两棵子树,即树中任何结点的度数不大于 2;二叉树的子树有左、右之分,而且,子树的左、右次序是重要的,即使在只有一棵子树的情况下,也应分清是左子树还是右子树。

前面引入的有关树的术语也都适用于二叉树。

为了说明二叉树的性质,下面先给出满二叉树和完全二叉树的定义。

定义 5.3   一棵深度为 k 的满二叉树,是有 2^k-1 个结点的深度为 k 的二叉树。

2^k-1 个结点是二叉树所具有的最大结点个数。例如,图 5.4 所示为一棵深度为 4 的满二叉树。为便于访问满二叉树的结点,对满二叉树从第 1 层的结点(即根)开始,自上而下,从左到右,按顺序给结点编号,便得到满二叉树的一个顺序表。

定义 5.4   一棵具有 n 个结点,深度为 k 的二叉树,当且仅当其所有结点对应于深度为 k 的满二叉树中编号由 $1\sim n$ 的那些结点时,该二叉树便是完全二叉树。

若用一个一维数组 tree 来表示完全二叉树,则其编号为 i 的结点对应于数组元素 tree$[i]$。图 5.5 所示为一棵完全二叉树。

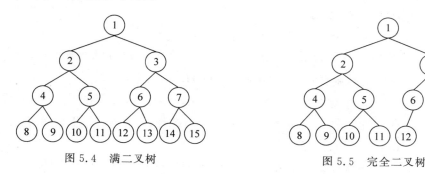

图 5.4 满二叉树   图 5.5 完全二叉树

2. 二叉树的基本操作

与树的基本操作相类似,二叉树有如下一些基本操作。

(1) 初始化操作:INITATE(BT),置 BT 为空树。

(2) 求根函数:ROOT(BT) 或 ROOT(x),求二叉树 BT 的根结点或求结点 x 所在二叉树的根结点,若 BT 是空树或 x 不在任何二叉树上,则函数值为"空"。

(3) 求双亲函数:PARENT(BT,x),求二叉树 BT 中结点 x 的双亲结点,若结点 x 是二叉树 BT 的根结点或二叉树 BT 中无 x 结点,则函数值为"空"。

(4) 求孩子结点函数:LCHILD(BT,x) 和 RCHILD(BT,x),分别求二叉树 BT 中结点 x 的左孩子和右孩子结点,若结点 x 为叶子结点或不在二叉树 BT 中,则函数值为"空"。

(5) 求兄弟函数:LSIBLING(BT,x) 和 RSIBLING(BT,x),分别求二叉树 BT 中结点 x 的左兄弟和右兄弟结点;若结点 x 是根结点,或不在 BT 中,或是其双亲的左/右子树根,则函数值为"空"。

(6) 建树操作:CRT_BT(x,LBT,RBT),生成一棵以结点 x 为根,以二叉树 LBT 和 RBT 为左、右子树的二叉树。

(7) 插入子树操作:INS_LCHILD(BT,y,x) 和 INS_RCHILD(BT,y,x),将以结点 x 为根且右子树为空的二叉树分别置为二叉树 BT 中结点 y 的左子树和右子树,若结点 y 有左子树/右子树,则插入后 y 的左子树/右子树成为结点 x 的左子树/右子树。

(8) 删除子树操作:DEL_LCHILD(BT,x) 和 DEL_RCHILD(BT,x),分别删除二叉树 BT 中以结点 x 为根的左子树或右子树,若 x 无左子树或右子树,则为空操作。

(9) 遍历操作:TRAVERSE(BT),按某个次序依次访问二叉树中各个结点,并使每个结点只被访问一次。

(10) 清除结构操作:CLEAR(BT),将二叉树 BT 置为空树。

在已知二叉树的逻辑结构和运算后就可以定义二叉树的抽象数据类型。ADT5.1 是二叉树的抽象数据类型描述,其中只包含最常见的二叉树运算。

ADT5.1   二叉树 ADT

ADT BTree{

数据对象:

$$D = \{a_i \mid a_i \in 元素集合, i=1,2,\cdots,n,n \geqslant 0\}$$

数据关系 R：

若 $D=\varnothing$，则 $R=\varnothing$，称 BTree 为空二叉树。

若 $D\neq\varnothing$，则 $R=\{H\}$，H 是如下二元关系。

(1) 在 D 中存在唯一的称为根的数据元素 root，它在关系 H 下无前驱。

(2) 若 $D-\{root\}\neq\phi$，则存在 $D-\{root\}=\{D_l,D_r\}$，且 $D_l \bigcap D_r=\phi$。

(3) 若 $D_l\neq\phi$，则 D_l 中存在唯一的元素 x_l，$\langle root,x_l\rangle \in H$，且存在 D_l 上的关系 $H_l\subset H$；若 $D_r\neq\phi$，则 D_r 中存在唯一的元素 x_r，$\langle root,x_r\rangle \in H$，且存在 D_r 上的关系 $H_r\subset H$；$H=\{\langle root,x_l\rangle,\langle root,x_r\rangle,H_l,H_r\}$。

(4) $(D_l,\{H_l\})$ 是一棵符合本定义的二叉树，称为根的左子树。$(D_r,\{H_r\})$ 是一棵符合本定义的二叉树，称为根的右子树。

基本操作：

creat()：创建一个空二叉树。

destroy()：撤销一个二叉树。

isempty()：若二叉树空，则返回 1；否则返回 0。

clear()：移去所有结点，成为空二叉树。

root(x)：若二叉树非空，则 x 为根的值，并返回 1，否则返回 0。

maketree(x,left,right)：构造一棵二叉树，根的值为 x，以 left 和 right 为左、右子树。

breaktree(x,left,right)：拆分二叉树为三部分，x 为根的值，以 left 和 right 分别为原树的左右子树。

preorder(visit)：使用函数 visit()访问结点，先根遍历二叉树。

inorder(visit)：使用函数 visit()访问结点，中根遍历二叉树。

postorder(visit)：使用函数 visit()访问结点，后根遍历二叉树。

}ADT BTree

5.2.2 二叉树的性质

二叉树具有下列重要性质。

性质 5.1 在二叉树的第 i 层上至多有 2^{i-1} 个结点($i\geqslant 1$)。

利用归纳法容易证得此性质。

当 $i=1$ 时，只有一个根结点。显然，$2^{i-1}=2^0=1$ 是对的。

现假设对所有的 j，$1\leqslant j<i$，命题成立，即第 j 层上至多有 2^{j-1} 个结点。那么可以证明 $j=i$ 时命题成立。

由此归纳假设：第 $i-1$ 层上至多有 2^{i-2} 个结点。由于二叉树的每个结点的度至多为 2，故在第 i 层上的最大结点数为第 $i-1$ 层上的最大结点数的 2 倍，即 $2*2^{i-2}=2^{i-1}$。

性质 5.2 深度为 $k(k\geqslant 1)$ 的二叉树至多有 2^k-1 个结点。

由性质 5.1 可见，深度为 k 的二叉树的最大结点数为

$$\sum_{i=1}^{k}(第\ i\ 层上的最大结点数)=\sum_{i=1}^{k}2^{i-1}=2^k-1$$

性质5.3 对任何一棵二叉树 T,如果其终端结点数为 n_0,度为 2 的结点数为 n_2,则 $n_0 = n_2 + 1$。

设 n_1 为二叉树 T 中度为 1 的结点数。因为二叉树中所有结点的度均小于或等于 2,所以其结点总数为

$$n = n_0 + n_1 + n_2 \tag{5.1}$$

再看二叉树中的分支数。除根结点外,其余结点都有一个分支进入,设 B 为分支数,则 $n = B + 1$。由于这些分支是由度为 1 或 2 的结点引出的,所以又有 $B = n_1 + 2n_2$。于是得

$$n = n_1 + 2n_2 + 1 \tag{5.2}$$

由式(5.1)和式(5.2)可得

$$n_0 = n_2 + 1$$

性质5.4 具有 n 个结点的完全二叉树的深度为 $\lfloor \log_2 n \rfloor + 1$。

证明:假设深度为 k,则根据性质 5.2 和完全二叉树的定义有

$$2^{k-1} - 1 < n \leqslant 2^k - 1$$

或

$$2^{k-1} \leqslant n < 2^k$$

于是

$$k - 1 \leqslant \text{lb} n < k$$

因为 k 是整数,所以

$$k = \lfloor \text{lb} n \rfloor + 1$$

性质5.5 如果对一棵有 n 个结点的完全二叉树(其深度为 $\lfloor \text{lb} n \rfloor + 1$)的结点按层序号编号(从第 1 层到 $\lfloor \text{lb} n \rfloor + 1$ 层,每层从左到右),则对任一结点 $i(1 \leqslant i \leqslant n)$,有

(1) 如果 $i = 1$,则结点 i 是二叉树的根,无双亲;如果 $i > 1$,则双亲是结点 $i/2$。

(2) 如果 $2i > n$,则结点 i 无左孩子(结点 i 为叶子结点);否则其左孩子是结点 $2i$。

(3) 如果 $2i + 1 > n$,则结点 i 无右孩子;否则其右孩子是结点 $2i + 1$。

只要先证明(2)和(3),便可从(2)和(3)导出(1)。

对于 $i = 1$,由完全二叉树的定义,其左孩子是结点 2,若 $2 > n$,即不存在结点,此时,结点 i 无左孩子。结点 1 的右孩子也只能是结点 3,若结点 3 不存在,即 $3 > n$,此时,结点 i 无右孩子。

对于 $i > 1$,可分两种情况讨论。

(1) 设第 $j(1 \leqslant j \leqslant \lfloor \text{lb} n \rfloor)$ 层的第一个结点的编号为 i(由二叉树的定义和性质 5.2 可知 $i = 2^{j-1}$),则左孩子必为第 $j + 1$ 层的第一个结点,其编号为 $2^j = 2(2^{j-1}) = 2i$,若 $2i > n$,则无左孩子;其右孩子必为第 $j + 1$ 层的第二个结点,其编号为 $2i + 1$,若 $2i + 1 > n$,则无右孩子。

(2) 假设第 $j(1 \leqslant j \leqslant \lfloor \text{lb} n \rfloor)$ 层上某个结点的编号为 $i(2^{j-1} \leqslant i < 2^j - 1)$,且 $2i + 1 < n$,则左孩子为 $2i$,右孩子为 $2i + 1$。又编号为 $i + 1$ 的结点是编号为 i 的结点的右兄弟或者堂兄弟,若它有左孩子,则编号必为 $2i + 2 = 2(i + 1)$,若它有右孩子,则编号必为 $2i + 3 = 2(i + 1) + 1$。

图 5.6 所示为完全二叉树中结点及其左、右孩子结点间的关系。

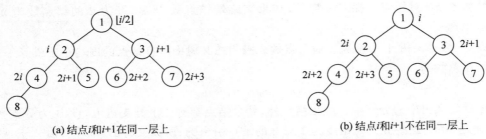

(a) 结点i和$i+1$在同一层上　　　　　　　　(b) 结点i和$i+1$不在同一层上

图 5.6　完全二叉树中结点及其左、右孩子结点间的关系

5.2.3　二叉树的存储结构及其实现

1. 顺序存储结构

用一组连续的存储单元存储二叉树的数据元素,将二叉树中编号为 i 的结点的数据元素存放在分量 tree[$i-1$]中,如图 5.7 所示。对于图 5.5 中的完全二叉树,可以用向量(一维数组)tree[0..11]作为它的相应存储结构;对于如图 5.8 所示的一般二叉树,其顺序存储结构如图 5.9 所示。

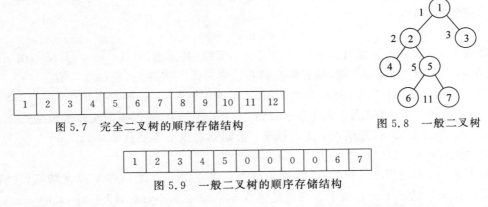

1	2	3	4	5	6	7	8	9	10	11	12

图 5.7　完全二叉树的顺序存储结构

图 5.8　一般二叉树

1	2	3	4	5	0	0	0	0	0	6	7

图 5.9　一般二叉树的顺序存储结构

根据完全二叉树的特性,结点在向量中的相对位置蕴含着结点间的关系,如 tree[i]的双亲为 tree[$(i+1)/2-1$],而其左、右孩子则分别为 tree[$2i$]和 tree[$2i+1$]中。显然,这种顺序存储结构仅适于完全二叉树,因为在顺序存储结构中,仅以结点在向量中的相对位置表示结点之间的关系,因此,一般的二叉树也必须应按完全二叉树的形式来存储,这就有可能造成存储空间的浪费。如图 5.8 所示的一般二叉树,其存储结构如图 5.9 所示,图中"0"表示不存在此结点。在最坏的情况下,一个深度为 k 且只有 k 个结点的单支树(树中无度为 2 的结点)却需 2^k-1 个存储分量。

2. 链式存储结构

由二叉树的定义可知,二叉树的结点由一个数据元素和分别指向其左、右子树的两个分支构成,如图 5.10(a)所示。也就是说,二叉树的链表中的结点至少包含三个域:数据域和左、右指针域,如图 5.10(b)所示。但是,设计不同的结点结构可构成不同形式的链式存储结构。有时，为了便于找到结点的双亲，还可以在结构中增加一个指向其双亲结点的指针域，如图 5.10(c)所示。利用这两种结点结构所得二叉树的存储结构分别称为二叉链表和三叉链表，如图 5.11 所示。链表的头指针指向二叉树的根结点。

在不同的存储结构中实现二叉树的操作方法也不同，如查找结点 x 的双亲 parent(tree, x)，在三叉链表中很容易实现，而在二叉链表中则需从根结点出发巡查。由此，在具体应用中采用什么存储结构，除考虑二叉树的形态之外还应考虑需要进行何种操作。

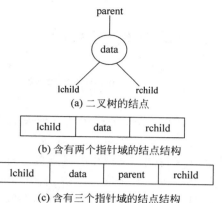

(a) 二叉树的结点

(b) 含有两个指针域的结点结构

(c) 含有三个指针域的结点结构

图 5.10 二叉树的结点及其存储结构

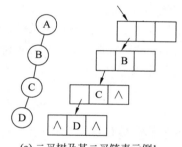

(a) 二叉树及其二叉链表示例1

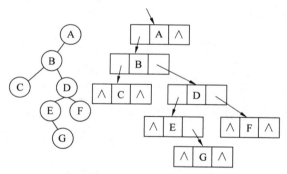

(b) 二叉树及其二叉链表示例2

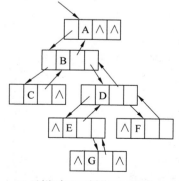

(c) 示例2中二叉树的三叉链表

图 5.11 二叉树的链式存储结构

5.3　二叉树的遍历

5.3.1　递归的遍历算法

遍历(traversal)是树的一种最基本的运算。所谓遍历二叉树,就是按一定的规则和次序走遍二叉树的所有结点,使得每个结点都被访问一次,而且只被访问一次。遍历二叉树的目的在于得到二叉树中各结点的一种线性序列,使非线性的二叉树线性化,从而简化有关的运算和处理。对于线性结构,遍历的问题十分简单,因其结构本身就是线性的。但二叉树是非线性的,要得到树中各结点的一种线性序列就不那么容易。因为从二叉树的任意结点出发,既可向左走,也可向右走,存在两种可能。所以,必须为遍历确定一个完整而有规则的走法,以便按同样的方法处理每个结点及其子树。

二叉树的基本结构形态如图 5.3 所示,如果用 L、D、R 分别表示遍历左子树、访问根结点、遍历右子树,并遵循先左后右的规则,那么,遍历二叉树可以有三种不同的走法:DLR、LDR、LRD。分别称为先根遍历、中根遍历、后根遍历。三种走法的定义如下。

1. 先根遍历(DLR)

若二叉树为空,则返回,否则依次执行以下操作:
访问根结点;
按先根遍历左子树;
按先根遍历右子树;
返回。

2. 中根遍历(LDR)

若二叉树为空,则返回,否则依次执行以下操作:
按中根遍历左子树;
访问根结点;
按中根遍历右子树;
返回。

3. 后根遍历(LRD)

若二叉树为空,则返回,否则依次执行以下操作:
按后根遍历左子树;
按后根遍历右子树;
访问根结点;
返回。

根据上述描述,对于图 5.5 所示的二叉树:
按先根遍历,得到的结点序列是 1,2,4,8,9,5,10,11,3,6,12,7;
按中根遍历,得到的结点序列是 8,4,9,2,10,5,11,1,12,6,3,7;

按后根遍历,得到的结点序列是8,9,4,10,11,5,2,12,6,7,3,1。

对于图5.4所示的二叉树:

按先根遍历得到的结点序列是1,2,4,8,9,5,10,11,3,6,12,13,7,14,15;

按中根遍历得到的结点序列是8,4,9,2,10,5,11,1,12,6,13,3,14,7,15;

按后根遍历得到的结点序列是8,9,4,10,11,5,2,12,13,6,14,15,7,3,1。

显然,先根遍历、中根遍历和后根遍历这些术语本身,就反映着根结点相对于其子树的位置关系。

遍历算法的语言描述形式随存储结构的不同而不同。若定义二叉树的存储结构为如下说明的二叉链表:

```
typedef int datatype;
struct bnodept
{
    datatype data;
    struct bnodept * lchild, * rchild;
};
typedef struct bnodept * bitreptr;
```

则三种遍历的递归算法如下。

算法5.1　　二叉树的先根遍历递归算法。

```
//按先根遍历二叉树t,t的每个根结点有三个域:lchild,data,rchild
void preorder(bitreptr t)
{
    if(t)                        //为非空二叉树
    {
        visit(t->data);          //访问根结点
        preorder(t->lchild);     //先根遍历左子树
        preorder(t->rchild);     //先根遍历右子树
    }
}
```

算法5.2　　二叉树的中根遍历递归算法。

```
//按中根遍历二叉树t,t的每个结点有三个域:lchild,data,rchild
void inorder(bitreptr t)
{
    if(t)
    {
        inorder(t->lchild);
        visit(t->data);
        inorder(t->rchild);
    }
}
```

算法5.3　　二叉树的后根遍历递归算法。

```
//按后根遍历二叉树t,t的每个结点有三个域:lchild,data,rchild
void postorder(bitreptr t)
{
```

```
if(t)
{
    postorder(t->lchild);
    postorder(t->rchild);
    visit(t->data);
}
}
```

例如,图 5.12 所示的二叉树表示下述表达式

$$a + b * (c - d) - e/f$$

若先根遍历图 5.12 所示的二叉树,按访问结点的
先后次序将结点排列起来,可得二叉树的先根序列为:

$$- + a * b - cd/ef \qquad (5.3)$$

类似地,中根遍历图 5.12 所示的二叉树,可得此
二叉树的中根序列为:

$$a + b * c - d - e/f \qquad (5.4)$$

后根遍历图 5.12 所示的二叉树的序列为:

$$abcd - * + ef/ - \qquad (5.5)$$

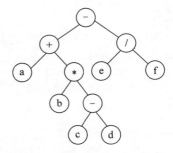

图 5.12   表达式(a+b*(c-d)-e/f)
的二叉树

从表达式来看,以上三个序列恰好为表达式的前缀表示(波兰式)、中缀表示和后缀表示
(逆波兰式)。

从上述二叉树遍历的定义可知,三种遍历算法的不同之处仅在于访问根结点和遍历左、
右子树的先后次序不同。如果在算法中暂且抹去与递归无关的 visit 语句,则三个遍历算法
完全相同。因此,从递归执行的过程角度来看,先根、中根和后根遍历也是完全相同的。
图 5.13(b)中用带箭头的虚线表示了这三种遍历算法的递归执行过程。其中向下的箭头表
示更深一层的递归调用,向上的箭头表示从递归调用退出返回,虚线旁的字符表示了中根遍
历二叉树过程中访问结点时输出的信息。由于中根遍历中访问根结点是在遍历左子树之
后、遍历右子树之前进行的,则带圆形的字符标在向左递归返回和向右调用之间。由此,只
要沿虚线从 1 出发到 2 结束,将沿途所见的圆形内的字符记下,便得到二叉树的中根序列,
例如,从图 5.13(b)可得图 5.13(a)所示表达式的中根序列为:a * b-c。

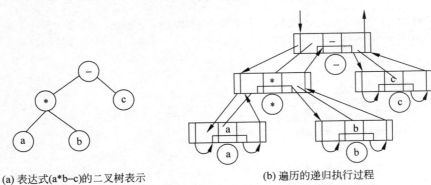

(a) 表达式(a*b-c)的二叉树表示   (b) 遍历的递归执行过程

图 5.13   三种遍历过程示意图

执行一个递归程序,需要借助栈的作用,因此可以直接使用栈,把上面的递归算法改写
成一个等价的非递归算法。

在遍历二叉树的过程中,通过根结点可以立刻找到它的左孩子(即左子树的根结点)和右孩子(即右子树的根结点),但不能直接从左孩子或右孩子到达它的双亲,除非重新从二叉树的根开始扫描。对于前根遍历二叉树而言,在访问根结点之后,可以直接到达左子树进行遍历;在左子树遍历完毕之后,还必须设法从左子树返回到根结点,再到达它的右子树进行遍历。因此,在从根结点走向左子树之前,必须将根结点的指针送入一个栈中暂存起来。这样,在左子树遍历完毕之后,再从栈中取回根结点的指针,便得到了根结点的地址,再走向右子树进行遍历。

算法 5.4 前根遍历二叉树的非递归算法。

```
void preorder(bitreptr t)
{
    bitreptr stack[MAX + 1];          //顺序栈
    int top = 0;                       //栈顶指针
    do
    {
        while(t)
        {
            visit(t -> data);          //访问根结点
            if(top == MAX)             //栈已满
            {
                printf("stack full");
                return;                //不能再遍历下去
            }
            stack[++top] = t;          //根指针进栈
            t = t -> lchild;           //移向左子树
        }
        if(top!= 0)                     //栈中还有根指针
        {
            t = stack[top -- ];        //取出根指针
            t = t -> rchild;           //移向右子树
        }
    }while(top!= 0||t!= NULL);          //栈非空或为非空子树
}
```

对二叉树进行遍历的搜索路径除了按先根、中根或后根外,还可以从上到下、从左到右按层次进行。

显然,遍历二叉树的算法中的基本操作是访问根结点,无论按哪一种次序进行遍历,对含 n 个结点的二叉树,其时间复杂度均为 $O(n)$。所需辅助空间为遍历过程中栈的最大容量,即树的深度,最坏情况下为 n,则空间复杂度也为 $O(n)$。遍历时也可采用二叉树的其他存储结构,如带标志域的三叉链表,此时因存储结构中已存储遍历所需的足够信息,则遍历过程中不需另设栈。另外,采用带标志域的二叉链表做存储结构,并在遍历过程中利用指针域暂存遍历路径,也可省略栈的空间,但这样做将使时间上有很大损失。

5.3.2　二叉树遍历操作应用举例

遍历是二叉树各种操作的基础,可以在遍历过程中对结点进行各种操作,如对于一棵已知二叉树可求结点的双亲、求结点的孩子结点、判定结点所在层次等,反之,也可以在遍历过程中生成结点,建立二叉树的存储结构。

(1) 求二叉树中以值为 x 的结点为根的子树的深度。

算法 5.5   求二叉树中值为 x 的结点为根的子树的深度算法。

```
//求子树深度的递归算法
int Get_Depth(bitreptr T)
{
    int m,n;
    if(!T) return 0;                    //递归函数有返回值时注意对每个分支赋值
    else
    {
        m = Get_Depth(T -> lchild);
        n = Get_Depth(T -> rchild);
        return (m > n?m:n) + 1;
    }
}
//求二叉树中以值为 x 的结点为根的子树深度
void Get_Sub_Depth(bitreptr T, datatype x)
{
    if(T -> data == x)
    {
        printf("% d\n",Get_Depth(T));     //找到了值为 x 的结点,求其深度
        exit(1);
    }
    else
    {
        if(T -> lchild)
            Get_Sub_Depth(T -> lchild,x);
        if(T -> rchild)
            Get_Sub_Depth(T -> rchild,x); //在左、右子树中继续寻找
    }
}
```

(2) 在二叉树中求指定结点的层数。

算法 5.6   在二叉树中求指定结点的层数算法。

```
//在二叉树 root 中求值为 ch 的结点所在的层数
int preorder(bitreptr root,datatype ch)
{
    int lev,m,n;
    if(root == NULL)
        lev = 0;                          //空树
    else if (root -> data == ch)
        lev = 1;                          //ch 所在结点为根结点
        else
        {
            m = preorder(root -> lchild,ch); //在左子树中查找 ch 所在结点
            n = preorder(root -> rchild,ch); //在右子树中查找 ch 所在结点
            if (m == 0&&n == 0) lev = 0;    //在左、右子树中查找失败
            else lev = ((m > n)?m:n) + 1;   //在左子树或右子树中查找成功时,层数加 1
        }
    return(lev);
}
```

（3）按先根序列建立二叉树的二叉链表。

对图 5.11(b)所示的二叉树，按下列次序顺序读入字符，其中＃作为结束标志。

$$A B C \# \# D E \# G \# \# F \# \# \#$$

算法 5.7 按先根序列建立二叉树的二叉链表算法。

```
//按先根序列建立二叉树的二叉链表.函数的返回值指向根结点
bitreptr crt_bt_pre()
{
    char ch;
    bitreptr bt;
    ch = getchar();                               //从键盘上输入一个字符
    if (ch == '＃') return(NULL);                 //＃作为结束标志
    else
    {
        bt = (bitreptr)malloc(sizeof(struct bnodept));    //产生新结点
        bt -> data = ch;
        bt -> lchild = crt_bt_pre();
        bt -> rchild = crt_bt_pre();
        return (bt);
    }
}
```

（4）求二叉树的叶子数。

可以将此问题视为一种特殊的遍历问题，这种遍历中"访问一个结点"的具体内容为判断该结点是不是叶子，若是则将叶子数加 1。显然可以采用任何遍历方法，这里用先根遍历。

算法 5.8 求二叉树的叶子数算法。

```
//先根遍历根指针为 root 的二叉树以计算其叶子数
int countleaf(bitreptr root)
{
    int i;
    if(root == NULL)
        i = 0;
    else if((root -> lchild == NULL)&&(root -> rchild == NULL))
        i = 1;
    else
        i = countleaf(root -> lchild) + countleaf(root -> rchild);
    return(i);
}
```

5.4 线索二叉树

5.4.1 线索二叉树的定义

当用二叉链表作为二叉树的存储结构时，由于每个结点中只有指向其左、右孩子结点的指针域,所以从任一结点出发只能直接找到该结点的左、右孩子,一般情况下无法直接找到该结点在某种遍历序列中的前驱和后继结点。为此,若在每个结点中增加两个指针域来存放遍历时得到的前驱和后继信息,则将大大降低存储空间的利用率。由于在 n 个结点的二叉链表中含有 $n+1$ 个空指针域,因此可以利用这些空指针域,存放指向结点在某种遍历次序下的前驱和后继结点的指针,这种附加的指针称为线索,加上了线索的二叉链表称为线索链表,相应的二叉树称为线索二叉树(threaded binary tree)。

为了区分一个结点的指针域是指向其孩子的指针,还是指向其前驱或后继的线索,可在每个结点中增加两个标志域,这样,线索链表中的结点结构为:

lchild	ltag	data	rtag	rchild

其中:左标志 ltag=0 表示 lchild 是指向结点的左孩子的指针;否则,为指向结点的前驱的左线索。右标志 rtag=0 表示 rchild 是指向结点的右孩子的指针;否则,为指向结点的后继的右线索。

如图 5.14(a)所示的中根线索二叉树,它的线索链表见图 5.14(b)。图中的实线表示指针,虚线表示线索。结点 C 的左线索为空,表示 C 是中根序列的开始结点,它没有前驱;结点 E 的右线索为空,表示 E 是中根序列的终端结点,它没有后继。显然在线索二叉树中,一个结点是叶子结点的充要条件是:它的左、右标志均是 1。

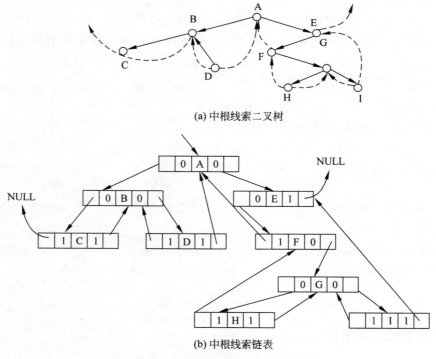

(a) 中根线索二叉树

(b) 中根线索链表

图 5.14 中根线索二叉树及其存储结构

将二叉树转换为线索二叉树的过程称为线索化。按某种次序将二叉树线索化,只要按该次序遍历二叉树,在遍历过程中用线索取代空指针即可。为此,附加一个指针 pre 始终指向刚访问过的结点,而指针 p 指向当前正在访问的结点。显然结点 * pre 是结点 * p 的前驱,而 * p 是 * pre 的后继。下面给出将二叉树按中根线索化的算法。该算法与中根遍历算法类似,只需要将遍历算法中访问结点 * p 的操作具体化为在 * p 及其中根前驱 * pre(若 pre! = NULL)之间建立线索的操作即可。显然 pre 的初值应为 NULL。

算法 5.9 二叉树中根线索化算法。

```
typedef int datatype;
typedef enum {link,thread} pointertag;          //枚举值 link 和 thread 分别为 0,1
typedef struct node
{
  datatype data;
  pointertag ltag,rtag;                         //左、右标志
  struct node * lchild, * rchild;
}binthrnode;
typedef binthrnode * binthrtree;
binthrnode * pre = NULL;                         //全局变量
void in_thread(binthrtree p)
{
    if(p)                                       //p 非空时,当前访问结点是 * p
  {
      in_thread(p->lchild);                     //左子树线索化
    //以下直至右子树线索化之前相当于遍历算法中访问结点的操作
      p->ltag = (p->lchild)?link:thread;
      //左指针非空时左标志为 link(即为 0),否则为 thread(即 1)
    p->rtag = (p->rchild)?link:thread;
    if (pre)                                    //若 * p 的前驱 * pre 存在
      {  if(pre->rtag == thread)                // * p 的前驱右标志为线索
           pre->rchild = p;                     //令 * pre 的右线索指向中根后继
         if(p->ltag == thread)                  // * p 的左标志为线索
           p->lchild = pre;                     //令 * p 的左线索指向中根前驱
      }
      pre = p;                                  //令 pre 时下一访问结点的中根前驱
      in_thread(p->rchild);
  }
}
```

显然,和中根遍历算法一样,递归过程中对每个结点仅做一次访问,因此对于 n 个结点的二叉树,算法的时间复杂度也为 $O(n)$。

类似地可得前根线索化和后根线索化算法。

5.4.2 线索二叉树的常用运算

下面介绍线索二叉树上两种常用的运算。

1. 查找某结点 * p 在指定次序下的前驱和后继结点

在中根线索二叉树中,查找结点 * p 的中根线索后继结点分以下两种情形。

(1) 若 * p 的右子树为空(即 p-> rtag 为 thread),则 p-> rchild 为右线索,直接指向 * p

的中根后继。例如,图 5.14 中 D 的中根后继是 A。

（2）若 *p 的右子树非空（即 p-> rtag 为 link）,则 *p 的中根后继必是其右子树中第一个中根遍历到的结点,也就是从 *p 的右孩子开始,沿该孩子的左链往下查找,直到找到一个没有左孩子的结点为止。该结点是 *p 的右子树中最左下的结点,它就是 *p 的中根线索后继结点。如图 5.15 所示,*p 的中根线索后继结点是 $R_k(k \geqslant 1)$。R_k 可能有右孩子也可能无右孩子,若 R_k 无右孩子,则它必定是叶结点。若 $k=1$,则表示 *p 的右孩子 R_1 是 *p 的中根线索后继,如图 5.14 中,A 的中根线索后继是 F,它有右孩子；F 的中根线索后继是 H,它无右孩子；B 的中根线索后继是 D,它是 B 的右孩子（即 D 相当于是 R_1）。

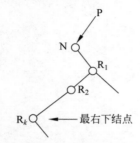

(a)结点*p的右子树非空时其中根线索后继结点R_k示例

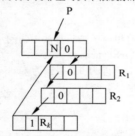

(b)结点*p的右子树非空时中根线索后继结点存储结构

图 5.15   结点 *p 的右子树非空时其中根线索后继结点是 R_k

基于上述分析,不难给出中根线索二叉树中求中根线索后继结点的算法。

算法 5.10   中根线索二叉树中求中根线索后继结点算法。

```
//在中根线索树中找结点 *p 的中根线索后继,设 p 非空
binthrnode * in_succ(binthrnode * p)
{
  binthrnode * q;
  if (p -> rtag == thread)              // *p 的右子树为空
     return p -> rchild;                //返回右线索所指的中根线索后继
  else
     {
       q = p -> rchild;
       while (q -> ltag == link)
           q = q -> lchild;             //左子树非空时,沿左链往下查找
       return q;                        //当 q 的左子树为空时,它就是最左下结点
     }
}
```

显然,该算法的时间复杂度不超过树的高度 h,即 $O(h)$。

由于中根遍历是一种对称遍历操作,故在中根线索二叉树中查找结点 *p 的中根线索前驱结点与找中根线索后继结点的方法完全对称。若 *p 的左子树为空,则 p->lchild 为左线索,直接指向 *p 的中根线索前驱结点;若 *p 的左子树非空,则从 *p 的左孩子出发,沿右指针链往下查找,直到找到一个没有右孩子的结点为止。该结点是 *p 的左子树中最右下的结点,它是 *p 的左子树中最后一个中根线索遍历到的结点,即 *p 的中根线索前驱结点,如图 5.16 所示。

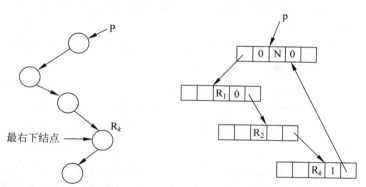

(a) 结点*p中根线索前驱结点R_k示例　　　(b) 结点*p中根线索前驱结点R_k存储结构

图 5.16　结点 *p 的左子树非空时,其中根线索前驱结点是 R_k

由上述讨论可知:若结点 *p 的左子树(或右子树)非空,则 *p 的中根线索前驱(或中根线索后继)是从 *p 的左孩子(或右孩子)开始往下查找,由于二叉链表中结点的链域是向下链接的,所以在非线索二叉树中也同样容易找到 *p 的中根线索前驱(或中根线索后继);若结点 *p 的左子树(或右子树)为空,则在中根线索二叉树中是通过 *p 的左线索(或右线索)直接到找到 *p 的中根线索前驱(或中根线索后继),但中根线索一般都是向上指向其祖先结点,而二叉链表中没有向上的链接,因此在这种情况下,对于非线索二叉树,仅从 *p 出发无法找到其中根线索前驱(或中根线索后继),而必须从根结点开始中根线索遍历,才能找到 *p 的中根线索前驱(或中根线索后继)。由此可见,线索使得查找中根线索前驱和中根线索后继变得简单有效,而对于查找指定结点的前根线索前驱和后根线索后继却没有什么帮助。

在后根线索二叉树中,查找指定结点 *p 的后根线索前驱结点的规律是:

(1) 若 *p 的左子树为空,则 p->lchild 是前驱线索,指示其后根线索前驱结点。例如,在图 5.17 中,H 的后根线索前驱是 B,F 的后根线索前驱是 G。

(2) 若 *p 的左子树为非空,则 p->lchild 不是前驱线索。但因为在后根遍历时,根是在遍历其左右子树之后被访问的,故 *p 的后根线索前驱必是两子树中最后一个遍历到的结点。因此,当 *p 的右子树非空时,*p 的右孩子必是其后根线索前驱,例如,图 5.17 中 A 的后根线索前驱是 E;当 *p 无右子树时,*p 的后根线索前驱必是其左孩子,如图 5.17 中 E 的后根线索前驱是 F。

在后根线索二叉树中,查找指定结点 *p 的后根线索后继结点的规律是:

(1) 若 *p 是根,则 *p 是该二叉树后根遍历过程中最后一个访问到的结点,因此,*p 的后根线索后继为空。

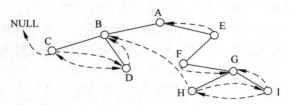

图 5.17　后根线索二叉树

(2) 若 ∗ p 是其双亲的右孩子,则 ∗ p 的后根线索后继结点就是其双亲结点,如图 5.17 中,E 的后根线索后继是 A。

(3) 若 ∗ p 是其双亲的左孩子,但 ∗ p 无右兄弟时, ∗ p 的后根线索后继结点是其双亲结点,如图 5.17 中,F 的后根线索后继是 E。

(4) 若 ∗ p 是其双亲的左孩子,但 ∗ p 有右兄弟时,则 ∗ p 的后根线索后继结点是其双亲的右子树中第一个后根线索遍历到的结点,它是该子树中"最左下的叶结点"。例如图 5.17 中,B 的后根线索后继是双亲 A 的右子树中最左下的叶结点 H。注意,F 是孩子树中最左下结点,但它不是叶子。

由上述讨论可知,在后根线索树中,仅从 ∗ p 出发就能找到其后根线索前驱结点;而找 ∗ p 的后根线索后继结点,仅当 ∗ p 的右子树为空时,才能直接由 ∗ p 的右线索 p-> rchild 得到,否则就必须知道 ∗ p 的双亲结点才能找到其后根线索后继。因此,如果线索二叉树中的结点没有指向其双亲结点的指针,就可能要从根开始进行后根线索遍历才能找到结点 ∗ p 的后根线索后继。由此可见,线索对查找指定结点的后根线索后继并无多大帮助。

类似地,在先根线索二叉树中,找某一点 ∗ p 的先根线索后继也很简单,仅从 ∗ p 出发就可以找到;但找其先根线索前驱也必须知道 ∗ p 的双亲结点,当树中结点未设双亲指针时,同样要进行从根开始的先根线索遍历才能找到结点 ∗ p 的先根线索前驱。详细过程建议读者自行分析。

2. 遍历线索二叉树

遍历某种次序的线索二叉树,只要从该次序下的开始结点出发,反复找到结点在该次序下的后继,直至终端结点。这对于中根和先根线索二叉树是十分简单的。下面给出中根遍历算法。

算法 5.11　遍历中根线索二叉树算法。

```
void traverseinorderthrtree(binthrtree p)      //遍历中根线索二叉树
{
    if(p)                                       //树非空
    {
        while (p-> ltag == link)
            p = p-> lchild;                     //从根往下找最左下结点,即中根序列的开始结点
        do
        {
            printf("%c",p-> data);              //访问结点
            p = in_succ(p);                     //找 ∗ p 的中根线索后继
        }while(p);
```

```
        }
    }
```

由于中根序列的终端结点的右线索为空,所以 do 语句的终止条件是 p＝＝NULL。显然,该算法的时间复杂度为 $O(n)$,但因为它是非递归算法,所以在常数因子上小于递归的遍历算法。因此,若对一棵二叉树要经常遍历,或查找结点在指定次序下的前驱和后继,则应采用线索链表作为存储结构为宜。

本节介绍的线索二叉树是一种全线索树,即左、右线索均要建立,但在许多应用中只要建立左、右线索中的一种即可。此外,若在线索链表中增加一个头结点,令头结点的左指针指向根,右指针指向其遍历序列的开始或终端结点会更方便。

5.5　一般树的表示和遍历

5.5.1　一般树的表示

在实际应用中,树(这里特指非二叉树)有多种存储结构。下面介绍三种常用的链表结构。

1. 双亲表示法

假设以一组连续的空间存储树的结点,同时在每个结点中附设一个指示器指示其双亲结点在链表中的位置,其形式说明如下:

```
#define MAXNODE                          //最大结点数
typedef struct
    {datatype data;                      //数据域
     int parent:;                        //双亲域(静态指针域)
    }tnode
typedef tnode tree[MAXNODE＋1];          //静态双亲链表
```

图 5.18 展示了一棵树及其双亲表示的存储结构。

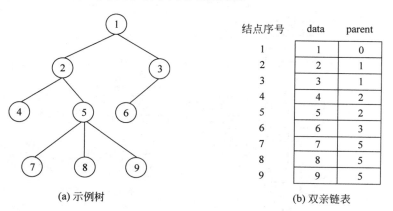

结点序号	data	parent
1	1	0
2	2	1
3	3	1
4	4	2
5	5	2
6	6	3
7	7	5
8	8	5
9	9	5

(a) 示例树　　　　　　　　　　(b) 双亲链表

图 5.18　树的双亲表示法

这种存储结构利用了每个结点(除根以外)只有唯一双亲的性质。反复进行求双亲的操作,直到遇到无双亲的结点时,便找到了树的根。但是,在这种表示法中,求结点的孩子时,需要遍历整个向量。

2. 孩子表示法

这种存储方式可以有两种结点结构。一种结构根据树中每个结点可以有多棵子树,则可用多重链表,即每个结点有多个指针域,其中每个指针指向一棵子树的根结点,此时链表中的结点可以有两种格式:一种格式称为同构格式,即若树的度是 d,则每个结点就有 d 个指针域。但是,如果树中很多结点的度小于 d,链表中就会有许多空链域,造成较大的空间浪费。另一种格式称为异构格式,每个结点的指针域的个数与该结点的度数相同,这种方式虽能节约空间,但操作不便。

还有一种办法是把每个结点的孩子结点排列成一个线性表,以单链表作为存储结构,则 n 个结点就有 n 个孩子链表(叶子的孩子链表为空表)。而 n 个头指针又组成一个线性表,为了便于查找,由这 n 个头指针组成的线性表可用向量表示。这种存储结构形式说明如下:

```
typedef struct node
{int child;
   struct node  * next;
} * link;
typedef link tree[MAXNODE + 1];
```

图 5.19(a)是图 5.18 中的树的孩子表示法。与双亲表示法相反,孩子表示法便于那些涉及孩子的操作,却不适用于求双亲的操作。也可以把双亲表示法和孩子表示法结合起来,即将双亲向量和孩子表头指针向量合在一起。图 5.19(b)就是这样一种存储结构,它和图 5.19(a)表示的是同一棵树。

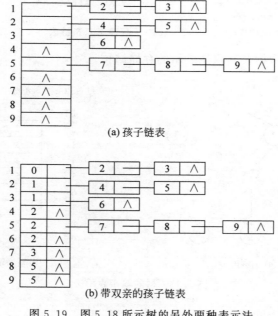

(a) 孩子链表

(b) 带双亲的孩子链表

图 5.19　图 5.18 所示树的另外两种表示法

3. 孩子兄弟表示法

孩子兄弟表示法又称二叉树表示法或二叉链表表示法。即以二叉链表作为树的存储结构。链表中结点的两个链域分别指向该结点的第一个孩子结点和下一个兄弟结点,分别命名为 fch 域和 nsib 域。

```
typedef struct tnodetp
{
    datatype data;
    tnodetp * fch, * nsib;
} * tlinktp;
```

图 5.20 是图 5.18 中的树的孩子兄弟链表表示法。利用这种存储结构便于实现各类树的操作。首先易于实现找结点孩子等的操作。例如:若要访问结点 x 的第 i 个孩子,则只要先从 fch 域找到第一个孩子结点,然后沿着孩子结点的 nsib 域连续走 $i-1$ 步,便可找到 x 的第 i 个孩子。当然,如果为每个结点增设一个 parent 域,也同样能方便地实现求双亲的操作。

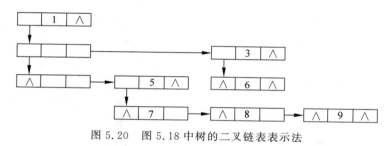

图 5.20   图 5.18 中树的二叉链表表示法

5.5.2   二叉树与树、森林之间的转换

1. 二叉树与树之间的转换

由于二叉树和树都可用二叉链表作为存储结构,因此以二叉链表作为媒介可导出树与二叉树之间的一个对应关系。也就是说,给定一棵树,可以找到唯一的一棵二叉树与之对应,从物理结构来看,它们的二叉链表是相同的,只是解释不同而已。

图 5.21 直观地展示了树与二叉树之间的对应关系。

2. 二叉树与森林之间的转换

从树的二叉链表表示的定义可知,任何一棵与树对应的二叉树,其根的右子树必为空。若把森林中第二棵树的根结点看成是第一棵树的根结点的兄弟,则同样可导出森林和二叉树的对应关系。

图 5.22 展示了森林与二叉树之间的对应关系。

这种一一对应的关系使得森林或树与二叉树可以相互转换,其形式定义如下。

1) 森林转换成二叉树

如果 $F=\{T_1,T_2,\cdots,T_m\}$ 是森林,则可按如下规则转换成一棵二叉树 $B=(\text{root},\text{LB},\text{RB})$。

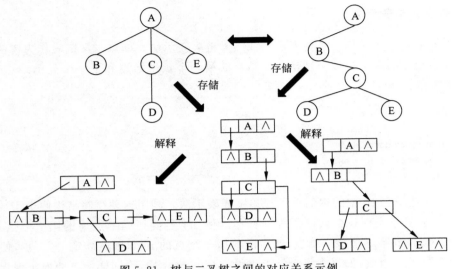

图 5.21　树与二叉树之间的对应关系示例

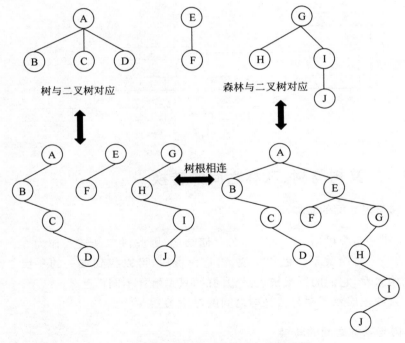

图 5.22　森林与二叉树的对应关系示例

① 若 F 为空,即 $m=0$,则 B 为空树。

② 若 F 为非空,即 $m\neq0$,则 B 的根 root 即为森林中第一棵子树的根 $\mathrm{root}(T_1)$;B 的左子树 LB 是从 T_1 中根结点的子树森林 $F_1=\{T_{11},T_{12},\cdots,T_{1m}\}$ 转换而成的二叉树;其右子树 RB 是从森林 $F'=\{T_2,T_3,\cdots,T_m\}$ 转换而成的二叉树。

2) 二叉树转换成森林

如果 $B=(\mathrm{root},\mathrm{LB},\mathrm{RB})$ 是一棵二叉树,则可按如下规则转换成森林 $F=\{T_1,T_2,\cdots,T_m\}$。

① 若 B 为空,则 F 为空。

② 若 B 为非空,则 F 中第一棵树 T_1 的根 root(T_1)即为二叉树 B 的根 root;T_1 中根结点的子树森林 F_1 是由 B 的左子树 LB 转换而成的森林;F 中除 T_1 之外其余的树组成的森林 $F'=\{T_2,T_3,\cdots,T_m\}$ 是由 B 的右子树 RB 转换而成的森林。

从上述递归定义容易写出相互转换的递归算法。这样,森林和树的操作就可以转换成二叉树的操作来实现,从而简化了操作方法。

5.5.3 一般树的遍历

与二叉树类似,遍历是树的一种重要运算。树的主要遍历方法有以下三种。

1. 先根遍历(与对应的二叉树的先根遍历序列一致)

若树非空,则:

(1) 访问根结点。

(2) 依次先根遍历根的各个子树。

2. 后根遍历(与对应的二叉树的中根遍历序列一致)

若树非空,则:

(1) 依次后根遍历根的各个子树。

(2) 访问根结点。

3. 层次遍历

(1) 若树非空,访问根结点。

(2) 若第 $1\sim i(i\geqslant 1)$ 层结点已被访问,且第 $i+1$ 层结点尚未访问,则从左到右依次访问第 $i+1$ 层。

显然,按层次遍历所得的结点访问序列中,各结点的序号与按层编号所得的编号一致。

例如,对图 5.23 所示树来说:

先根遍历结点序列为 A,B,D,E,H,I,J,C,F,G;

后根遍历结点序列为 D,H,I,J,E,B,F,G,C,A;

层次遍历结点序列为 A,B,C,D,E,F,G,H,I,J。

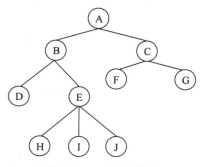

图 5.23 一般树示例

5.6   哈夫曼树及其应用

哈夫曼(Huffman)树又称最优二叉树,是一种带权路径长度最短的树,有着广泛的应用。本节先讨论哈夫曼树的概念,然后讨论它的应用:最佳判断过程和哈夫曼编码。

5.6.1   哈夫曼树

1.树的路径长度和带权路径长度

结点间的路径长度:从树中一个结点到另一个结点之间的分支构成这两个结点之间的路径,路径上的分支数目称为这两个结点之间的路径长度。

树的路径长度:从树根到每个结点的路径长度之和。这种路径长度最短的树是前面定义的完全二叉树。

在许多应用中,常常将树中结点赋予一个有某种意义的实数,称为该结点的权。

结点的带权路径长度为:从该结点到树根之间的路径长度与结点上权的乘积。

树的带权路径长度为:树中所有叶子结点的带权路径长度之和,通常记作

$$WPL = W_1L_1 + W_2L_2 + W_3L_3 + \cdots + W_iL_i + \cdots + W_nL_n$$

$$= \sum_{i=1}^{n} W_iL_i$$

其中,n 为二叉树的叶子结点的个数,W_i 为第 i 个叶子结点的权值,L_i 为从根结点到第 i 个叶子结点的路径长度。

例如,图 5.24 中的三棵二叉树,都有 4 个叶子结点 a,b,c,d,权值分别为 7,5,2,4,它们的带权路径长度分别为

$$WPL = 7 \times 2 + 5 \times 2 + 2 \times 2 + 4 \times 2 = 36$$

$$WPL = 7 \times 3 + 5 \times 3 + 2 \times 1 + 4 \times 2 = 46$$

$$WPL = 7 \times 1 + 5 \times 2 + 2 \times 3 + 4 \times 3 = 35$$

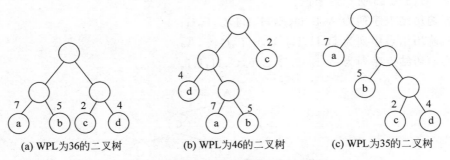

(a) WPL为36的二叉树   (b) WPL为46的二叉树   (c) WPL为35的二叉树

图 5.24   具有不同带权路径的二叉树

2.哈夫曼树和哈夫曼算法

假设有 n 个权值 $W_1, W_2, \cdots, W_n$,试构成一棵有 n 个叶子结点的二叉树,每个叶子结点

权值为 W_i，则其中带权路径长度 WPL 最小的二叉树称作哈夫曼树(或最优二叉树)。

在图 5.24(c)中的树的 WPL 最小。可以验证,它恰为哈夫曼树,即其带权路径长度在所有权值为 7,5,2,4 的 4 个叶子结点的二叉树中最小。

怎样根据 n 个权值 $W_1,W_2,\cdots,W_n$ 构造哈夫曼树呢? 哈夫曼在 1952 年提出了一种算法,很好地解决了这个问题。该算法被称为哈夫曼算法,简述如下。

(1) 根据给定的 n 个权值 $W_1,W_2,\cdots,W_n$,构成 n 棵二叉树的集合 $F=\{T_1,T_2,\cdots,T_n\}$,其中每棵二叉树 T_i 中只有一个权为 W_i 的根结点,其左、右子树均为空。

(2) 在 F 中任选两棵根结点的权值最小的树作为左、右子树,构成一棵新的二叉树,且置新的二叉树的根结点的权值为其左、右子树上根结点的权值之和。

(3) 从 F 中删除这两棵树,同时将新得到的二叉树加入到 F 中。

(4) 重复(2)和(3)步,直到 F 中只含一棵树为止。这棵树便是哈夫曼树。

例如有 4 个叶子结点 a,b,c,d,权值分别为 6,5,3,4,其哈夫曼树的构造过程如图 5.25 所示。

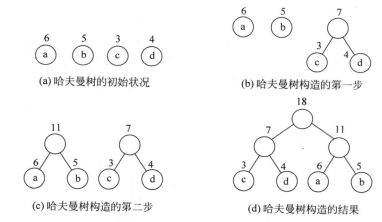

图 5.25 哈夫曼树的构造过程

下面讨论哈夫曼树的存储结构及哈夫曼算法的实现。

由哈夫曼算法可知,初始森林中共有 n 棵二叉树,每棵树中都仅有一个孤立的结点,它们既是根,又是叶子。算法的第(2)步是:将当前森林中的两棵根结点权值最小的二叉树,合并成一棵新二叉树。每合并一次,森林中就减少一棵树。显然,要进行 $n-1$ 次合并,才能使森林中的二叉树的数目由 n 棵减少到剩下一棵最终的哈夫曼树。并且,每次合并都要产生一个新结点,合并 $n-1$ 次共产生 $n-1$ 个新结点,显然它们都是具有两个孩子的分支结点。由此可知,最终求得的哈夫曼树中共有 $2n-1$ 个结点,其中 n 个叶子结点是初始森林中的 n 个孤立结点。显然,哈夫曼树中没有度为 1 的分支结点,这类树常称为严格的二叉树。实际上,所有具有 n 个叶子结点的严格二叉树都恰有 $2n-1$ 个结点。可以用一个大小为 $2n-1$ 的向量来存储哈夫曼树中的结点,其存储结构为:

```
#define n 叶子数
#define m 2*n-1        //树中结点总数
typedef struct
{ //结点类型
```

```
        int weight;                        //权值
        int plink,llink,rlink;             //双亲及左右孩子指针(静态指针)
    }node;
    node tree[m+1];                        //下标取值从 1 到 m,0 作为空指针标志
```

在上述存储结构上实现的哈夫曼树算法可大致描述为:

(1) 初始化。将 tree[1..m] 中每个结点里的三个指针均置为空(即置为 0)。

(2) 输入。读入 n 个叶子的权值,分别保存于 tree 的前 n 个分量中,它们是初始森林中 n 个孤立的根结点上的权值。

(3) 合并。

对森林中的树共进行 $n-1$ 次合并,所产生的新结点依次放入 tree 的第 i 个分量中($n<i\leqslant m$)。每次合并分两步:

① 在当前森林 tree[1..$i-1$] 的所有结点中,选取权值最小和次小的两个根结点 tree[x_1] 和 tree[x_2] 作为合并对象,这里 $1\leqslant x_1,x_2\leqslant i-1$。

② 将根为 tree[x_1] 和 tree[x_2] 的两棵树作为左右子树合并成为一棵新的树,新树的根是新结点 tree[i]。因此,应将 tree[x_1] 和 tree[x_2] 的双亲 plink 置为 i,将 tree[i] 的 llink 和 rlink 分别置为 x_1 和 x_2,而新结点 tree[i] 的权值应置为 tree[x_1] 和 tree[x_2] 的权值之和。注意,合并后 tree[x_1] 和 tree[x_2] 在当前森林中已不再是根,因为它们的双亲指针均已指向了 tree[i],所以下一次合并时不会被选为合并对象。

哈夫曼算法实现如下。

算法 5.12 哈夫曼树的构造。

```
void sethuftree(node tree[])
{
    int i,x1,x2;
    inithafumantree(tree);              //将 tree 初始化
    inputweight(tree);                  //输入叶子权值
    for(i=n+1;i<=m;i++)                 //共进行 n-1 次合并,新结点依次存于 tree[i]中
    {
        select(i-1,&x1,&x2);
        //在 tree[1..i-1]中选择两个权值最小的根结点,其序号分别为 x1 和 x2
        tree[x1].plink = i;
        tree[x2].plink = i;
        tree[i].llink = x1;             //权值最小的根结点是新结点的左孩子
        tree[i].rlink = x2;             //权值次小的根结点是新结点的右孩子
        tree[i].weight = tree[x1].weight + tree[x2].weight;
    }
}
```

5.6.2 哈夫曼树的应用

1. 最佳判定算法

在解决某些判定问题时,利用哈夫曼树可以得到最佳判定算法。例如,要编制一个将百分制转换成五级分制的程序,只需利用条件语句便可完成。如:

```
if(a < 60)
        b = "bad";
else if(a < 70)
            b = "pass";
    else if(a < 80)
                b = "general";
        else if(a < 90)
                    b = "good";
            else b = "excellent";
```

这个判定过程可用图 5.26(a)的判定树来表示。如果上述程序需反复使用,而且每次的输入量很大,则应考虑上述程序的执行效率问题,即其操作所需时间。因为在实际问题处理中,学生的成绩在五个等级上的分布是不均匀的。假设其分布如表 5.1 所示,显然,80%以上的数据需进行 3 次或 3 次上的比较才能得出结果。

表 5.1 学生成绩分布表

分数	0~59	60~69	70~79	80~89	90~100
比例数	0.05	0.15	0.40	0.30	0.10

假定以 5、15、40、30、10 为权值构成一棵有五个叶子结点的哈夫曼树,则可得到如图 5.26(b)所示的判定过程,它可使大部分数据经过较少的比较次数即得到结果。但由于每个判定框都有两次比较,将这两次比较分开,即得到如图 5.26(c)所示的判定树,按此判定树写出相应的程序。假设现有 10 000 个输入数据,按图 5.26(a)所示的判定过程操作总共需进行 31 500 次比较;而按图 5.26(c)所示的判定过程进行操作,则总共需进行 22 000 次比较。显然,优化的判定过程极大地提高了效率。

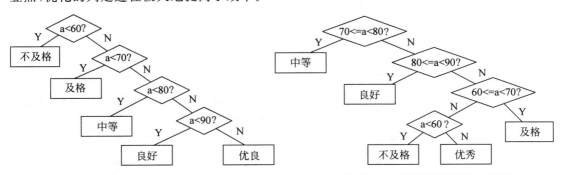

(a) 不考虑成绩分布比例值的判定树　　(b) 考虑成绩分布比例值的判定树(哈夫曼树)

(c) 优化的判定树

图 5.26 转换五级分制的判定过程

2. 哈夫曼编码

电报是进行快速远距离的通信手段之一。发送电报时需将传送的文字转换成二进制的字符组成的字符串。例如,假设需传送的电文为'ABACCDA',它只有四种字符,只需两位二进制字符串便可分辨。假设 A、B、C、D 的编码分别为 00,01,10 和 11,则上述七个字符的电文编码为'00010010101100',总长 14 位,对方接收时可按二位一分进行译码。

当然,在传送电文时,希望总长尽可能的短。如果对每个字符设计长度不等的编码,且让电文中出现次数较多的字符采用尽可能短的编码,则传送电文的总长度便可减短。如果设计 A、B、C、D 的编码分别为 0、00、1 和 01,则上述电文被编码成长度为 9 的字符串'000011010'。但是,这样的电文无法翻译。例如,传送过去的字符串中前四个字符的子串'0000'就可有多种译法,或是'AAAA'或是'ABAA'等。产生该问题的原因是 A 的编码与 B 的编码的开始部分(前缀)相同。因此,若对某字符集进行不等长编码,就要求字符集中任一字符的编码都不是其他字符编码的前缀,这种编码称为前缀编码。显然,等长编码也是前缀编码。

问题是应该怎样设计前缀编码? 什么样的前缀编码才能使得电文的总长最短? 可以利用哈夫曼树设计二进制的前缀编码来解决此问题。

假设有一棵如图 5.27 所示的二叉树,其四个叶子结点分别表示 A、B、C、D 四个字符,且约定左分支表示字符'0',右分支表示字符'1',则可将从根结点到叶子结点的路径上分支字符组成的字符串作为该叶子结点字符的编码。不难理解,如此得到的必为二进制前缀编码,如图 5.27 所示,A、B、C、D 的二进制前缀编码分别为 0、10、110 和 111。

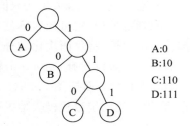

A:0
B:10
C:110
D:111

图 5.27　前缀编码示例

那么如何得到使电文总长最短的二进制前缀编码呢? 假设每种字符在电文中出现的次数为 W_i,其编码长度为 L_i,电文中只有 n 种字符,则电文总长为 $W_1L_1+W_2L_2+\cdots+W_iL_i+\cdots+W_nL_n$。对应到二叉树上,若置 W_i 为叶子结点的权,L_i 恰为从根到叶子的路径长度。则 $W_1L_1+W_2L_2+W_iL_i+W_nL_n$ 恰为二叉树的带权路径长度。由此可见,设计电文总长最短的二进制前缀编码,也就是以 n 种字符出现的频率作叶子结点的权,设计一个哈夫曼树的问题,由此得到的二进制前缀编码便称为哈夫曼编码。

在求出了给定字符集的哈夫曼树后,求该字符集的哈夫曼编码的具体过程是:依次以叶子 tree[i]($1 \leqslant i \leqslant n$)为出发点,向上回溯至根为止。上溯时走左分支则生成编码 0,走右分支则生成编码 1。显然,这样生成的编码与要求的编码反序。因此,将生成的代码从后往前依次存放在一个临时向量中,并设一个指针 start 指示编码在该向量中的起始位置。当某字符编码完成时,从临时向量的 start 处将编码复制到该字符相应的位串 bits 中即可。因为字符集大小为 n,故变长编码的长度不会超过 n,加上一个结束符'\0',bits 的大小应为 $n+1$。

字符集编码的存储结构及其算法描述如算法 5.13。

算法 5.13 哈夫曼编码。

```
typedef struct
{                                        //结点类型
```

```
        int weight;                            //权值
        int plink,llink,rlink;                 //双亲及左右孩子指针(静态指针)
    }node;
    typedef struct
    {
        int start;                             //存放起始位置
        char bits[n + 1];                      //存放编码位串
    }codetype;
    typedef struct
    {
        char symbol;                           //存储字符
        codetype code;                         //存储编码
    }element;
    element table[n + 1];
    void huffcode(node tree[],element table[]) //根据哈夫曼树 tree 求哈夫曼编码表 table
    {
        int i,s,f;                             //s 和 f 分别指示 tree 中孩子和双亲的位置
        codetype c;                            //临时存放编码
        for(i = 1;i < = n;i++)                 //依次求叶子 tree[i]的编码
        {
            c.start = n + 1;
            s = i;                             //从叶子 tree[i]开始上溯
            while(f = tree[s].plink)           //直至上溯到树根为止
            {
                c.bits[ -- c.start] = (s == tree[f].llink)?'0':'1';
                s = f;
                f = tree[s].plink;
            };
            table[i].code = c;                 //临时编码复制到最终位置
        }
    }
```

例 5.1 已知某系统在通信网络中只可能出现八种字符 (A、B、C、D、E、F、G、H),其频率分别为 0.05、0.29、0.07、0.08、0.14、0.23、0.03、0.11,试设计哈夫曼编码。

设权 $W = (5,29,7,8,14,23,3,11)$,字符数目 $n = 8$,按照哈夫曼算法可构造一棵哈夫曼树,如图 5.28 所示,根据哈夫曼树得到的哈夫曼编码如图 5.29 所示。

有了字符集的哈夫曼编码表之后,对数据文件的编码过程是:依次读入文件中的字符 C,在哈夫曼编码表 table 中找到此字符,若 table[i].symbol == C,则将字符 C 转换为 table[i].code 中存放的编码串。

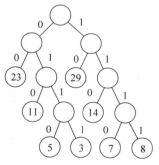

图 5.28 例 5.1 的哈夫曼树

对压缩后的数据文件进行解码则必须借助于哈夫曼树 tree。其过程是:依次读入文件的二进制码,从哈夫曼树的根结点出发,若当前读入 0,则走向左孩子,否则走向右孩子,一旦达到某一叶子 tree[i]时便译出相应的字符 table[i].symbol,然后重新从根出发继续译码,直至文件结束。

	Weight	Parent	Lch	Rch
1	5	0	0	0
2	29	0	0	0
3	7	0	0	0
4	8	0	0	0
5	14	0	0	0
6	23	0	0	0
7	3	0	0	0
8	11	0	0	0
9	-	0	0	0
10	-	0	0	0
11	-	0	0	0
12	-	0	0	0
13	-	0	0	0
14	-	0	0	0
15	-	0	0	0

(a) 哈夫曼树初始化

	Weight	Parent	Lch	Rch
1	5	9	0	0
2	29	14	0	0
3	7	10	0	0
4	8	10	0	0
5	14	12	0	0
6	23	13	0	0
7	3	9	0	0
8	11	11	0	0
9	8	11	1	7
10	15	12	3	4
11	19	13	8	9
12	29	14	5	10
13	42	15	6	11
14	58	15	2	12
15	100	0	13	14

(b) 构造的哈夫曼树

	0	1	2	3	4	5	6	7	Start
1					0	1	1	0	4
2							1	0	6
3					1	1	1	0	4
4					1	1	1	1	4
5						1	1	0	5
6							0	0	6
7					0	1	1	1	4
8						0	1	0	5

(c) 哈夫曼树对应的哈夫曼编码

图 5.29   哈夫曼编码

5.7 C++中的树

5.7.1 C++中的二叉树结点类

例 5.2 是二叉链表结点的 C++类 BTNode,每个结点包含三个数据成员和三个构造函数。

例 5.2 二叉树结点类。

```
template < class T >
struct BTNode
{
BTNode(){ lChild = rChild = NULL;}
//lChild 和 rChild 分别是指向左孩子和右孩子的指针
BTNode(const T& x)
{
element = x; lChild = rChild = NULL;
}
BTNode(const T& x, BTNode < T > * l,BTNode < T > * r)
{
element = x; lChild = l; rChild = r;
}
T element;
BTNode < T > * lChild, * rChild;
};
```

5.7.2 C++中的二叉树类

例 5.3 定义了由二叉链表表示的二叉树类 BinaryTree。类 BinaryTree 包含唯一的数据成员,它指向一个二叉链表根结点的指针 root。请务必注意区分二叉树对象和由二叉树对象的根指针 root 所指示的二叉树(即二叉链表)。一个二叉树对象的根指针 root 所指示的二叉树,是该二叉树对象所包含的一棵二叉树。在不引起混淆的情况下,将二叉树对象和它所包含的二叉树统称为二叉树。例 5.4 是二叉树类 BinaryTree 的部分运算。例 5.5 是二叉树类 BinaryTree 的递归方式先根遍历二叉树运算。

例 5.3 二叉树类。

```
template < class T >
class BinaryTree
{
public:
    BinaryTree(){root = NULL;}
    ~BinaryTree(){Clear();}
    bool IsEmpty()const;
    void Clear();
    bool Root(T &x)const;
    void MakeTree(const T &e ,BinaryTree < T > &left, BinaryTree < T > & right);
```

```
       //构造二叉树
   void BreakTree(T &e ,BinaryTree < T > &left, BinaryTree < T > & right);
   void PreOrder(void ( * Visit)(T& x));        //递归方式先根遍历二叉树
   void InOrder(void ( * Visit)(T& x));
   void PostOrder(void ( * Visit)(T& x));
protected:
   BTNode < T > *  root;
private:
   void Clear(BTNode < T > * t);
   void PreOrder(void ( * Visit)(T& x),BTNode < T > * t);
   void InOrder(void ( * Visit)(T& x),BTNode < T > * t);
   void PostOrder(void ( * Visit)(T& x),BTNode < T > * t);
};
```

例 5.4 部分二叉树运算。

```
template < class T >
bool BinaryTree < T >::Root(T &x)const
{
if(root){
       x = root - > element; return true;
    }
else return false;
}
template < class T >
void BinaryTree < T >::MakeTree(const T &x ,BinaryTree < T > &left,BinaryTree < T > & right)
{
if(root||&left == &right) return;
root = new BTNode < T >(x,left.root, right.root);
    left.root = right.root = NULL;
}
template < class T >
void BinaryTree < T >::BreakTree(T &x, BinaryTree < T > &left, BinaryTree < T > & right)
{
if (!root||&left == &right||left.root||right.root)return;
  x = root - > element;
left.root = root - > lChild;right.root = root - > rChild;
  delete root;root = NULL;
}
```

例 5.5 递归方式先根遍历二叉树。

```
template < class T >
void BinaryTree < T >::PreOrder(void ( * Visit)(T& x))
{
PreOrder(Visit,root);
}
template < class T >
void BinaryTree < T >::PreOrder(void ( * Visit)(T& x),BTNode < T > * t)
{
if (t){
       Visit(t - > element);                //递归遍历根结点
```

```
            PreOrder(Visit,t->lChild);          //递归遍历左子树
            PreOrder(Visit,t->rChild);          //递归遍历右子树
                }
        }
```

5.7.3　C++中二叉树的非递归遍历

　　二叉树的遍历可分为递归方式和非递归方式。用 C++ 来描述二叉树的非递归遍历如例 5.6 所示的遍历器类 BIterator,由它可派生三个具体实施先根、中根和后根遍历的遍历器类,例 5.7 是非递归方式的中根遍历器类。

　　例 5.6　遍历器类。

```
template < class T >
class BIterator
{
public:
virtual T * GoFirst(const BinaryTree < T > & bt) = 0;
virtual T * Next (void) = 0;
virtual void Traverse(void ( * Visit)(T& x),const BinaryTree < T > & bt);
protected:
    BTNode < T > *  r,  * current;
};
template < class T >
void BIterator < T >::Traverse(void ( * Visit)(T& x),const BinaryTree < T > & bt)
{
        T *  p = GoFirst(bt);
        while (p){
           Visit( * p);p = Next();
        }
}
```

　　例 5.7　中根遍历器类。

```
template < class T >
class IInOrder:public BIterator < T >
{
public:
    IInOrder(BinaryTree < T > & bt,int mSize)
    {
        r = bt.root; current = NULL;
        s = new SeqStack < BTNode < T > * >(mSize);
    }
    T * GoFirst(const BinaryTree < T > & bt);
    T * Next (void);
private:
    SeqStack < BTNode < T > * > * s;
};
template < class T >
T * IInOrder < T >::GoFirst(const BinaryTree < T > &bt)
{
```

```
current = bt. root;
    if (!current) return NULL;
    while (current -> lChild!= NULL){
        s -> Push(current); current = current -> lChild;
        }
        return &current -> element;
}
template < class T >
T *  IInOrder < T >::Next(void)
{
BTNode < T >* p;
  if (current -> rChild!= NULL){
    p = current -> rChild;
      while (p-> lChild!= NULL){
            s -> Push(p);p = p -> lChild;
}
    current = p;
}
else if (!s -> IsEmpty()){
            s -> Top(current); s -> Pop();
        }
        else {
            current = NULL; return NULL;
        }
return &current -> element;
}
```

习题 5

1. 已知一棵树边的集合为(I,M)、(I,N)、(E,I)、(B,E)、(B,D)、(A,B)、(G,J)、(G,K)、(C,G)、(C,F)、(T,L)、(C,T)、(A,C),画出这棵树,并回答下列问题:

(1) 哪个是根结点?

(2) 哪些是叶子结点?

(3) 哪个是结点 G 的双亲?

(4) 哪些是结点 G 的祖先?

(5) 哪些是结点 G 的孩子?

(6) 哪些是结点 E 的子孙?

(7) 哪些是结点 E 的兄弟? 哪些是结点 F 的兄弟?

(8) 结点 B 和 N 的层次号分别是什么?

(9) 树的深度是多少?

(10) 以结点 C 为根的子树的深度是多少?

2. 一棵度为 2 的树与一棵二叉树有何区别?

3. 试分别画出具有 3 个结点的树和 3 个结点的二叉树的所有不同形态。

4. 一棵深度为 N 的满 K 叉树有如下性质:第 N 层上的结点都是叶子结点,其余各层

上每个结点都有 K 棵非空子树。如果按层次顺序从 1 开始对全部结点编号,问:

(1) 各层的结点数目是多少?

(2) 编号为 n 的结点的父结点(若存在)的编号是多少?

(3) 编号为 n 的结点的第 i 个儿子(若存在)的编号是多少?

(4) 编号为 n 的结点有右兄弟的条件是什么? 其右兄弟的编号是多少?

5. 已知一棵度为 m 的树中有 n_1 个度为 1 的结点,n_2 个度为 2 的结点,$\cdots$,n_m 个度为 m 的结点,问该树中有多少个叶子结点?

6. 试列出图 5.30 所示的二叉树的终端结点、非终端结点以及每个结点的层次。

7. 对于图 5.30 所示的二叉树,分别列出先根遍历、中根遍历、后根遍历的结点序列。

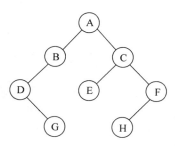

图 5.30 二叉树示例

8. 在二叉树的顺序存储结构中,实际上隐含着双亲的信息,因此可和三叉链表对应。假设每个指针域占 4 字节的存储空间,每个信息占 k 字节的存储空间。试问对于一棵有 n 个结点的二叉树,且在顺序存储结构中最后一个结点的下标为 m,在什么条件下顺序存储结构比二叉链表更节省空间?

9. 假定用两个一维数组 $L(1:n)$ 和 $R(1:n)$ 作为有 n 个结点的二叉树的存储结构,$L(i)$ 和 $R(i)$ 分别指示结点 i 的左孩子和右孩子,0 表示空。

(1) 试写一个算法判别结点 u 是否为结点 v 的子孙;

(2) 先由 $L(1:n)$ 和 $R(1:n)$ 建立一维数组 $T(1:n)$,使 T 中第 $i(i=1,2,\cdots,n)$ 个分量指示结点 i 的双亲,然后编写判别结点 u 是否为结点 v 的子孙的算法。

10. 假设 n 和 m 为二叉树中的两结点,用1、0、Φ(分别表示肯定、恰恰相反和不一定)填写表5.2。

表 5.2 第 10 题表

已知	先根遍历时 n 在 m 前?	中根遍历时 n 在 m 前?	后根遍历时 n 在 m 前?
n 在 m 的左方			
n 在 m 的右方			
n 是 m 的祖先			
n 是 m 的子孙			

注:① 如果离 a 和 b 最近的共同祖先 p 存在,且②a 在 p 的左子树中,b 在 p 的右子树中,则称 a 在 b 的左方(即 b 在 a 的右方)。

11. 假设以二叉链表作为存储结构,试分别写出先根遍历和后根遍历的非递归算法,可直接利用栈的基本运算。

12. 假设在二叉链表中增设两个域:双亲域(parent)以指示其双亲结点;标志域(mark)为 0..2,以区分在遍历过程中到达该结点时应该继续向左或向右或访问该结点。试以此存储结构编写不用栈的后根遍历的算法。

13. 试编写算法在一棵以二叉链表存储的二叉树中求这样的结点:它在先根序列中第

K 个位置。

14. 试以二叉链表作为存储结构,编写计算二叉树中叶子结点数目的递归算法。

15. 以二叉链表作为存储结构,编定算法将二叉树中所有结点的左、右子树相互交换。

16. 已知一棵二叉树以二叉链表作为存储结构,编写完成下列操作的算法:对于树中每个元素值为 x 的结点,删去以它为根的子树,并释放相应的空间。

17. 已知一棵以二叉链表作存储结构的二叉树,试编写复制这棵二叉树的非递归算法。

18. 已知一棵以二叉链表为存储结构的二叉树,试编写层次顺序(同一层自左向右)遍历二叉树的算法。

19. 试以二叉链表作为存储结构,编写算法判别给定二叉树是否为完全二叉树。

20. 已知一棵完全二叉树存在于顺序存储结构 A(1:max)中,A[1:n]含结点值。试编写算法由此顺序结点建立该二叉树的二叉链表。

21. 编写一个算法,输出以二叉树表示的算术表达式,若该表达式中含有括号,则在输出时应该添上,已知二叉树的存储结构为二叉链表。

22. 一棵二叉树的直径定义为,从二叉树的根结点到所有叶子结点的路径长度的最大值。假设以二叉链表作为存储结构,试编写算法求给定二叉树的直径和其长度等于直径的一条路径(即从根到该叶子结点的序列)。

23. 试分别画出图 5.31 中各二叉树的先根、中根、后根的线索二叉树。

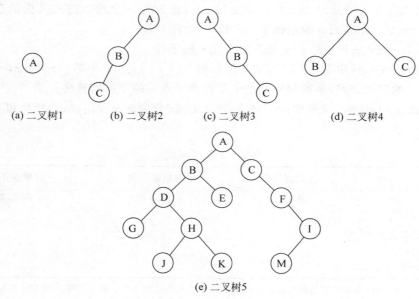

(a) 二叉树1　　(b) 二叉树2　　(c) 二叉树3　　　　(d) 二叉树4

(e) 二叉树5

图 5.31　二叉树示例

24. 试编写一个算法,在中根线索二叉树中,结点 p 之下插入一棵以结点 x 为根,只有左子树的中根全线索化二叉树,使 x 为根的二叉树成为 p 的左子树,若 p 原来有左子树,则令它为 x 的右子树。完成插入之后二叉树应保持线索化特性。

25. 已知一棵以线索链表作为存储结构的中根线索二叉树,试编写在此二叉树上找后根线索后继的算法。

26. 将图 5.32 所示森林转换为相应的二叉树,并按中根遍历进行线索化:

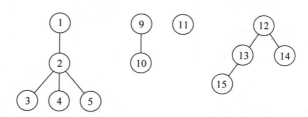

图 5.32　森林示例

27. 画出图 5.31 所示各二叉树相应的森林。

28. 对以下存储结构分别写出计算树的深度的算法。

（1）双亲表示法；

（2）孩子链表表示法；

（3）孩子兄弟表示法。

29. 假设一棵二叉树的层序序列为 A B C D E F G H I J,中根序列为 D B G E H J A C I F。请画出该树。

30. 证明：树中结点 u 是结点 v 的祖先,当且仅当在先根序列中 u 在 v 之前,且在后根序列中 u 在 v 之后。

31. 证明：在结点数大于 1 的哈夫曼树中不存在度为 1 的结点。

32. 设有一组权 WG＝1、4、9、16、25、36、49、64、81、100,试画出其哈夫曼树,并计算带权的路径长度。

33. 假设用于通信的电文仅由 8 个字母组成,字母在电文中出现的频率分别为 7、19、2、6、32、3、21、10,试为这 8 个字母设计哈夫曼编码,使用 0～7 的二进制表示形式是另一编码方案。对于上述实例,比较两个方案的优缺点。

34. 证明：由一棵二叉树的先根序列和中根序列可唯一确定这棵二叉树。

35. 已知一棵二叉树的先根序列和中根序列分别存在于两个一维数组中,试编写算法建立该二叉树的二叉链表。

上机练习 5

1. 建立一棵二叉排序树并中根遍历（根据题目完善程序）。

```
# include "stdio.h"
# include "malloc.h"
struct node{
char data;
struct node * lchild, * rchild;
} bnode;

typedef struct node * blink;

blink add(blink bt,char ch)              //二叉排序树的插入算法
{
  if(bt == NULL)
```

```
    {
      bt = nalloc(sizeof(bnode));
      bt->data = ch;
      bt->lchild = bt->rchild = NULL;
    }
    else
        if ( ch < bt->data)
            bt->lchild = add(bt->lchid,ch);
    else
            bt->rchild = add(bt->rchild,ch);
    return bt;
}

void inorder(blink bt)
{
if(bt)
    { inorder(bt->_____);
        printf("%c",_____);
        inorder(bt->_____);
    }
}
void main()
{
blink root = NULL;
int i,n;
char x;
scanf("%c",&n);
for(i=1;i<=n;i++)
{
    x=getchar();
    root=add(root,x);
}
inorder(root);
printf("\n");
}
```

2. 由前缀表达式建立二叉树的二叉链表结构,求该表达式对应的后缀、中缀表达式。

3. 编写程序,实现按层次遍历二叉树。

4. 建立由合法的表达式字符串确定的只含二元操作符的非空表达式树,其存储结构为二叉链表,用二叉树的遍历算法求该中缀表达式对应的后缀、前缀表达式。

第6章

图

本章学习要点

（1）熟悉图的各种存储结构及其构造算法，了解实际问题的求解效率与采用的存储结构和算法有密切联系。

（2）熟练掌握图的两种搜索路径的遍历：遍历的定义、深度优先搜索的（递归和非递归算法）算法和广度优先搜索算法。

（3）应用图的遍历算法求解各种简单路径问题。

（4）理解本章中讨论的各种图的算法。

图（graph）是比线性表和树更为复杂的一种数据结构。在线性表中，数据元素之间呈线性关系，每个数据元素只有一个直接前驱和一个直接后继；在树形结构中，数据元素之间有明显的层次关系，同一层的每一个元素可以与它的下一层的零个或多个元素相关，但只能与上一层中的一个元素相关，然而在图形结构中，数据元素之间的关系是任意的，每个数据元素都可以和任何其他元素相关。

现代科技领域中，图的应用非常广泛，如电子线路、通信工程、人工智能、控制论等都广泛应用了图的理论。

本章主要讲解图这种数据结构的存储结构以及图的若干种操作的实现。

6.1 图的概念与操作

6.1.1 图的定义

图的形式化定义为 $G=(V,E)$，其中 V 是一个非空有限集合，它的元素称为顶点（vertex）。顶点的偶对 (x,y)（$x \in V$，$y \in V$）称为边（edge），E 是边的集合。若图中代表一条边的顶点偶对是有序的，记作 $\langle x,y \rangle$，称 x 为弧尾（tail），称 y 为弧头（head）。$\langle x,y \rangle$ 表示从 x 到 y 的一条弧（arc），此时的图称为有向图（digraph）。若图中代表一条边的顶点偶对 (x,y) 是无序的，则称其为无向图（undigraph），这时 (x,y) 与 (y,x) 是同一条边。例如图 6.1(a) 中 G_1 是有向图，图 6.1(b) 中 G_2 是无向图。

(a) 有向图 G_1

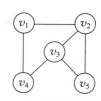

(b) 无向图 G_2

图 6.1 图的示例

$G_1 = (V_1, E_1)$ 其中：$V_1 = \{v_1, v_2, v_3, v_4\}$，$E_1 = \{\langle v_1, v_2 \rangle, \langle v_3, v_1 \rangle, \langle v_4, v_3 \rangle, \langle v_1, v_4 \rangle\}$。

$G_2 = (V_2, E_2)$ 其中：$V_2 = \{v_1, v_2, v_3, v_4, v_5\}$，$E_2 = \{(v_1, v_2), (v_1, v_4), (v_2, v_3), (v_2, v_5), (v_3, v_4), (v_3, v_5)\}$。

如果用 n 表示图中顶点数目，用 e 表示边和弧的数目，不考虑顶点到其自身的弧或边，即若 $\langle v_i, v_j \rangle \in E$，则 $v_i \mathrel{!}= v_j$，那么对于无向图，e 的取值范围是 $0 \sim n(n-1)/2$。有 $n(n-1)/2$ 条边的无向图称为完全图(completed graph)。

对于有向图，e 的取值范围是 $0 \sim n(n-1)$。具有 $n(n-1)$ 条弧的有向图称为有向完全图。

有很少条边或弧(如 $e < n\log n$)的图称为稀疏图(spare graph)，反之称为稠密图(dense graph)。

6.1.2　图的基本术语

1. 度、入度和出度

对于无向图 $G = (V, E)$，如果边 $(v, v') \in E$，则称顶点 v 和 v' 互为邻接点(adjacent)，即 v 和 v' 相邻接，边 (v, v') 依附(incident)于顶点 v 和 v'，或者说边 (v, v') 和顶点 v 和 v' 相关联。

顶点 v 的度(degree)是和 v 相关联的边的数目，记作 $TD(v)$。例如图 6.1(b)中，图 G_2 中顶点 v_3 的度是 3。

对于有向图 $G = (V, E)$，如果弧 $\langle v, v' \rangle \in E$，则称顶点 v 邻接到顶点 v'，顶点 v' 邻接自顶点 v。弧 $\langle v, v' \rangle$ 和顶点 v、v' 相关联。以顶点 v 为头的弧的数目称为 v 的入度(indegree)，记为 $ID(v)$；以顶点 v 为尾的弧的数目称为 v 的出度(outdegree)，记为 $OD(v)$。顶点 v 的度为：

$$TD(v) = ID(v) + OD(v)$$

如图 6.1(a)中 G_1 图：$ID(v_1) = 1$，$OD(v_1) = 2$，$TD(v_1) = ID(v_1) + OD(v_1) = 3$

一般地，有 n 个顶点，e 条边或弧的图，满足以下关系：

$$e = \sum_{i=1}^{n} TD(V_i)/2$$

2. 子图

假设有两个图 $G = (V, E)$，$G' = (V', E')$。如果 V' 包含于 V，E' 包含于 E，则称 G' 是 G 的子图(subgraph)。图 6.2 是子图的一些示例。

3. 路径、回路

无向图 $G = (V, E)$ 中从顶点 v 到顶点 v' 的路径(path)是一个顶点序列 $(v = v_{i0}, v_{i1}, v_{i2}, \cdots, v_{in} = v')$，其中 $(v_{i,j-1}, v_{ij}) \in E$，$1 \leqslant j \leqslant n$。如果 G 是有向图，则路径也是有向的，顶点序列应满足 $\langle v_{i,j-1}, v_{ij} \rangle \in E$，$1 \leqslant j \leqslant n$。

路径的长度是路径上的边或弧的数目。

第一个顶点和最后一个顶点相同的路径称为回路(cycle)或环。序列中顶点不重复出

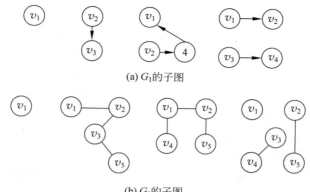

(a) G_1的子图

(b) G_2的子图

图 6.2　子图示例

现的路径称为简单路径。除了第一顶点和最后一个顶点之外,其余顶点不重复出现的回路,称为简单回路或简单环。

4. 连通图、连通分量

在无向图 G 中,如果从顶点 v 到顶点 v' 有路径,则称 v 和 v' 是连通的。如果对于图中任意两个顶点 $v_i,v_j \in V,v_i,v_j$ 都是连通的,则称 G 是连通图(connected graph)。例如图 6.1(b)中的 G_2 就是一个连通图,而图 6.3(a)中的 G_3 则是非连通图,但 G_3 有三个连通分量,如图 6.3(b)所示。所谓连通分量(connected component),是指无向图中的极大连通子图。

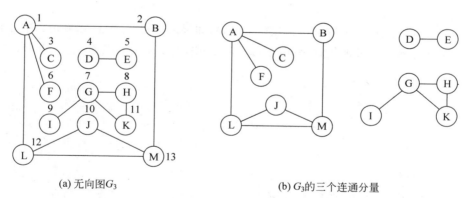

(a) 无向图G_3　　　　(b) G_3的三个连通分量

图 6.3　无向图及其连通分量

在有向图 G 中,如果对于每一对 $v_i,v_j \in V,v_i != v_j$,从 v_i 到 v_j 和从 v_j 到 v_i 都存在路径,则称 G 是强连通图。有向图中的极大强连通子图称为有向图的强连通分量。例如图 6.1(a)中的 G_1 不是强连通图,但它有两个强连通分量,如图 6.4 所示。

5. 生成树

一个连通图的生成树(spanning tree)是一个极小连通子图。它含有图中全部顶点,但只有足以构成一棵树的 $n-1$ 条边。图 6.3(a)中的 G_3 是一个非连通图,它有三个连通分量,最大的连通分量的一棵生成树如图 6.5 所示。

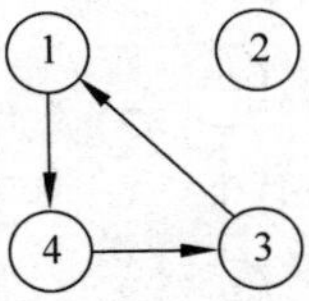

图 6.4 G_1 的两个强连通分量

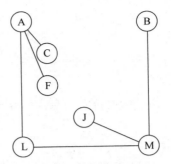

图 6.5 G_3 的最大连通分量的一棵生成树

树的等价定义：不含回路的连通图叫作树。如果在一棵生成树上添加一条边,必定构成回路。因为这条边使得它所依附的两个顶点之间有了第二条路径。一棵有 n 个顶点的生成树,有且仅有 $n-1$ 条边。如果一个图有 n 个顶点和小于 $n-1$ 条边,则它是非连通图。如果它有多于 $n-1$ 条边,则一定有回路,但是有 $n-1$ 条边的图不一定是生成树。

6. 生成森林

如果一个有向图恰有一个顶点的入度为 0,其余顶点的入度均为 1,则它是一棵有向树。一个有向图的生成森林(spanning forest)由若干棵有向树组成,它含有图中全部顶点,但只有足以构成若干棵不相交的有向树的弧,如图 6.6 所示。

7. 网

在图的每条边上加一个数字作为权(weight),如果用顶点代表城市,权可以表示两城市之间的距离或耗费。带权的图称为网(network),如图 6.7 所示的图 G_4 是一个网。

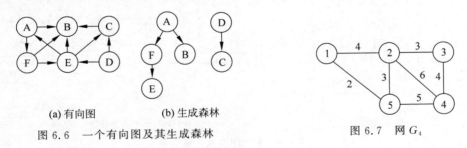

(a) 有向图   (b) 生成森林

图 6.6   一个有向图及其生成森林

图 6.7   网 G_4

另外,在前面举例的 G_1、G_2、G_3 三个图中,对顶点编了号。从图的定义来看,顶点集为 V,根据集合的定义,集合中的元素是无序的,所以无法将图中顶点排成一个线性序列,任何一个顶点都可以看成第一个顶点,编号为 1。此外,任一顶点的邻接点之间也不存在次序关系。因此,在图 G_1、G_2、G_3 中,对顶点的编号完全是人为的。

8. 图的 ADT

在已知图的逻辑结构和确定运算后就可以定义图的抽象数据类型。ADT6.1 是图的抽象数据类型描述,其中只包含最常见的图运算。

ADT6.1 图 ADT

ADT graph{

数据对象：

$V = \{a_i | a_i \in 元素集合, i = 1, 2, \cdots, n, n \geqslant 0\}$

数据关系 R：

$R = \{VR\}$

$VR = \{\langle v, w \rangle | \ v, w \in V,$ 且 $P(v, w), \langle v, w \rangle$ 表示从 v 到 w 的弧。$P(v, w)$ 定义了弧 $\langle v, w \rangle$ 的意义或信息 $\}$

基本操作：

creat()：创建一个部包含任何边的有向图。

destroy()：撤销一个有向图。

exist(u, v)：若图中存在弧 $\langle u, v \rangle$，则返回 1，否则返回 0。

insert(u, v, w)：向图中添加权为 w 的弧 $\langle u, v \rangle$，若插入成功，则返回 1，否则返回 0。

remove(u, v)：从图中删除弧 $\langle u, v \rangle$，若图中不存在弧 $\langle u, v \rangle$，则返回 0；若图中存在弧 $\langle u, v \rangle$，则从图中删除此弧并返回 1。

vertices()：返回图中顶点数目。

}ADTgraph

6.2 图的存储结构

图的存储结构有多种形式，下面只研究其中的三种：邻接矩阵、邻接表、十字链表。在这三种形式中，最常用的是前两种。

6.2.1 邻接矩阵

邻接矩阵(adjacency matrix)是表示顶点间相邻关系的矩阵。若 G 是一个具有 n 个顶点的图，则 G 的邻接矩阵是如下定义的 $n \times n$ 矩阵：

$$a_{ij} = \begin{cases} 1 & (v_i, v_j) 或 (V_j, V_i) 是图的边 \\ 0 & 其他 \end{cases}$$

例如，图 6.1 中的有向图 G_1 和无向图 G_2 的邻接矩阵如下：

$$A_1 = \begin{bmatrix} 0 & 1 & 0 & 1 \\ 0 & 0 & 0 & 0 \\ 1 & 0 & 0 & 0 \\ 0 & 0 & 1 & 0 \end{bmatrix} \quad A_2 = \begin{bmatrix} 0 & 1 & 0 & 1 & 0 \\ 1 & 0 & 1 & 0 & 1 \\ 0 & 1 & 0 & 1 & 1 \\ 1 & 0 & 1 & 0 & 0 \\ 0 & 1 & 1 & 0 & 0 \end{bmatrix}$$

显然，无向图的邻接矩阵是对称的，因为当 $(v_i, v_j) \in E$ 时，也有 $(v_j, v_i) \in E$。有向图的邻接矩阵则不一定对称，所以用邻接矩阵表示一个有 n 个顶点的有向图时，所需要的存储空间为 n^2。

图的邻接矩阵完全表示了一个图。例如，对于无向图 G 中任意一顶点 v_i，若要求 v_i 的

度,则

$$\mathrm{TD}(v_i) = \sum_{j=1}^{n} a_{ij}$$

对于有向图 G,若要求 V_j 的入度,则

$$\mathrm{ID}(v_j) = \sum_{i=1}^{n} a_{ij}$$

若要求 v_i 的出度,则

$$\mathrm{OD}(v_i) = \sum_{j=1}^{n} a_{ij}$$

对于网,其邻接矩阵中值为 1 的元素可用边上的权代替。有时还可根据需要,将网的邻接矩阵中的所有的 0 用 ∞ 来代替。例如图 6.7 中的网 G_4 的邻接矩阵如下:

$$\begin{bmatrix} \infty & 4 & \infty & \infty & 2 \\ 4 & \infty & 3 & 6 & 3 \\ \infty & 3 & \infty & 4 & \infty \\ \infty & 6 & 4 & \infty & 5 \\ 2 & 3 & \infty & 5 & \infty \end{bmatrix}$$

除了需要一个二维数组存储顶点之间相邻关系的邻接矩阵外,通常还需要使用一个具有 n 个元素的一维数组存储顶点信息,其中下标为 i 的元素存储顶点 v_i 的信息。

如果用一个二维数组定义一个有 n 个顶点的图 G 的邻接矩阵,要检查 G 中有多少条边,需要的时间为 $O(n^2)$。当图的邻接矩阵是稀疏矩阵时,为确定边的条数,有大量的零元素要检查,所以很浪费时间。

6.2.2 邻接表

邻接表(adjacency)是图的另一种存储结构。

在邻接表中,对图中每个顶点建立一个单链表,顶点 v_i 的单链表中的结点是 v_i 的所有邻接点。在有向图中,顶点 v_i 的单链表中的结点是以 v_i 为弧尾的顶点。每一个结点由三个域组成,其中邻接点域(adjvex)指示与顶点 v_i 邻接的点在图中的编号;链域(nextarc)指示下一条边或弧的结点;数据域(info)存储和边或弧相关的信息,如权值等。每一个链表上附设一个头结点,在头结点中,除了设有链域(firtarc)指向链表第一个结点外,还设有存储 v_i 的名或其他有关信息的数据域(vexdata),这些结点的结构如下所示。

头结点通常以顺序结构的形式存储,以便随机访问任一顶点的链表。

例如,图 6.1 所示的 G_1 和 G_2 的邻接表如图 6.8 所示。

从这两个例子可以看出,每个单链表相当于邻接矩阵的一行,它存储了邻接矩阵某一行中的非零元素。这种存储结构可定义如下:

```
#define max_vertex_num 20                        //最大顶点数
struct arcnode
{
    int adjvex;
    struct arcnode * nextarc;
    infotype info;                               //和弧有关的其他信息
```

```
};
typedef struct arcnode * arcptr;
typedef struct vexnode
{
    vextype vexdata;              //和顶点有关的信息
    arcptr firstarc;
}adjlist[max_vertex_num + 1];
```

adjvex	nextarc	info

表结点

vexdata	firstarc

头结点

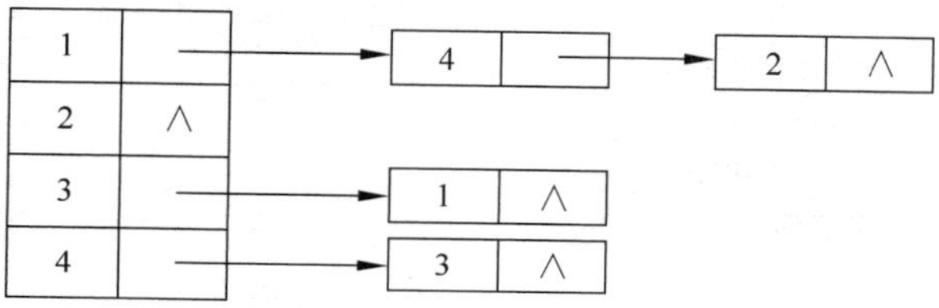

(a) G_1的邻接表

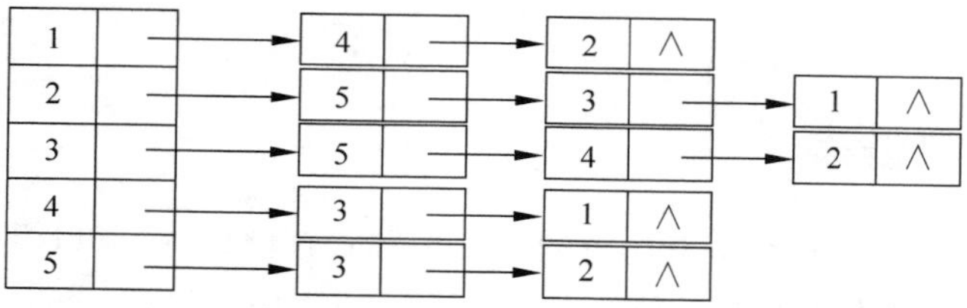

(b) G_2的邻接表

图 6.8 G_1、G_2 的邻接表存储结构

若无向图有 n 个顶点,e 条边,则它的邻接表需 n 个头结点,$2e$ 个表结点。显然,当边稀疏时,即 e 远小于 $n(n-1)/2$ 时,用邻接表表示图比用邻接矩阵节省存储空间,当和边相关的信息较多时更是如此。

在无向图的邻接表中,顶点 v_i 的度恰为第 i 个链表中的表结点数;而在有向图中,第 i 个链表中的表结点个数只是顶点 v_i 的出度。为求入度,必须遍历整个邻接表。在邻接表中邻接点域的值为 i 的结点的个数是顶点 v_i 的入度。有时为了便于确定顶点的入度或以顶点 v_i 为头的弧,可以建立一个有向图的逆邻接表,即对每一个顶点 v_i 建立一个以 v_i 为头的弧的表,如图 6.9 所示为有向图 G_1 的逆邻接表。

在邻接表上容易找到任一顶点的所有邻接点,但是判定任意两顶点(v_i 和 v_j)之间是否有边或弧相连,则需要搜索第 i 个或第 j 个链表,此时邻接表不如邻接矩阵方便。

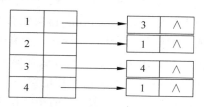

图 6.9 G_1 的逆邻接表

算法 6.1   构造图的邻接表算法

```
void setadjlist(adjlist graph)                    //根据所读入的边,建立图的邻接表 graph
{
    int v1,v2;
    arcptr p,q;
    scanf(" % d % d",&v1,&v2);                    //读入第一条边(v1,v2)
    while(v1!= 0)                                 //边的结束标志 v1 = 0
    {
        q = (arcptr)malloc(sizeof(arcnode));
        q - > adjvex = v2;
        q - > nextarc = NULL;
        if (graph[v1].firstarc == NULL)
            graph[v1].firstarc = q;
        else                                      //尾插法插入单链表
        {
            p = graph[v1].firstarc;
            while(p - > nextarc)
                p = p - > nextarc;
            p - > nextarc = q;
        }
        scanf(" % d % d",&v1,&v2);                //读入下一条边
    }
}
```

6.2.3   十字链表

十字链表(orthogonal list)是有向图的另一种链式存储结构,可以看成是将有向图的邻接表和逆邻接表结合起来得到的一种链表。在十字链表中,对应于有向图中每一条弧有一个结点,对每一个顶点也有一个结点,这些结点的结构如下所示。

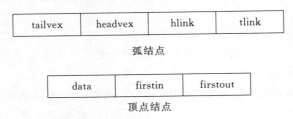

弧结点

顶点结点

在弧结点中有四个域:尾域 tailvex 和头域 headvex 分别指示弧尾和弧头这两个顶点在图中的编号;链域 hlink 指向弧头相同的下一条弧;链域 tlink 指向弧尾相同的下一条弧。弧头相同的弧在同一链表上,弧尾相同的弧也在同一链表上。它们的头结点即为顶点结点,由三个域组成:其中 data 域存储和顶点相关的信息;firstin 和 firstout 为两个链域,分别指向以该顶点为弧头或弧尾的第一个弧结点。

有向图 G_5 以及 G_5 的十字链表如图 6.10 所示。

若将有向图的邻接矩阵看成稀疏矩阵,则十字链表也可看成邻接矩阵的链表存储结构。只是在图的十字链表中,弧结点所在的链表不是循环链表,表头结点即顶点之间用顺序存储。

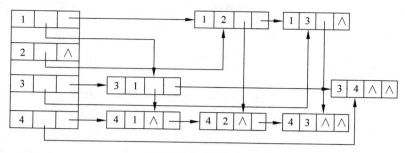

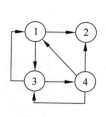

(a) 有向图 G_5 (b) G_5 的十字链表

图 6.10   有向图 G_5 以及 G_5 的十字链表

有向图的十字链表类形定义如下：

```
typedef struct arctype
{
    int tailvex, headvex;
    struct arctype * hlink, * tlink;
} * arclink;
typedef struct vnode
{
    vertex data;
    arclink firstin, firstout;
}ortholist;
```

只要输入 n 个顶点的信息和 e 条弧的信息，便可建立该有向图的十字链表。

算法 6.2   建立有向图的十字链表存储结构算法。

```
void crt_ortho(ortholist ga[ ])
{
    int n,e,i,j,k;
    arclink p;
    scanf("%d%d",&n,&e);              //输入顶点和弧的数目
    for(i=1;i<=n;i++)
    {
        scanf("%d",&ga[i].data);      //输入顶点信息,此处假定顶点信息为 int 类型
        ga[i].firstin = NULL;
        ga[i].firstout = NULL;        //指针初始化
    }
    for(k=1;k<=e;k++)
    {
        scanf("%d%d",&i,&j);          //输入弧的信息,i 是弧尾顶点的编号,j 是弧头顶点的编号
        p = (arclink)malloc(sizeof(arctype));
        p->tailvex = i; p->headvex = j;
        //将弧结点采用头插法分别插入到两个链表中
        p->hlink = ga[j].firstin; ga[i].firstin = p;
        p->tlink = ga[i].firstout; ga[i].firstout = p;

    }
}
```

在十字链表中既容易找到以 v_i 为尾的弧,也容易找到以 v_i 为头的弧,因而容易求得顶点的出度和入度。在某些有向图的应用中,十字链表是很有用的工具。

6.2.4   边集数组

边集数组是利用一维数组存储图中所有边的一种图的表示方法。该数组中所含元素的个数要大于或等于图中的边数,每个元素用来存储一条边的起点、终点(对于无向图,可选定边的任一端点作为起点或终点)和权(若有的话)。各边在数组中的次序可任意安排,也可根据具体要求而定。边集数组只是存储图中所有边的信息,若需要存储顶点信息,同样需要一个具有 n 个元素的一维数组,图 6.11 是图 6.7 所示图 G_4 对应的边集数组。

fromvex	1	1	2	2	2	3	4
endvex	2	5	3	4	5	4	5
weight	4	2	3	6	3	4	5

图 6.11   图 G_4 的边集数组

边集数组中的元素类型和边集数组类型定义如下:

```
struct edge                              //定义边集数组的元素类型
{
    int fromvex;                         //边的起点域
    int endvex;                          //边的终点域
    int weight;                          //边的权值域,对应无权图可省去此域
};
typedef edge edgeset[maxedgenum];        //定义 edgeset 为边集数组类型
```

算法 6.3   建立一个带权图的边集数组表示的算法。

```
//通过从键盘上输入的 n 个顶点信息和 e 条边的信息
//建立顶点数组 gv 和边集数组 ge
void createdgeset(vextype gv[ ],edgeset ge,int n,int e)
{
    int i,k,j,w;
    for (i = 0;i < n;i++)
    scanf("%c",&gv[i]);                  //输入顶点信息
    for(k = 0;k < e;k++)
    {
        scanf("%d%d%d",&i,&j,&w);        //输入一条边的起点、终点和权值
        ge[k].fromvex = i;
        ge[k].endvex = j;
        ge[k].weight = w;
    }
}
```

在边集数组中查找一条边或一个顶点的度都需要扫描整个数组,所以其时间复杂度为 $O(e)$。边集数组适合那些对边依次进行处理的运算,不适合对顶点的运算和对任一条边的运算。边集数组表示的空间复杂度为 $O(e)$。从空间复杂度上讲,边集数组也适合表示稀疏图。

图的邻接矩阵、邻接表和边集数组表示法各有利弊,具体应用时,要根据图的稠密程度以及算法的要求进行选择。

6.3　图的遍历

图的遍历(traversing graph)与树的遍历类似,其含义是:从图中某一给定顶点 v_0 出发访问图中其余顶点,使得每个顶点都被访问一次且仅被访问一次,这一过程称为图的遍历。图的遍历算法是实现图上其他算法的基础。

图的遍历要比树的遍历复杂得多,因为图的任一顶点都可以与其余顶点相邻接,所以在访问某个顶点之后,有可能沿着某条路径搜索,又回到这个顶点。例如图 6.1 中的 G_2,由于图中存在着回路,因此在访问了 v_1、v_2、v_3、v_4 之后,沿着边 (v_4, v_1) 又回到 v_1,这种现象增加了遍历图的复杂度。事实上,同一顶点被访问多次确实没有必要,为了避免发生这种现象,在遍历图的过程中,必须对某个顶点已被访问这一信息记录下来,为此设一辅助数组 visited[1..n],它的初始值为“假”。一旦某个顶点 v_i 已被访问,便置 visited[i] 为“真”。这样,就可随时根据数组 visited 中的元素 visited[i] 为“真”还是为“假”,判断图中的顶点 v_i 是否已被访问了。

对树的遍历有先根遍历、后根遍历、层次遍历等,这是人为规定的一种遍历的次序。在图的遍历中,也规定了两种遍历方式:深度优先搜索和广度优先搜索。它们对无向图和有向图都适合。深度优先搜索是树的先根遍历的推广;广度优先搜索是树的层次遍历的推广。下面首先介绍连通的无向图和强连通图的遍历。一般图的深度优先、广度优先遍历算法在 6.4 节介绍。

6.3.1　深度优先搜索

深度优先搜索(Depth First Search,DFS)思想如下:假设初始状态是图中所有顶点都没被访问过,则 DFS 可从图中某一顶点 v_0 出发,首先访问 v_0;然后访问与 v_0 邻接但未被访问过的任一顶点 v_1;接着再去访问与 v_1 邻接但未被访问过的任一顶点 v_2。重复这一过程,当到达一个所有邻接的顶点均被访问过的顶点时,则依次退回到最近被访问过的顶点。若它还有邻接点未被访问过,从这些未被访问过的顶点中,任取其中的一顶点开始重复这一过程;若所有邻接顶点均被访问过,则依次退回……直到所有顶点被访问过为止。

例如,在图 6.12 所示的图 G_6 中,假设从顶点 v_1 出发进行搜索,在访问了顶点 v_1 之后,从 v_1 的未曾访问过的邻接点 v_2、v_3 中选择 v_2,访问之;再从 v_2 出发,从 v_2 未被访问的邻接点 v_4、v_5 中选择 v_4,访问之。然后从 v_4 出发,此时 v_4 的未被访问过的邻接点只有 v_8,访问 v_8。v_8 的未曾被访问过的邻接点只有 v_5,访问之。此时,v_5 的两个邻接点 v_2、v_8 都已被访问。按原路返回到 v_8,由于 v_8 的两个邻接点 v_4、v_5 已被访问,再返回到 v_4。v_4 的情况和 v_8 一样,所以再返回到 v_2。v_2 的情况和 v_4 一样,再返回到 v_1。由于 v_1 的两个邻接点中,v_2 已被访问但 v_3 还未被访问过,于是接着访问 v_3。再从 v_3 的两个未被访问过的顶点 v_6、v_7 中选择 v_6 访问之。v_6 的邻接点是 v_3 和 v_7,其中 v_3 已被访问过,则访问 v_7。这时图中所有的顶点均已被访问,DFS 法遍历图 G_6 的全过程结束。由此得到一顶点的访问序列:

$v_1 \rightarrow v_2 \rightarrow v_4 \rightarrow v_8 \rightarrow v_5 \rightarrow v_3 \rightarrow v_6 \rightarrow v_7$。对图 G_6 进行深度优先搜索的过程如图 6.13 所示。图中以带箭头的粗实线表示遍历时的访问路径,以带箭头的虚线表示回溯的路径。图中的小圆圈表示已被访问过的邻接点,大圆圈表示访问的邻接点。

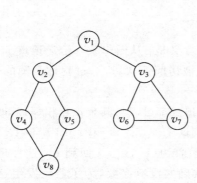

图 6.12　连通的无向图 G_6

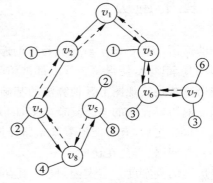

图 6.13　G_6 的深度优先搜索的过程

显然,用 DFS 法遍历图,得到的结点序列是不唯一的,例如还可以用 DFS 法遍历 G_6,得到另一访问序列:$v_1 \rightarrow v_2 \rightarrow v_5 \rightarrow v_8 \rightarrow v_4 \rightarrow v_3 \rightarrow v_7 \rightarrow v_6$。

再看一个有向图的例子。

图 6.14 所示,G_7 是一个有向图,按定义它不是一个强连通图。如果从 A 出发,用深度优先搜索,所得到的顶点序列为:A,B,C,D。即从 A 出发访问 A,然后选择 A 的邻接点 B,访问之,B 有两个邻接点 C、D,选择 C,访问之,由于邻接于 C 的顶点 A 已访问,所以回到 B,从 B 的另一个邻接点 D 出发,访问 D,这时,D 的两个邻接点 A 和 C 都已经被访问过,所以返回到 B,B 的邻接点已访问过,返回 A,邻接于 A 的结点也都已访问。但是此时 G_7 中还有三个顶点 E、F、G 没有被访问,上面的访问只是遍历了 G_7 的一个子图。

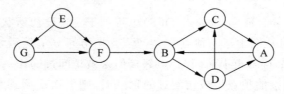

图 6.14　有向图 G_7

其实这个过程类似于森林的遍历,仅遍历了一棵树。在无向图的条件下遍历了一个连通分量;在有向图的条件下,遍历了所有从顶点 A 出发可到达的顶点。如果是强连通的有向图或连通的无向图,则按上述介绍的 DFS 方法能够连续地访问图中的所有顶点。否则,为了遍历整个图,还应该继续从未访问过的顶点中选一个顶点作为出发点,再用 DFS 方法遍历余下的顶点。如此重复多次,直到全部顶点都被访问到为止。

但是如果出发点选择顶点 E,则可调用 DFS 方法一次连续地遍历图。所得到的顶点序列为:E,G,F,B,D,C,A。由此看来,对于有向图 G,如果 G 非强连通,恰当地选择出发点,也可一次连续地 DFS 遍历图 G。

另外,还可以用递归的方式给出 DFS 方法的定义。初始状态是图中所有顶点未曾被访问过,则 DFS 方法可从某一指定顶点 v_0 出发,访问此顶点,然后依次从 v_0 的未被访问过的邻接点出发深度优先遍历图,直到图中所有与 v_0 有路径相通的顶点都被访问到为止。

假设图 G 用邻接表存储,从 v_0 出发遍历 G 的递归过程如算法 6.4 所示。

算法 6.4 深度优先遍历图的递归算法。

```
//假设图 G 有 n 个顶点,用邻接表存储 G,DFS 遍历图 G
int visited[max_vertex_num + 1] = {0};
void dfs(adjlist graph, int v)
{
    arcptr p;
    visit(v);
    visited[v] = 1;
    p = graph[v].firstarc;
    while(p)
    {
        if(!visited[p->adjvex])
            dfs(graph,p->adjvex);
        p = p->nextarc;
    }
}
```

DFS 遍历图 G 的方法也可以用非递归的描述,当访问了图中一个顶点之后,若它的所有邻接点均已被访问过了,则要按原路返回到前一个顶点;若这个顶点的所有顶点也都被访问过了,则再按原路返回到它的前一个顶点。因此返回的次序是:先访问的顶点后返回,后访问的顶点先返回。所以对于非递归的 DFS 算法来说,需要借助一个栈。在遍历的过程中,每当访问了一个顶点 v,就将 v 推进栈;接着继续访问 v 的下一个未被访问过的邻接点。如果 v 的所有邻接点都已被访问过,那么使 v 退栈,再去访问新的栈顶元素的下一个未被访问过的邻接点。这一过程一直进行到栈空为止。非递归的 DFS 算法如算法 6.5 所示。

算法 6.5 深度优先遍历图的非递归算法。

```
//假设图 G 用邻接表存储,从顶点 v 出发非递归地 DFS 图 G,stack 是一个顺序栈
int visited[max_vertex_num + 1] = {0};
int stack[max_vertex_num + 1];
void unrecurrentdfs(adjlist graph, int v)
{
    visit(v);
    int i;
    arcptr p;
    visited[v] = 1;
    i = 1;                              //i 为栈顶指针
    stack[i] = v;                       //v 进栈
    p = graph[v].firstarc;
    while(i != 0)                       //若栈不空
    {
        while(p&&visited[p->adjvex])
            p = p->nextarc;
        if(!p)                          //顶点 p 的所有邻接点都已访问过了
        {
            i--;                        //退栈
```

```
        if(i)
            p = graph[stack[i]].firstarc;
                //p 取新的栈顶元素的邻接点
        }
        else
        {
            visit(p - > adjvex);
            visited[p - > adjvex] = 1;
            i++;
            stack[i] = p - > adjvex;
            p = graph[p - > adjvex].firstarc;
        }
    }
}
```

遍历图的过程实质上是对每个顶点查找其邻接点的过程。当以邻接表作为图的存储结构时,找邻接点所需的时间为 $O(e)$,其中 e 为无向图中边的数目或有向图中弧的数目,由此以邻接表作为存储结构时,DFS 遍历图的时间复杂度为 $O(e)$ 。

6.3.2　广度优先搜索

广度优先搜索(Breadth-First Search,BFS)的思想是:假设初始状态是图中所有顶点都没被访问过,则从图中某一指定顶点 v_0 出发,首先访问 v_0 ,然后访问 v_0 的全部邻接点 w_1 , w_2 ,…, w_t ;再依次访问与 w_1 , w_2 ,…, w_t 邻接的全部邻接点(已被访问的顶点除外);再从这些被访问的顶点出发,逐次访问它们的邻接点(已被访问的顶点除外)。以此类推,直到所有顶点都被访问完为止。换句话说,广度优先搜索遍历图的过程是以 v_0 为起点,由近至远,依次访问和 v_0 有路径相通且路径长度为 $1,2,$ …的顶点。

例如,对图 6.12 中的无向图 G_6 进行 BFS 遍历图的过程是:首先访问 v_1 和 v_1 的邻接点 v_2 和 v_3 ;然后依次访问 v_2 的邻接点 v_4 和 v_5 及 v_3 的邻接接点 v_6 和 v_7 ,最后访问 v_4 的邻接点 v_8 。由于这些顶点的邻接点均已被访问,并且图中所有顶点都被访问,因此完成了图的遍历。遍历过程如图 6.15 所示,得到的顶点访问序列为:

$$v_1 \rightarrow v_2 \rightarrow v_3 \rightarrow v_4 \rightarrow v_5 \rightarrow v_6 \rightarrow v_7 \rightarrow v_8$$

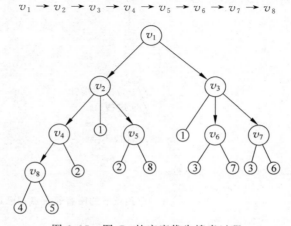

图 6.15　图 G_6 的广度优先搜索过程

和深度优先搜索类似,BFS 在遍历的过程中也需要辅助数组 visited[1..*n*]。并且,为了顺序访问路径长度为 $1,2,\cdots$ 的顶点,需要附设队列,用于存储已被访问的路径长度为 $1,2,\cdots,$ 的顶点。BFS 遍历的算法如算法 6.6 所示。

算法 6.6 图的广度优先遍历算法。

```
//从 v 出发广度优先遍历图 G
int visited[max_vertex_num + 1] = {0};
void bfs(GRAPH graph[], int v)
{
    int w;
    visit(v);
    visited[v] = 1;
    iniqueque(Q);                          //初始化设置空队列 Q
    enqueque(Q,v);                         //v 进队列 Q
    while(!empty(Q))                       //当队列不空时
    {
        v = dequeque(Q);                   //队头元素 v 出队列
        w = firstadj(graph,v);             //求 v 的第一个邻接点
        while(w)                           //w 不是最后一个邻接点
        {
            if(!visited[w])
            {
                visit(w);
                visited[w] = 1;
                enqueque(Q,w);             //顶点 w 进队列 Q
            }
            w = nextadj(graph,v,w);
        //求下一个邻接点,已知 w 为图 g 中顶点 v 的某个邻接点
        //求顶点 w 的下一个邻接点,若 w 是 v 的最后一个邻接点,则函数 nextadj 的值为 0
        }
    }
}
```

算法 6.6 仅是一个 BFS 算法的框架。具体实现时,还应考虑下述问题。

(1) 要确定图 *G* 的存储方式。在参数表中,仅象征性地给出了 GRAPH graph,至于 GRAPH 具体是图的哪种存储方式,在实现算法时还需要确定。

(2) 对队列的操作 iniqueque(Q)(初始化队列)、enqueque(Q,v)(进队列)、dequeque(Q)(出队列)、empty(Q)(队列判空)这几个操作要细化。

(3) 当 GRAPH 的类型确定后,在图的存储结构上的操作 firstadj(graph,v)(求 v 的第一个邻接点)、nextadj(graph,v,w)(求 v 的 w 之后的下一个邻接点)这两个操作也要细化。

只有上述工作都完成了以后,算法 6.6 才是一个离可上机的程序不远的算法。

最后,分析算法 6.6,每一个顶点至多进一次队列,遍历图的过程实质上是通过边或弧找邻接点的过程。因此 BFS 和 DFS 的时间复杂度相同,两者的不同之处仅在于对顶点访问的顺序不同。

6.4　图的连通性

6.4.1　无向图的连通分量

在对无向图进行遍历时,对于连通图,仅需一次调用搜索过程 DFS 或 BFS。换句话说,即从图中任一顶点出发,便可遍历整个图。若 G 是一无向图,且非连通,从 G 中某一顶点 v 出发遍历图,不能访问到 G 的所有顶点,而只能访问到包含该顶点 v 的极大的连通子图,即 G 的一个连通分量中的所有顶点。若从无向图的每个连通分量中的一个顶点出发遍历图,则可求得无向图的所有连通分量。

当然,在调用 DFS 或 BFS 算法时,要对图的每一个顶点进行检查。若顶点被访问过,则该顶点落在图中已被求过的连通分量上;若顶点未被访问过,则从该顶点出发遍历图;如此反复,便可求得无向图所有的连通分量。

算法 6.7　求无向图所有的连通分量算法。

```
int visited[max_vertex_num + 1] = {0};
int n = 图的顶点数;
void comp(adjlist graph)
{
    for(vi = 1;vi < = n;vi++)
        if(!visited[vi])
        {
            printf("a connected component is ");
            dfs(graph,vi);              //调用深度优先搜索算法
        }
}
```

如果图 G 用邻接表表示,因为 DFS(或 BFS)所需时间为 $O(e)$,故求 G 的所有连通分量的时间复杂度为 $O(n+e)$。

6.4.2　生成树和最小代价生成树

设 $G=(V,E)$ 是一个连通无向图,则从图中任一顶点出发进行遍历操作,能将 E 分成两个集合 $T(G)$ 和 $B(G)$,其中 $T(G)$ 是遍历图时所经过的边集,$B(G)$ 是剩余的边集。显然,$T(G)$ 和图 G 中所有顶点一起构成连通图 G 的极小连通子图,按 6.1 节的定义,它是连通图的一棵生成树。由 DFS 得到的是深度优先生成树,由 BFS 得到的是广度优先生成树。图 6.16(a)和图 6.16(b)所示分别为连通图 G_6 的深度优先生成树和广度优先生成树,图中虚线为集合 $B(G)$ 中的边。

对于非连通图,每个连通分量中的顶点集和遍历时走过的边一起构成若干棵生成树,这些连通分量的生成树组成非连通图的生成森林。例如,图 6.17 所示为 G_3 的深度优先生成森林,它由三棵深度优先生成树组成。

如果用图 G 的顶点表示城市,边表示连接两城市之间的通信线路。若有 n 个城市,则连接 n 个城市最少要 $n-1$ 条线路。图 G 的生成树表示了可行的通信线路。

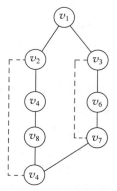 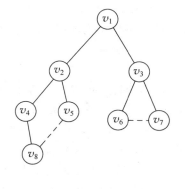

(a) G_6的深度优先生成树　　　　(b) G_6的广度优先生成树

图 6.16　连通图 G_6 的生成树

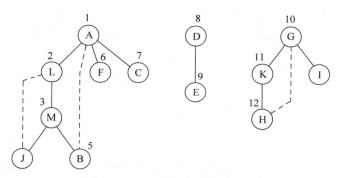

图 6.17　非连通图 G_3 的生成森林

如果图 G 中的边都带上权,则称 G 为网。边上的权可以表示两个城市之间的距离,或者表示两个城市之间的通信网络所花费的代价等。在 n 个城市之间最多可建$n(n-1)/2$条线路,如何在这些可能的线路中,选择 $n-1$ 条线路,使其总的代价最小,或者线路的总长度最短呢?因为具有 n 个顶点的网可以建立许多生成树,每一棵生成树都是一个通信网络。按照生成树的定义,具有 n 个顶点的网的生成树,应该具有 n 个顶点和 $n-1$ 条边。所以,上面的问题就是要选择一棵生成树,使其总的代价(或距离等)达到最小。即是构造一棵最小代价生成树(minimum cost spanning tree,简称最小生成树)的问题。一棵生成树的代价就是树上各边的权之和。

构造最小生成树有多种算法。本节只介绍普里姆(Prim)算法和克鲁斯卡尔(Kruskal)算法。这两种算法建立在下述结论的基础上。

$N=(V,E)$ 是一连通网,U 是顶点集 V 的一个非空子集。若(u,v)是一条具有最小权值的边,其中 $u\in U,v\in V-U$,则必存在 N 的一棵包含边(u,v)的最小生成树。

用反证法给出证明。

证明:假设网 N 的任何一棵最小生成树都不包含(u,v),设 T 是连通网的一棵最小生成树。将边(u,v)加入到 T 中时,由生成树的定义,则在 T 上必然存在一条包含(u,v)的回路。另外,由于 T 是生成树,则在 T 上必然存在另一条边(u',v'),其中 $u'\in U,v'\in V-U$,且 u 和 u' 之间,v 和 v' 之间均有路径相通。删去边(u',v')便可消除上述回路,于是可得到

另一棵生成树 T'。由于 (u,v) 的权值不高于 (u',v') 的权值,所以 T' 的代价不高于 T 的代价。T' 是包含 (u,v) 的一棵最小生成树,这与开始的假设相矛盾。

1. Prim 算法

设 $N=(V,E)$ 是连通网,$T=(V,E')$ 是正在构造中的生成树。初始状态时,这棵生成树只有一个结点,没有边,即 $U=\{u_0\}$,$E'=\varnothing$,u_0 是任意选定的顶点。从初始状态开始重复执行下列操作:在所有 $u\in U$,$v\in V-U$ 的边 (u,v)($(u,v)\in E$) 中找出一条代价最小的边 (u',v') 并入集合 E',同时 v' 并入集合 U,直到 $V=U$ 为止。这时 E' 中必有 $n-1$ 条边,$T=(U,E')$ 是图 G 的一棵最小生成树。由上面反证法证明的结论说明:用 Prim 方法构造最小生成树的过程是正确的。因为从初始 U 包含一个顶点,E' 为空开始,每一步加进去的都是最小生成树中应当包含的边,直到 $V=U$,得到最小生成树 T。另外在选择具有最小权值的边时,如果同时存在几条具有相同权值的边,则可以任选一条,因此构造的最小生成树不是唯一的,但是它们的代价是相等的。

图 6.18 给出了一个连通网以及用 Prim 算法构造最小生成树的图示,以 v_1 为源点。

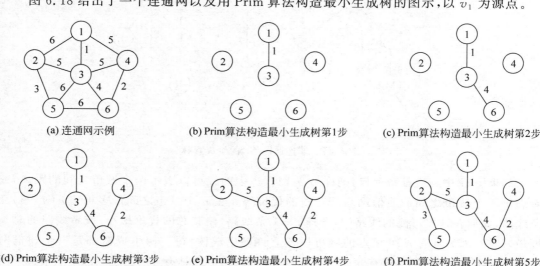

(a) 连通网示例   (b) Prim算法构造最小生成树第1步   (c) Prim算法构造最小生成树第2步

(d) Prim算法构造最小生成树第3步   (e) Prim算法构造最小生成树第4步   (f) Prim算法构造最小生成树第5步

图 6.18   Prim 算法构造一棵最小生成树的过程

假设连通网络用邻接矩阵 **cost** 存储,为了实现 Prim 算法,需要附设两个辅助数组 lowcost(1..n)、closest(1..n),对每一个顶点 $v\in U-V$,lowcost$[v]=\min\{\text{cost}(u,v)\mid u\in U\}$,closest$[v]$ 存储该边依附的在 U 中的顶点。由于 $U=\{1\}$,则到 $V-U$ 中各顶点最小的边,即为依附于顶点 1 的各边中,找到代价最小的边 (u_0,v_0),即 $(u_0,v_0)=(1,3)=\min\{\text{cost}(1,j)\mid 2\leqslant j\leqslant 6\}$,因此,$(1,3)$ 为生成树上的第一条边,同时将 3 并入集合 U,然后修改辅助数组的值。首先将 lowcost$[3]$ 改为'0',以表示顶点 3 已进入 U,然后初始化 lowcost$[2]=$ cost$(1,2)=6$。当 3 并入 U 后,由于边 $(3,2)$ 上的权值 5 小于 lowcost$[2]$,则需修改 lowcost$[2]$ 为 5,closest$[2]$ 的值由 1 修改为 3。同理,由于初始时 lowcost$[5]=$ cost$(1,5)=\infty$,则当 3 并入 U 后,因为 cost$(3,5)=6$,由此修改 lowcost$[5]$ 为 6,closest$[5]=3$;同理修改 lowcost$[6]$ 为 4,closest$[6]=3$,以此类推,直到 $U=V$。

构造最小生成树过程中辅助数组 lowcost、closest 中各分量的值变化如图 6.19 所示。

V	2	3	4	5	6	U	$V-U$	输出边
closest	1	1	1	1	1	{1}	{2,3,4,5,6}	
lowcost	6	1	5	∞	∞			
closest	3	0	1	3	3	{1,3}	{2,4,5,6}	(1,3)
lowcost	5	0	5	6	4			
closest	3	0	6	3	0	{1,3,6}	{2,4,5}	(1,3)(3,6)
lowcost	5	0	2	6	0			
closest	3	0	0	3	0	{1,3,6,4}	{2,5}	(1,3)(3,6)
lowcost	5	0	0	6	0			(6,4)
closest	0	0	0	2	0	{1,3,6,4,2}	{5}	(1,3)(3,6)
lowcost	0	0	0	3	0			(6,4)(3,2)
closest	0	0	0	0	0	{1,3,6,4,2,5}	{}	(1,3)(3,6)
lowcost	0	0	0	6	0			(6,4)(3,2)(2,5)

图 6.19　构造最小代价生成树过程中辅助数组各分量值的变化

算法 6.8　求最小生成树 Prim 算法。

```c
#define n ...                              //网的顶点数
#define maxi ...                           //网中权的最大值小于 maxi
typedef int costtype[n+1][n+1];           //下标从 1 开始
void prim(costtype cost)
{
    int lowcost[n+1];
    int closest[n+1];
    int i,j,k,min;
    for(i=2;i<=n;i++)
    {
        lowcost[i]=cost[1][i];
        closest[i]=1;
    }
    for(i=2;i<=n;i++)                      //寻找 i∈u,k∈v-u,且边{i,k}的权值最小
    {
        min=maxi;
        k=0;
        for(j=2;j<=n;j++)
            if((lowcost[j]<min)&&(lowcost[j]!=0))
            {
                min=lowcost[j];
                k=j;
            }
        printf("%d%5d",k,closest[k]);      //输出生成树的边
        lowcost[k]=0;                       //k 加入 u
        closest[k]=0;
        for(j=2;j<=n;j++)                  //调整代价
            if((cost[k][j]<lowcost[j])&&(closest[k][j]!=0))
            {
                lowcost[j]=cost[k][j];
                closest[j]=k;
            }
    }
}
```

显然 Prim 算法的时间复杂度为 $O(n^2)$,其中 n 为网中顶点的个数,与网中的边数无关,因此 Prim 算法适用于求边稠密的网的最小生成树。

2. Kruskal 算法

Kruskal 算法从另一途径求网的最小生成树。假设连通网 $N=\{V,E\}$,令最小生成树的初始状态为只有 n 个顶点而无边的非连通图 $T=(V,\varnothing)$,图中每一个顶点自成一个连通分量。在 E 中选择权最小的边,若此边依附的顶点落在 T 中不同的连通分量上,则将此边加入到 T 中;否则舍去此边,选择下一条代价最小的边;以此类推,直到 T 中所有的顶点都在同一连通分量为止。

例如,图 6.20 所示为 Kruskal 算法构造一棵最小生成树的过程。图 6.20(a)是一个网的示例,设此网是用边集数组表示的,且数组中各边是按权值从小到大的顺序排列的,如图 6.20(b)所示。若元素不是有序排列的,则可通过调用排序算法,使之有序。因此,算法要求按权值从小到大的次序选取各边,就转换成按边集数组中下标次序选取各边。当选取前三条边时,均不产生回路,应保留作为生成树 T 的边,如图 6.20(c)所示;选取第四条边 $(2,3)$ 时,将与已保留的边形成回路,应舍去;接着保留 $(1,5)$ 边,舍去 $(3,5)$ 边;取到 $(0,1)$ 边并保留后,保留的边数已够 5 条(即 $n-1$ 条),此时必定将全部六个顶点连通起来,如图 6.20(d)所示,它就是图 6.20(a)的最小生成树。

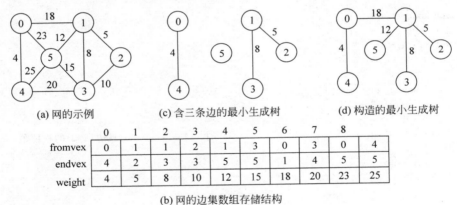

(a) 网的示例　　　　(c) 含三条边的最小生成树　　　　(d) 构造的最小生成树

	0	1	2	3	4	5	6	7	8
fromvex	0	1	1	2	1	3	0	3	0	4
endvex	4	2	3	3	5	5	1	4	5	5
weight	4	5	8	10	12	15	18	20	23	25

(b) 网的边集数组存储结构

图 6.20　Kruskal 算法构造一棵最小生成树的过程

实现 Kruskal 算法的关键之处是:如何判断欲加入 T 中的一条边是否与生成树中已保留的边形成回路? 这可通过将各顶点划分为不同集合的方法来解决,每个集合中的顶点表示一个无回路的连通分量。算法开始时,因为生成树的顶点集等于图 G 的顶点集,边集为空,所以 n 个顶点分属于 n 个集合,每个集合中只有一个顶点,表明顶点之间互不连通。例如对于图 6.20,其六个集合为:$\{0\},\{1\},\{2\},\{3\},\{4\},\{5\}$。

当从边集数组中按次序选取一条边时,若它的两个端点分属于不同的集合,则表明此边连通了两个不同的连通分量。因每个连通分量无回路,所以连通后得到的连通分量仍不会产生回路。此边应保留作为生成树的一条边,同时把端点所在的两个集合合并成一个,即成为一个连通分量。当选取的一条边的两个端点同属于一个集合时,此边应放弃,因同一个集合中的顶点是连通无回路的,若再加入一条边则必产生回路。在上述例子中,当选取 $(0,4)$、

(1,2)、(1,3)这三条边后,顶点的集合则变成如下三个:{0,4},{1,2,3},{5}。

下一条边(2,3)的两端点同属于一个集合,故舍去。再下一条边(1,5)的两端点属于不同的集合,应保留,同时把两个集合{1,2,3}和{5}合并成一个{1,2,3,5}。以此类推,直到所有顶点同属于一个集合,即进行了 $n-1$ 次集合的合并,保留了 $n-1$ 条生成树的边为止。

下面用 C 语言编写出 Kruskal 算法的具体实现。算法遵循下述约定:

(1) 设 ge 是具有 edgeset 类型的边集数组,并假定每条边是按照权值从小到大的顺序存放的;

(2) 设 c 是具有 edgeset 类型的边集数组,用该数组存储依次所求得的生成树中的每一条边;

(3) 在算法内部定义了一个 int parent[]数组,parent[i]记录 i 结点在同一个集合的双亲结点,以便查找 i 所在集合号。

算法 6.9 求最小生成树 Kruskal 算法。

```
//利用 Kruskal 算法求边集数组 ge(按权值递增存储)表示图的最小生成树,结果存放在边集数组 c 中
int Find(int * parent, int f)            //找 f 结点的集合号
{
    while (parent[f]> 0)
        f = parent[f];
    return f;
}
void kruskal(edgeset ge[ ],edgeset c[ ],int n)
{
    int i;
    int parent[nmax + 1];
    for (i = 1; i < = n; i++)             //初始化,每个结点 i 自成一集合,集合号为 i
            parent[i] = i;
    int k = 1;                           //k 表示待获取的最小生成树中的边数,初值为 1
    int d = 1;                           //d 表示 ge 中待扫描边元素的下标位置,初值为 1
    int m1,m2;                           //m1,m2 用来分别记录一条边的两个顶点所在集合的序号
    printf("最小生成树为:\n");
    while (k < n)
    {                                    //进行 n-1 次循环,得到最小生成树中的 n-1 条边
        m1 = Find(parent, ge[d]. begin);
        m2 = Find(parent, ge[d]. end);
        if (m1!= m2)                     //该边两个顶点属于不同集合,加入不会构成回路
        {
            parent[m1] = m2;             //两个集合合并
            c[k] = ge[d];
            k++;
        }
        d++;
    }
}                                        //end
```

例如,若利用图 6.20(b)所示的边集数组调用此算法,则最后得到最小生成树的边集数组如表 6.1 所示。

表 6.1 图 6.20(b)所示图的最小生成树的边集数组

c	1	2	3	4	5
fromvex	0	1	1	1	0
endvex	4	2	3	5	1
weight	4	5	8	12	18

6.5 有向无环图及应用

一个无环(无回路)的有向图叫作有向无环图(Directed Acycline Graph,DAG)。

有向图是描述一项工程或系统进行过程的有效工具。一项工程常常可以分成若干个子工程(活动),要完成整个工程必须完成所有子工程。这些子工程的执行往往伴随着某些先决条件,例如,某些子工程必须先于另一些子工程完成。对于整个工程来说,人们最关心的是两个方面的问题:一是工程能否顺利进行;二是估算整个工程完成所必需的最短时间。如果利用有向图作为模拟问题的数学模型,这两个方面的问题就转化成在有向图上进行拓扑排序(topological sort)和求关键路径(critical path)。

6.5.1 拓扑排序

下面介绍一些基本概念。

二元关系(two-place relation):如果一个集合 R 的元素都是有序对$\langle a,b \rangle$,其中 $a,b \in X$,则称这个集合 R 是 X 上的一个二元关系。用一个代表集合的符号 R 作为这个关系的符号。对于二元关系 R,如果$\langle a,b \rangle \in R$,则记作 aRb,如果$\langle b,a \rangle \in R$,则记作 bRa。

设 R 是 X 上的关系,则有:

自反关系(reflexive relation):如果对于任意的 $x \in X$ 都有 xRx,则称 R 是 X 上的自反关系。

反对称关系(antisymmetric relation):对于任意的 $a,b \in X$,如果 aRb 且 bRa,则有 $a=b$,就称 R 为 X 上的反对称关系。

传递关系(transitive relation):对于任意的 $a,b,c \in X$,若有 aRb,bRc,则必有 aRc,就称 R 是 X 上的一个传递关系。

偏序关系(partial ordering relation):若 R 是自反的、反对称的和传递的,则称 R 是 X 上的一个偏序关系。

全序关系(complete ordering relation):如果对每个 $a,b \in X$,必有 aRb 或 bRa,则称 R 是 X 上的一个全序关系。

拓扑排序:由一个集合上的偏序得到该集合上的一个全序的操作过程称为拓扑排序。拓扑排序是一种对非线性结构的有向图进行线性化的重要手段。

直观地看,偏序指集合中仅有部分元素之间可以比较,而全序指集合中全体元素之间均可比较。例如图 6.21 所示的两个有向图。图中弧$\langle x,y \rangle$表示 $x \leqslant y$(符号≤表示 x 领先于 y),R 的含义就是领先。图 6.21(a)表示偏序,图 6.21(b)表示全序。若在图 6.21(a)的有向图上人为地加上一个表示 2≤3 的弧,则图 6.21(a)表示的就为全序,且这个从偏序到全序的操作过程是拓扑排序,而这个全序称为拓扑有序(topological order)。

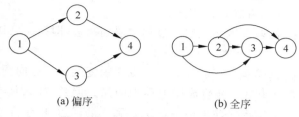

(a) 偏序   (b) 全序

图 6.21 表示偏序和全序的有向图

一个表示偏序的有向图可以用于表示一个施工流程图或者一个产品生产的流程图等。图中每一条有向边表示两个活动之间的次序关系(领先关系)。用顶点表示活动,用弧表示活动之间的优先关系的有向图,称为顶点表示活动的网,简称 AOV 网。在网中,若从顶点 i 到顶点 j 有一条有向路径,则 i 是 j 的前驱,j 是 i 的后继。若 $\langle i,j \rangle$ 是网中的一条弧,则 i 是 j 的直接前驱,j 是 i 的直接后继。

例如,一个软件专业的学生必须学完一系列规定的基本课程。这一事件可以看作一项工程,其中,把学习每一门课看作一项子工程。由于某些课程是基础课,而另一些课程必须在学完它们规定的先行课后,才能开始学习,这样就规定了课程之间的领先关系。这个关系是建立在课程之上的一个偏序关系。现假定软件专业的课程之间的这种偏序关系如表 6.2 所示。

表 6.2 软件专业课程之间的偏序关系

课 程 编 号	课 程 名 称	先 决 条 件
C_1	程序设计基础	无
C_2	离散数学	C_1
C_3	数据结构	C_1, C_2
C_4	汇编语言	C_1
C_5	程序设计语言原理	C_3, C_4
C_6	计算机组成原理	C_{11}
C_7	编译原理	C_3, C_5
C_8	操作系统	C_3, C_6
C_9	高等数学	无
C_{10}	线性代数	C_9
C_{11}	普通物理	C_9
C_{12}	数值分析	C_1, C_9, C_{10}

利用有向图可以把这种偏序关系清楚地表示成 AOV 网。网中结点表示课程代号,有向边代表领先条件。当且仅当课程 C_i 领先于课程 C_j 时,网中才有一条弧,如图 6.22 所示。

如果再规定一个学生每学期只修一门课,则按图 6.22,教学进程是否能顺利进行呢?这需要对图 6.22 中的 AOV 网做测试,网中是否存在着有向环?如果不存在有向环,则可得到各课程的一个线性序列,教学进程能顺利进行;否则,不能进行。

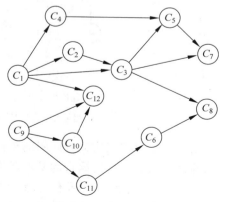

图 6.22 表示课程间偏序关系的 AOV 网

回顾无向图中检测是否存在环的方法。

（1）对于无向图来说,若深度优先遍历过程中遇到回边(即指向已访问过的顶点的边),则必定存在环。

（2）对于有向图来说,检查是否存在有向环则更为复杂。在有向图中,这条回边有可能是指向深度优先生成森林中另一棵生成树上顶点的弧。但是,如果从有向图上某个顶点 v 出发开始遍历,在 DFS(v)结束之前出现一条从 u 到 v 的回边,由于 u 在生成树上是 v 的子孙,则有向图中必定存在包含顶点 v 和 u 的环,这是一种方法。

下面介绍在 AOV 网上检查是否存在有向环的另一有效方法:对有向图构造其顶点的拓扑有序序列,若网中所有顶点都在它的拓扑有序序列中,则 AOV 网中必定不存在有向环。

例如图 6.22 的 AOV 网有如下两个拓扑有序序列:

$$C_1,C_2,C_3,C_4,C_5,C_7,C_9,C_{10},C_{11},C_6,C_{12},C_8$$
$$C_9,C_{10},C_{11},C_6,C_1,C_{12},C_4,C_2,C_3,C_5,C_7,C_8$$

对此图也可构造其他的拓扑序列,但是教学进程必须按某一拓扑序列进行,才能得以顺利地完成软件专业的所有课程。

如何构造有向图的顶点的拓扑有序序列呢? 下面给出其方法。

（1）在有向图中选一个没有前驱的顶点,将它输出。

（2）从图中删除该顶点和所有以它为尾的弧。

（3）重复步骤(1)和步骤(2),直至全部顶点均已被输出,或者当前图中不存在无前驱的顶点为止,后一种情况说明有向图中存在有向环。

以图 6.23(a)中的有向图为例。图中 v_1、v_6 没有前驱,则可任选一个,假设先输出 v_6,在删除 v_6 以及以 v_6 为尾的弧〈v_6,v_4〉、〈v_6,v_5〉之后,余留的图为图 6.23(b)。在图 6.23(b)所示的有向图中,只有 v_1 没有前驱,则输出 v_1 且删除 v_1 及弧〈v_1,v_2〉、〈v_1,v_3〉和〈v_1,v_4〉,得到的余图为图 6.23(c)。在图 6.23(c)所示的有向图中,v_3、v_4 没有前驱。以此类推,可以从中任选一个继续进行。整个拓扑排序的过程如图 6.23 所示,最后得到该有向图的拓扑有序序列是:v_6,v_1,v_4,v_3,v_2,v_5。它包含了图中所有的顶点,所以图 6.23(a)中的有向图不含有向环。这样,非线性结构的有向图图 6.23(a)被线性化为拓扑有序序列。

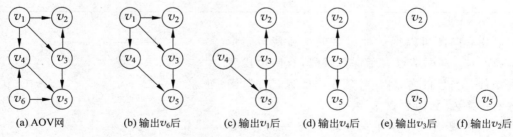

图 6.23　AOV 网及其拓扑有序序列的产生过程

用程序如何实现构造有向图的拓扑有序序列呢? 首先要明确有向图的存储结构。存储结构的选择取决于将要执行的基本操作。在拓扑排序算法中,主要操作包括:

（1）决定一个结点是否有前趋(入度为零)的顶点。

（2）删除一个结点以及所有以它为尾的弧。

显然,采用邻接表在这里会更为有效。

如果对每个顶点的前驱给以计数,操作(1)就很容易实现;操作(2)在用邻接表时会比用邻接矩阵更有效。因为在邻接矩阵的情况下,必须处理与该顶点有关的整行元素(n 个),而邻接表只需处理在邻接矩阵中非零的那些邻接点。另外,在邻接表的表头结点增加一个存放顶点入度的域。因此,在输出 AOV 网的有向边之前,表头结点的初态为:存放顶点入度的域置成零,指针域为空。每输入一条有向边$\langle i,j \rangle$时,在第 i 个链表中建立一个结点,同时将顶点 j 的入度加 1。这样,在输入结束时,表头结点的两个域分别表示顶点的入度和指向链表的第一个结点。图 6.23(a)建立的邻接表如图 6.24 所示。

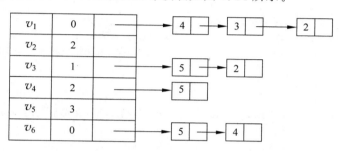

图 6.24　图 6.23(a)的邻接表

在拓扑排序的过程中,当某个顶点的入度为零时,就将此顶点输出,同时将该顶点的所有直接后继的入度减 1。为了避免重复检测入度为零的顶点,需要设一个栈,用来存放入度为零的顶点。因此,拓扑排序的算法描述如下:

(1)输入图的有向边,建立邻接表。

(2)查找邻接表中入度为零的顶点,把入度为零的顶点进栈。

(3)当栈不空时,则

① 使用退栈操作,取得栈顶元素 j,并输出 j。

② 在邻接表中,查找 j 的所有后继 k,将 k 的入度减 1;若 k 的入度为零,则 k 进栈,再转(3)。

(4)当栈空时,若有向图的所有顶点都已输出,则拓扑排序过程结束,否则,说明图中存在有向环。

算法 6.10　拓扑排序算法。

```
#define N 7                              //图中顶点个数的最大值
#define NULL 0
#define LEN sizeof(struct arcnode)
struct arcnode
{
    int adjvex;
    struct arcnode * nextarc;
};
struct vexnode
{
    int vexdata;
    int indegree;
    struct arcnode * firstarc;
```

```
    };
    void crt_adjlist(struct vexnode dig[])        //读入有向边,建立图 G 的邻接表
    {
        struct arcnode * p;
        int k,m,i;
        for(i = 1;i < = N;i++)                      //表头结点初始化
        {
            dig[i].vexdata = i;
            dig[i].firstarc = NULL;
            dig[i].indegree = 0;
        }
        printf("\nplease input the arc\n");
        scanf(" % d % d",&k,&m);                     //k 为弧尾,m 为弧头
        while(!(k == 0&&m == 0))                    //生成邻接表,表头结点的 degree 域为每个顶点的入度
        {
            p = (struct arcnode * )malloc(LEN);
            p - > adjvex = m;
            p - > nextarc = dig[k].firstarc;         //新的弧结点插入在单链表的表头
            dig[k].firstarc = p;
            dig[m].indegree++;                       //入度加 1
            scanf(" % d % d",&k,&m);
        }
    }
    void topsort(struct vexnode dig[])             //拓扑排序
    {
        int m,i,j,top,k, stack[N];
        struct arcnode * q;
        top = - 1;                                  //栈初始化
        for(i = 1;i < = N;i++)                       //入度为零的顶点进栈
            if(dig[i].indegree == 0)
                stack[++top] = i;
        m = 0;                                      //输出顶点的计数器
        while (top!= - 1)                           //栈不空
        {
            j = stack[top -- ];                      //j 取栈顶元素,栈顶元素退栈
            printf(" % 5d",dig[j].vexdata);
            m++;
            q = dig[j].firstarc;                     //在邻接表上查找 j 的所有后继 k,将 k 的入度减 1
            while(q!= NULL)
            {
                k = q - > adjvex;
                if( -- dig[k].indegree == 0)
                    stack[++top] = k;                //若 k 的入度为零,让 k 进栈
                q = q - > nextarc;
            }
        }
        if(m < N) printf("the graph has recycle");
    }
```

分析上面的算法可知,如果网中有 n 个顶点、e 条弧,则建立邻接表时需要时间复杂度为 $O(e)$。在拓扑排序中,查找入度为零的顶点需要时间复杂度为 $O(n)$,顶点进栈及输出

共执行 n 次,入度减 1 的操作要执行 e 次,所以总的时间复杂度为 $O(n+e)$。

6.5.2 关键路径

AOV 网是一种以顶点表示活动、弧表示活动之间的优先关系的有向图。与 AOV 网相对应的还有一种 AOE 网,它以顶点表示事件,弧代表活动,权表示活动需要的时间。顶点所代表的事件表示:所有以它为弧头的弧代表的活动已完成,所有以它为弧尾的弧代表的活动可以开始。AOE 网可用于估算一项工程的完成时间。图 6.25 中的 AOE 网表示一个有 11 项活动和 9 个事件的工程。其中事件 v_1 表示整个工程的开始,事件 v_9 表示整个工程结束,每个事件 $v_i (i=2,\cdots,8)$ 表示它之前的所有活动都已经完成,在它之后的活动可以开始这样一个事实。例如顶点 v_5 表示活动 a_4、a_5 已经完成,于是 a_7、a_8 可以开始。$a_1=6$,表示该活动需要 6 天的时间,$a_2=4$ 表示该活动需要 4 天时间。

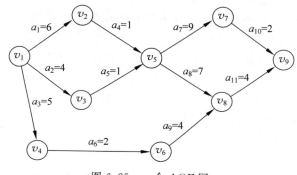

图 6.25 一个 AOE 网

由于整个工程通常只有一个开始点和一个完成点,所以在正常情况(无环)下,网中只有一个入度为零的点,称为源点;一个出度为零的点,称为汇点。

与 AOV 网不同,AOE 网需要解决的问题是:

(1) 完成整个工程至少需要的时间。

(2) 确定哪些活动是影响工程进度的关键。

由于在 AOE 网中,有些活动可以并行进行,所以完成整个工程的最短时间是从源点到汇点的最长路径的长度(路径长度等于路径上各边的权之和,而不是路径上弧的数目)。这条具有最大长度的路径称为关键路径。例如,图 6.25 中 (v_1,v_2,v_5,v_7,v_9) 就是一条长度为 18 的关键路径,这代表整个工程至少需要 18 天才能完成。一个 AOE 网可以有多条关键路径,如 (v_1,v_2,v_5,v_8,v_9) 也是图 6.25 所示的 AOE 网的一条关键路径,它的长度为 18。

关键路径上所有活动都是关键活动。为了找到关键路径,需要先定义几个量。

(1) 事件 v_i 的可能的最早发生时间 ee(i),是从源点到顶点 v_i 的最长路径长度。

(2) 事件 v_i 的允许的最晚发生时间 le(i),是保证完成汇点 v_n 在 ee(n) 时刻发生的前提下,事件 v_i 允许发生的最晚时间。它等于 ee(n) 减去 v_i 到 v_n 的最长路径的长度。

(3) 活动 $a_k = \langle v_i, v_j \rangle$ 的可能的最早开始时间 $e(k)$,等于事件 v_i 可能的最早发生时间 ee(i)。

(4) 活动 $a_k = \langle v_i, v_j \rangle$ 的可能的最晚完成时间 $l(k)$,等于事件 v_j 允许的最晚发生时间 le(j)。

因此 $l(k)-e(k)$ 是活动 a_k 的最大可利用时间。如果一个活动的最大可利用时间等于边 a_k 上所带的权 $w(k)$，则 a_k 是关键活动。这说明 a_k 必须在它的最早开始时间 $e(k)$ 立即开始，毫不拖延，才能保证不影响事件 v_n 在 $ee(n)$ 时完成，否则由于 a_k 的延误会引起整个工程延期。若 $l(k)-e(k)>w(k)$，则 a_k 不是关键活动，a_k 的完成时间如果超过计划时间，只要不超出最大可利用时间，则整个工程仍能如期完工。

可以通过以下步骤求关键路径，设 $a_k=\langle v_i,v_j\rangle$ 上的权 $w(k)=w(i,j)$，则：

(1) 从 $ee(1)=0$ 开始向前递推求 $ee(j)$。

$$ee(j)=\max\{ee(i)+w(i,j)\}\quad 2\leqslant j\leqslant n \tag{6.1}$$

$\langle v_i,v_j\rangle\in T$，其中 T 是所有以 v_j 为头的弧的集合。

(2) 从 $le(n)=ee(n)$ 开始向后递推求 $le(i)$。

$$le(i)=\min\{le(j)-w(i,j)\}\quad 1\leqslant i\leqslant n-1 \tag{6.2}$$

$\langle v_i,v_j\rangle\in S$，其中 S 是所有以 v_i 为尾的弧的集合。

这两个递推公式的计算必须在拓扑有序和逆拓扑有序的前提下进行。即在计算 $ee(j)$ 时，要求顶点 v_j 的所有前驱顶点的最早发生时间已经求得；在计算 $le(i)$ 时，要求顶点 v_i 的所有后继顶点的最晚发生时间已经求得。所以拓扑排序是它们的基础。

(3) 对于每条边 $a_k=\langle v_i,v_j\rangle$，求 $e(k)$ 和 $l(k)$。

$e(k)=ee(i),l(k)=le(j),1\leqslant k\leqslant m,m$ 为图中的边数。

若 $l(k)-e(k)=w(k)$，则 a_k 是关键活动。

这三步的实现细节如下。

(1) 计算 $ee(j),1\leqslant j\leqslant n$。

计算 $ee(j)$ 的过程可以在拓扑排序的过程中进行。只需对算法 6.10 做一些修改，就可以完成对 $ee(j)$ 的计算。

① 在邻接表中，对第 i 条链表中的边结点 v_j 增加一个 weight 域，存储 $\langle v_i,v_j\rangle$ 上的权值。

② 增加一个 $ee[1..n]$ 数组，它的初值为 0。

③ 算法 6.10 的 crt_adjlist() 函数中，将输入语句"scanf("%d%d",&k,&m);"改为"scanf("%d%d%d",&k,&m,&w);"，其中 w 是有向边 $\langle k,m\rangle$ 上的权。

④ 在算法 6.10 的 topsort() 函数中的语句

```
if( -- dig[k].indegree == 0) stack[++top] = k;
```

之后，插入语句：

```
if(ee[k]< ee[j] + q-> weight)
    ee[k] = ee[j] + q-> weight;
```

就可以了。

(2) 计算 $le(i),1\leqslant i\leqslant n$。

由于在计算 $le(i)$ 之前，已按修改过的拓扑排序算法求出了 $ee(i)$，并同时得到了顶点的拓扑排序序列。此时，只要把这个拓扑序列倒排一下，就得到顶点的逆拓扑序列。因此在算法 6.10 中的语句"printf("%5d",dig[j].vexdata);"之后，插入语句"top1 = top1 + 1; s[top1]=j;"，这里 s 是另外一个辅助栈，按拓扑排序存储输出顶点 v_j，top1 是 s 的栈顶指针。于是只要将这个辅助栈 s 中的顶点输出就是顶点的逆拓扑序列。利用原来的邻接表直接用式(6.2)计算 $le(i)$。具体算法如下。

① 增加一个 $le[1..n]$ 数组,它的初值为 $ee[n]$。

② 在 topsort() 函数的最后增加这样一些语句序列:

```
while (top1!= - 1)                    //当栈 s 不空时
  {j = s[top1 -- ];                   //s 的栈顶元素退栈
    p = dig[j].firstarc;
    while (p)
    {   k = p-> adjvex;
        if (le[k] - p-> weight < le[j])
            le[j] = le[k] - p-> weight;
            p = p-> nextarc;
    }
  }
```

(3) 计算 $e(k)$ 和 $l(k)$,$1 \leqslant k \leqslant m$。

求得 $ee(i)$ 和 $le(j)$ 之后,$e(k)$ 和 $l(k)$ 的计算则比较容易进行。增加辅助数组 $e[1..m]$、$l[1..m]$。设 $a_k = \langle v_i, v_j \rangle$,$e(k) = ee(i)$,$l(k) = le(j)$。对每条弧计算 $e(k)$、$l(k)$ 可采用:

```
for(i = 1;i <= m;i++)
{e[i] = 0; l[i] = 0;};                //数组 e,l 初始化
k = 1;
for(i = 1;i <= n;i++)
{   p = dig[i].firstarc; j = p-> adjvex;
    while (p)
    {   e[k] = ee[i];
        l[k] = le[j];
        if(l[k] - e[k] == p-> weight)
            printf("< % d, % d> is a critical activity\n",i,j);
        k++;
        p = p-> nextarc;
        j = p-> adjvex;
    }
}
```

通过上面(1)、(2)、(3)可以求得 AOE 网的关键活动。

图 6.25 中的 AOE 网的关键活动是 a_1, a_4, a_7, a_8, a_{10}, a_{11}。从图中删去所有非关键活动就得到了图 6.26 所示的有向图。

在这个图中,从 v_1 到 v_9 的路径都是关键路径。

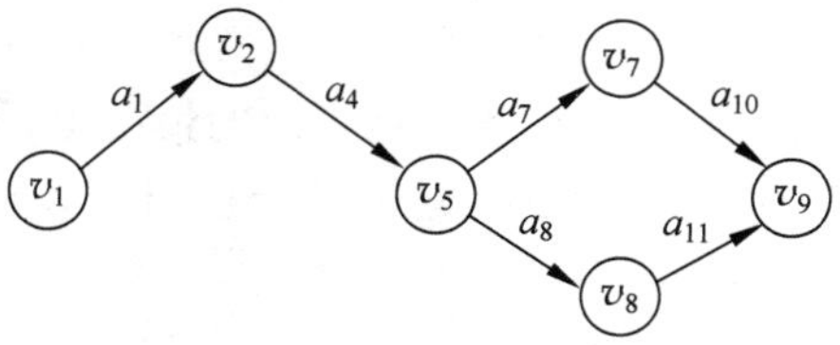

图 6.26 图 6.25 的关键路径

例如,对图 6.27(a)所示的网,其计算结果如图 6.28 所示,可见 a_2、a_5 和 a_7 为关键活动,组成了一条从源点到汇点的关键路径,如图 6.27(b)所示。

并不是加快任何一个关键活动都可以缩短整个工程的完成时间,只有加快那些包含在

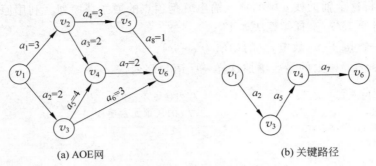

(a) AOE网　　　　　　　　　　　(b) 关键路径

图 6.27　AOE 网及其关键路径

顶点	ee	le	活动	e	l	l-e
v_1	0	0	a_1	0	1	1
v_2	3	4	a_2	0	0	0
v_3	2	2	a_3	3	4	1
v_4	6	6	a_4	3	4	1
v_5	6	7	a_5	2	2	0
v_6	8	8	a_6	2	5	3
			a_7	6	6	0
			a_8	6	7	1

图 6.28　图 6.27 所示 AOE 网中顶点发生时间和活动的开始时间

所有的关键路径上的关键活动才能达到这个目的。例如图 6.25 中，a_{11} 是关键活动，它在关键路径(v_1,v_2,v_5,v_8,v_9)上，而不在另一条关键路径(v_1,v_2,v_5,v_7,v_9)上。如果加快它的进度，使它由 4 天变成 3 天，并不能把整个工程所需的时间缩短为 17 天。只有对那些处在所有关键路径上的活动，加快其进度，才能缩短整个工程的完成时间。例如将活动 a_1 由 6 天缩短为 5 天，则整个工程的完成时间将由 18 天缩短为 17 天。

6.6　最短路径及应用

交通网络可以画成带权的图，图中顶点代表城市，边代表城市之间的公路，边上的权表示两个城市之间的距离或者表示走过一段公路所耗费的时间等。对于汽车司机来说，一般关心的两个问题是：

(1) 两地之间是否有公路可通？

(2) 在有几条公路可通的情况下，哪一条公路最短？

这里提出的问题就是带权图中最短路径的问题，此时路径的长度不是路径上边的数目，而是路径上各边的权之和。

本节考虑有向图，路径的开始顶点称为源点，路径的最后顶点称为终点，并且假定所有的权都是正的，给出求最短路径的两个算法：

(1) 求从某个源点到其他各顶点的最短路径(称为单源最短路径)；

(2) 求每个顶点之间的最短路径。

6.6.1 单源最短路径

设 $G=(V,E)$ 是一带权的有向图,源点为 v_0,找出从 v_0 到其他顶点的最短路径。

如图 6.29 所示带权的有向图,从源点 v_0 到其他顶点的最短路径如图 6.30 所示。从图中可见,从 v_0 到 v_3 有两条不同的路径:(v_0,v_2,v_3) 和 (v_0,v_4,v_3),前者长度为 60,后者长度为 50,因此 50 是 v_0 到 v_3 的最短路径长度;而从 v_0 到 v_1 没有路径。

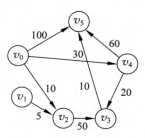

图 6.29 带权有向图 D_1

源点	终点	最短路径	路径长度
v_0	v_1	无	
	v_2	(v_0,v_2)	10
	v_3	(v_0,v_4,v_3)	50
	v_4	(v_0,v_4)	30
	v_5	(v_0,v_4,v_3,v_5)	60

图 6.30 有向图 D_1 中从 v_0 到其余各点的最短路径

迪杰斯特拉(Dijkstra)提出了一个按路径长度递增的次序产生最短路径的算法。

设集合 S 存放已经求得最短路径的终点。初始状态时,S 中只有一个顶点,即选定的源点 v_0,以后每求得一条最短路径 $(v_0,v_1,\cdots,v_k)$ 便将终点 v_k 加入到集合 S 中。用一维数组 dist 的元素 dist[j] 存放从源点 v_0 起,中间只经过集合 S 中顶点,到达 S 以外的任一个顶点 v_j($v_j\in V-S$)的路径中有最短长度的路径长度值。如果从 v_0 起,中间只经过 S 中的顶点到 v_j 没有路径,则 dist[j] 的值为 ∞,由于 dist[j] 的值为从源点 v_0 到 v_j 的暂时最短路径长度,所以 dist[j] 的值随着 S 中顶点的增加不断修正,如果最终 $S=V$,那么 dist[j] 的值就是从 v_0 到 v_j 的最短路径的长度。

初始状态下,$S=\{v_0\}$,则

$$dist[j]=\begin{cases}\langle v_0,v_j\rangle \text{ 的权值} & \langle v_0,v_j\rangle\in E\\ \infty & \langle v_0,v_j\rangle\notin E\end{cases}$$

这时 dist[j] 的值为从 v_0 起,中间只经过 S 中的顶点($S=\{v_0\}$)到达 v_j 的暂时的最短路径长度。

一般地,若已经求得 k 条最短路径,这时 S 中必有 $k+1$ 个顶点,且 dist[j] 是从 v_0 到 v_j,中间只经过这 $k+1$ 个顶点的暂时最短路径长度。那么若求得第 $k+1$ 条最短路径为 $(v_0,v_1,\cdots,v_t)$,S 中将增加一个新顶点 v_t。为了使 dist[j] 的值满足上述定义,应做如下修正:

$$dist[j]=\min\{dist[j],dist[t]+w(t,j)\}$$

其中,$w(t,j)$ 是边 $\langle v_t,v_j\rangle$ 上的权值,$v_j\in V-S-\{v_t\}$,v_t 是所求得的第 $k+1$ 条最短路径的终点。

如何求最短路径呢?

第一条最短路径是 $\langle v_0,v_k\rangle$,其中 v_k 满足:

$$dist[k]=\min\{dist[i]\mid v_i\in V-\{v_0\}\}$$

一般地,如果 S 为已求得的最短路径终点的集合,则可以证明下一条最短路径必然是从 v_0 出发,中间只经过 S 中的顶点便可达到的那些顶点 $v_t \in V-S$ 的路径中的一条。如果从 v_0 到 v_t 的路径上存在一个顶点 $v_p \in V-S$,则路径 $(v_0,\cdots,v_p,\cdots,v_t)$ 不可能是下一条最短路径,显然路径 $(v_0,\cdots,v_p)$ 比它短(因为边上的权值总为正)。由于 Dijkstra 算法是按照最短路径的长度的递增次序来逐次产生各条最短路径的,所以,如果 $\text{dist}[j]$ 是按照前面描述的方式形成和修正的,那么下一条最短路径必然是:

$$\text{dist}[k] = \min\{\text{dist}[i] \mid v_i \in V-S\}$$

若用邻接链表来存储图,则有:

$$\text{cost}[i,j] = \begin{cases} w(i,j) & \langle v_i,v_j \rangle \in E \\ 0 & i=j \\ \infty & \text{其他} \end{cases}$$

Dijkstra 算法可以简单地描述如下:

(1) $S \leftarrow \{v_1\}$;$\text{dist}[j] \leftarrow \text{cost}[1,j], j=2,\cdots,n$;

(2) 选择 v_j 使得:

$$\text{dist}[j] = \min\{\text{dist}[i] \mid v_i \in V-S\}$$

v_j 就是当前求得的一条从 v_1 出发的最短路径的终点。令

$$S = S \cup \{j\}$$

(3) 修改从 v_1 出发到集合 $V-S$ 上任一个顶点 v_k 可达的最短路径长度,如果

$$\text{dist}[j] + \text{cost}[j,k] < \text{dist}[k]$$

则修改 $\text{dist}[k]$ 为

$$\text{dist}[k] = \text{dist}[j] + \text{cost}[j,k]$$

(4) 重复(2)、(3)共 $n-1$ 次,由此求得从 v 到图上其余各顶点的最短路径是依路径长度递增的序列。

例如,图 6.29 所示的有向网 D_1 的带权邻接矩阵为:

$$\begin{pmatrix} \infty & \infty & 10 & \infty & 30 & 100 \\ \infty & \infty & 5 & \infty & \infty & \infty \\ \infty & \infty & \infty & 50 & \infty & \infty \\ \infty & \infty & \infty & \infty & \infty & 10 \\ \infty & \infty & \infty & 20 & \infty & 60 \\ \infty & \infty & \infty & \infty & \infty & \infty \end{pmatrix}$$

若对 D_1 图实施 Dijkstra 算法,则从 v_0 到其余各顶点的最短路径以及运算过程中 dist 数组的变化情况如表 6.3 所示。

表 6.3 图 6.29 所示图实施 Dijkstra 算法从 v_0 到其余各顶点的最短路径
以及运算过程中 dist 数组的变化情况

终　点	从 v_0 到各终点的 dist 值和最短路径				
v_1	∞	∞	∞	∞	∞ 无
v_2	10 (v_0,v_2)				

续表

终 点	从 v_0 到各终点的 dist 值和最短路径			
v_3	∞	60 (v_0,v_2,v_3)	50 (v_0,v_4,v_3)	
v_4	30 (v_0,v_4)	30 (v_0,v_4)		
v_5	100 (v_0,v_5)	100 (v_0,v_5)	90 (v_0,v_4,v_5)	60 (v_0,v_4,v_3,v_5)
v_j	v_2	v_4	v_3	v_5

用 C 语言描述的 Dijkstra 算法如下。

算法 6.11 求单源最短路径 Dijkstra 算法。

```c
# include < stdio.h>
# define nmax 100                                  //顶点最大个数
# define Max 10000                                 //权值最大值
//cost 为带权有向图的邻接矩阵,v 为指定的源点
void shortpath( int cost[ ][nmax], int n, int v)   //v 为指定的源点
{
    int dist[nmax],s[nmax],parent[nmax];
//dist[i]为当前源点到顶点 i 的最小距离,s 表示相应顶点是否并入集合的标志,parent[i]表
//示 i 在单源最短路径中的前驱
    int i,j,k,win,f;
    for (i = 0;i < n;i++)                          //初始化 s 和 parent
    {
        s[i] = 0;
        parent[i] = - Max;                         //标志
    }

    for (i = 0;i < n;i++)                          //初始化 dist 和处理 parent
    {
        dist[i] = cost[v][i];
        if (dist[i]< Max)
            parent[i] = v;
    }

    s[v] = 1;                                      //v 并入集合
    for (k = 0;k < n;k++)                          //并入 N 个顶点,即求 N 条最短路径
    {
        win = Max;j = v;
        for (i = 0;i < n;i++)                      //选最小的 dist[j]
            if (s[i] == 0&&dist[i]< win)
                {j = i;win = dist[i];}
        if (j!= v)
        {
            s[j] = 1;
            printf("the   shortest distance of % d is % d\n",j,dist[j]);
```

```
                    printf("the path of % d is :\n",j);
                    for (f = j;f > = 0;f = parent[f])
                            printf(" % 5d",f);                    //逆序打印最短路径
                    printf("\n");
                    for (i = 0;i < = n;i++)                    //修改从源点到其余各点的最短距离
                            if (s[i] == 0&&((dist[j] + cost[j][i])< dist[i]))
                            //现在从源点经过 j 到 i 比原来要短则修改
                            {
                                dist[i] = dist[j] + cost[j][i];
                                parent[i] = j;
                            }//if
                }//if
            }//for
        }//end
```

上述算法的执行时间,外循环每执行一次,内循环执行 n 次,所以共需时间 $O(n^2)$,因而整个算法的时间复杂度为 $O(n^2)$。

6.6.2　每对顶点之间的最短路径

解决这个问题的一个简单的方法是,依次把有向图 G 中的 n 个顶点的每一个顶点作为源点,重复执行 Dijkstra 算法 n 次,就可求得每一对顶点之间的最短路径,该方法的时间复杂度为 $O(n^3)$。

下面介绍解决该问题的另一个算法,弗洛伊德(Floyd)算法。其执行时间仍为 $O(n^3)$,但形式上要简单些。

Floyd 法仍用邻接矩阵 **cost** 存储有向图。其基本思想是:假设求从顶点 v_i 到 v_j 的最短路径。如果从 v_i 到 v_j 有弧,则从 v_i 到 v_j 存在一条长度为 $cost[i,j]$ 的路径,用二维数组 A 的元素 $a[i,j]$ 存放从 v_i 到 v_j 中间只经过集合 S 中的顶点的所有可能的路径中,具有最短长度的路径的长度。初始化时 $S=\{\}$,于是 $a[i,j]=cost[i,j]$,接着进行 n 次试探,依次向集合 S 中加入 $v_1,v_2,\cdots,v_n$,每次加入一个顶点。首先 $S=S\cup\{v_1\}$,考虑路径(v_i,v_1,v_j)是否存在,即判别弧(v_i,v_1)和(v_1,v_j)是否存在,如果存在,则比较(v_i,v_j)和(v_i,v_1,v_j)的路径长度,取长度最短者为从 v_i 到 v_j 的中间只经过 S 中的顶点的最短路径。然后再向 S 中加入 v_2,$S=S\cup\{v_2\}$,在路径上再增加一个顶点 v_2,也就是说,如果$(v_i,\cdots,v_2)$和$(v_2,\cdots,v_j)$分别是当前找到的中间顶点仅为 v_1 的最短路径,那么$(v_i,\cdots,v_2,\cdots,v_j)$就有可能是 v_i 到 v_j 的中间顶点仅为 v_1、v_2 的最短路径,将它和已经得到的从 v_i 到 v_j 的中间顶点只为 v_1 的最短路径相比较,选出最小者,作为从 v_i 到 v_j 中间顶点仅为 v_1、v_2 的最短路径,再向 S 中加入顶点 v_3 继续进行试探,以此类推。

一般地,向 S 中加入 v_k,若$(v_i,\cdots,v_k)$和$(v_k,\cdots,v_j)$分别是从 v_i 到 v_k 和从 v_k 到 v_j 的中间顶点为 $v_1,v_2,\cdots,v_{k-1}$ 的最短路径,则将$(v_i,\cdots,v_k,\cdots,v_j)$和已经得到的从 v_i 到 v_j 且中间顶点为 $v_1,v_2,\cdots,v_{k-1}$ 的最短路径相比较,最小者就是从 v_i 到 v_j 中间顶点为 v_1,$v_2,\cdots,v_k$ 的最短路径。这样,在经过 n 次比较后,最后求得的必是从 v_i 到 v_j 的最短路径。当 i,j 遍历从 1 到 n 时,可以求得图中各对顶点间的最短距离。

算法 6.12 求每对顶点之间的最短路径 Floyd 算法。

```
void shortpath_FLOYD(int cost[N][N], int a[N][N], int path[N][N])
{
    int i, j, k;
    for (i = 1; i <= N; i++)
        for (j = 1; j <= N; j++)
        {
            a[i][j] = data[i][j];
            path[i][j] = -1;
        }
    for (k = 0; k < length; k++)
        for (i = 0; i < length; i++)
            for (j = 0; j < length; j++)
            {
                if (i == j)                              //对角线上的元素(即顶点自身之间)不予考虑
                    continue;
                if (a[i][k] + a[k][j] < a[i][j])   //从 i 经 k 到 j 的一条路径更短
                {
                    D[i][j] = D[i][k] + D[k][j];
                    path[i][j] = k;
                }
            }
}
```

把算法 6.12 用于图 6.31 的带权有向图,所得结果(包括中间结果)如图 6.32 所示。

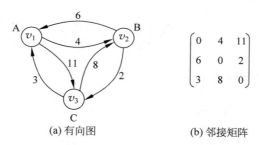

	(a) 有向图	(b) 邻接矩阵

图 6.31 带权有向图

a	a(0)			a(1)			a(2)			a(3)		
	1	2	3	1	2	3	1	2	3	1	2	3
1	0	4	11	0	4	11	0	4	6	0	4	6
2	6	0	2	6	0	2	6	0	2	5	0	2
3	3	8	0	3	7	0	3	7	0	3	7	0
path	path(0)			path(1)			path(2)			path(3)		
	1	2	3	1	2	3	1	2	3	1	2	3
1		AB	AC		AB	AC		AB	ABC		AB	ABC
2	BA		BC	BA		BC	BA		BC	BCA		BC
3	CA			CA	CAB		CA	CAB		CA	CAB	

图 6.32 图 6.31 中有向图的最短路径及其路径长度

6.7 C++中的图

6.7.1 C++中的图类

借助 C++ 的模板抽象类来定义图的抽象数据类 Graph,如例 6.1 所示。例 6.2 是图的邻接矩阵类 MGraph,该类继承了类 Graph。例 6.3 是类 MGraph 的构造函数和析构函数。

例 6.1 Graph 类。

```
template < class T >
class Graph
{
public:
    virtual ResultCode Insert( int u, int v, T& w) = 0;
    virtual ResultCode Remove( int u, int v) = 0;
    virtual bool Exist( int u, int v)const = 0;
virtual int Vertices()const {return n;}
    ⋮
protected:
    int n, e;
};
```

例 6.2 MGraph 类。

```
template < class T >
class MGraph:public Graph < T >
{
public:
    MGraph( int mSize, const T& noedg);
    ～MGraph();
    ResultCode Insert( int u, int v, T& w);
    ResultCode Remove( int u, int v);
    bool Exist( int u, int v)const;
        ⋮
protected:
    T ** a;
    T noEdge;
};
```

例 6.3 MGraph 类的构造函数和析构函数。

```
template < class T >
MGraph < T >::MGraph( int mSize, const T& noedg)
{
    n = mSize; e = 0; noEdge = noedg;
    a = new T * [n];
    for( int i = 0; i < n; i++){
        a[ i] = new T [n];
        for ( int j = 0; j < n; j++) a[ i][ j] = noEdge;
```

```
            a[i][i] = 0;
        }
    }
template < class T >
MGraph < T >::~MGraph()
{
    for(int i = 0;i < n;i++) delete []a[i];
    delete []a;
}
```

6.7.2 图的邻接表的 C++ 程序

例 6.4 和例 6.5 分别为图的邻接表表示的边结点和邻接表的 C++ 类。边结点由类 ENode 定义,类 LGraph 是从抽象类 Graph 派生得来,它继承了 Graph 的数据成员 n 和 e, 重载了 Graph 的纯虚函数。例 6.6 是类 LGraph 的构造函数和析构函数。例 6.7 是图的邻接表类 LGraph 的部分基本运算。

例 6.4 ENode 类。

```
template < class T >
struct ENode
{
 ENode() { nextArc = NULL; }
    ENode(int vertex,T weight, ENode * next)
    {
        adjVex = vertex; w = weight; nextArc = next;
    }
 int adjVex;
 T w;
 ENode * nextArc;
};
```

例 6.5 LGraph 类。

```
template < class T >
class LGraph: public Graph < T >
{
public:
LGraph(int mSize);
    ~LGraph();
    ResultCode Insert(int u, int v, T& w);
    ResultCode Remove(int u, int v);
    bool Exist(int u, int v)const;
        ⋮
protected:
    ENode < T > ** a;
};
```

例 6.6 LGraph 类的构造函数和析构函数。

```
template < class T >
```

```
LGraph < T >::LGraph( int mSize)
{
n = mSize;e = 0;
a = new ENode < T > *  [n];
for ( int i = 0;i < n;i++) a[ i] = NULL;
}
template < class T >
LGraph < T >::~LGraph()
{
ENode < T > *  p, * q;
for( int i = 0;i < n;i++){
    p = a[ i];q = p;
    while (p) {
        p = p - > nextArc;delete q;q = p;
    }
}
delete[ ] a;
}
```

例 6.7   类 LGraph 的查找、插入和删除。

```
template < class T >
bool LGraph < T >::Exist( int u,int v)const
{
    if(u < 0||v < 0||u > n - 1||v > n - 1||u == v) return false;
    ENode < T > *  p = a[u];
    while (p&& p - > adjVex!= v) p = p - > nextArc;
    if (!p) return false;
    else return true;
}
template < class T >
ResultCode LGraph < T >::Insert( int u, int v, T& w)
{
    if(u < 0||v < 0||u > n - 1||v > n - 1||u == v) return Failure;
    if(Exist(u,v))return Duplicate;
    ENode < T > *  p = new ENode < T >(v,w,a[u]);
    a[u] = p;e++;
    return Success;
}
template < class T >
ResultCode LGraph < T >::Remove( int u,int v)
{
    if(u < 0||v < 0||u > n - 1||v > n - 1||u == v) return Failure;
    ENode < T > *  p = a[u], * q = NULL;
    while (p&& p - > adjVex!= v){
        q = p;p = p - > nextArc;
    }
    if (!p) return NotPresent;
    if (q) q - > nextArc = p - > nextArc;
    else a[u] = p - > nextArc;
    delete p;e -- ;
```

```
        return Success;
    }
```

6.7.3 图的遍历的 C++ 程序

例 6.8 是图的遍历类 ExtLGraph，该类继承了类 Graph。例 6.9 是图的深度优先遍历算法。

例 6.8 ExtLGraph 类。

```
template < class T >
class ExtLGraph: public LGraph < T >
{
public:
    ExtLGraph( int mSize):LGraph < T >(mSize){}      //调用父类的构造函数
        void DFS( );
        void BFS( );
        ⋮
private:
        void DFS( int v, bool * visited);
        void BFS( int v, bool * visited);
        ⋮
};
```

例 6.9 图的深度优先遍历算法。

```
template < class T >
void ExtLGraph < T >::DFS( )
{
bool * visited = new bool [n];
for( int i = 0;i < n;i++) visited[i] = false;
for (i = 0;i < n;i++)
    if (!visited[i]) DFS(i,visited);
delete[]visited;
}
template < class T >
void ExtLGraph < T >::DFS( int v, bool * visited)
{
    visited[v] = true;cout <<" "<< v;
    for (ENode < T > * w = a[v]; w; w = w -> nextArc)
        if (!visited[w -> adjVex]) DFS(w -> adjVex,visited);
}
```

6.7.4 图的最小生成树的 C++ 程序

图的最小生成树的典型算法有 Prim 算法和 Kruskal 算法，例 6.10 是 C++ 实现的 Prim 算法。

例 6.10 Prim 算法 C++ 程序。

```
template < class T >
```

```
void ExtLGraph < T >::Prim( int k, int * nearest, T * lowcost)
{
    bool *  mark = new bool[n];
ENode < T >  * p;
    if (k < 0||k > n − 1) throw OutofBounds;
    for ( int i = 0; i < n; i++){                     //初始化
        nearest[i] = − 1; mark[i] = false;
        lowcost[i] = INFTY;
    }
    lowcost[k] = 0; nearest[k] = k; mark[k] = true;     //源点 k 加入生成树
    for (i = 1; i < n; i++){
        for(p = a[k]; p; p = p − > nextArc){             //修改 lowcost 和 nearest 的值
            int j = p − > adjVex;
            if ((!mark[j])&&(lowcost[j] > p − > w)){
                lowcost[j] = p − > w; nearest[j] = k;
            }
        }
        T min = INFTY;                                  //求下一条最小权值的边
        for ( int j = 0; j < n; j++)       //求不属于树中的顶点中,具有最小 lowcost 的顶点 k
            if ((!mark[j])&&(lowcost[j] < min)){
                min = lowcost[j]; k = j;
            }
        mark[k] = true;                                 //将顶点 k 加到生成树上
    }
}
```

习题 6

1. 在图 6.33 所示的有向图中,试给出:

(1) 每一个顶点的入度和出度;

(2) 邻接矩阵;

(3) 邻接表;

(4) 强连通分量。

2. 在图 6.34 所示的有向图中:

(1) 该图是强连通的吗? 若不是,则给出其强连通分量。

(2) 给出图的邻接矩阵、邻接表、逆邻接表。

(3) 给出每个顶点的度、入度和出度。

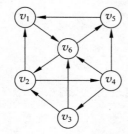

图 6.33　有向图示例图 1

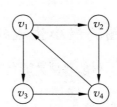

图 6.34　有向图示例图 2

3. n 个顶点的强连通图至少有多少条边,这样的有向图是什么形状?

4. 对于图 6.35 所示的带权的有向图,试给出:

(1)邻接矩阵:

(2)写出邻接表。

5. 分别写出用深度优先搜索法和广度优先搜索法遍历具有 6 个顶点的完全图的序列。假设都以 v_1 为出发点。

6. 对图 6.36 所示的有向图,从顶点 v_1 出发,分别画出其深度优先生成树和广度优先生成树。

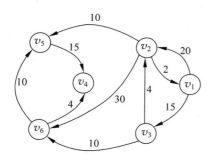

图 6.35 有向图示例图 3

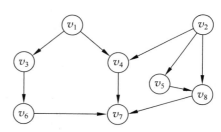

图 6.36 有向图示例图 4

7. 实现在邻接表上删除一条边和删除一个结点的算法。

8. 实现计算有向图中各顶点的入度的算法。设以有向图用邻接表作为存储结构。

9. 实现将一个已知图的邻接矩阵存储形式转换成邻接表的存储形式的算法。

10. 实现在邻接矩阵存储结构上实现深度优先遍历和广度优先遍历的算法。

11. 实现在邻接表上进行深度优先遍历和广度优先遍历的非递归算法。

12. 自选存储结构,实现判别无向图中任意给定的两个顶点之间是否存在一条长度为 K 的简单路径的算法。

13. 有边集 $\langle 1,2 \rangle$、$\langle 2,3 \rangle$、$\langle 5,2 \rangle$、$\langle 5,6 \rangle$、$\langle 6,4 \rangle$、$\langle 3,4 \rangle$,求此图的所有可能的拓扑序列。若以此顺序建立图的邻接表,再在此存储结构上执行拓扑排序过程,则得到的拓扑序列是哪一种?

14. 对于图 6.37 所示的 AOE 网,求出各活动可能的最早开始时间和允许的最晚完成时间。并回答:整个工程的最短完成时间是多少?哪些活动是关键活动?是否有哪项活动提高速度后能导致整个工程提前完成?

15. 对图 6.35 所示的有向网,试利用 Dijkstra 算法求从源点 v_1 到其他各顶点的最短路径。

16. 对图 6.38 所示的连通图,请分别用 Prim 和 Kruskal 算法构造其最小生成树。

17. 设计算法,求有向图的深度和广度优先遍历的生成森林。

18. 设计算法,求有向图的强连通分量。

19. 用 Dijkstra 和 Floyd 算法求图 6.35 所示有向图,源点为 v_1 的最短路径。写出执行算法过程中各步的状态。

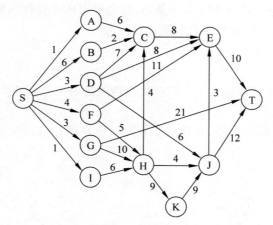

图 6.37　有向图示例图 5

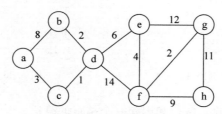

图 6.38　有向图示例 6

上机练习 6

1. 设计一个算法,判断无向图 G 是否连通。若连通则返回 1;否则返回 0。

2. 建立一个邻接表存储结构的图 G,分别设计实现以下功能的算法:求出图中每个顶点的出度;计算图中出度为 0 的顶点数。

3. 设计一个算法创建一个带权(路径)的无向图,输出从 v_0 到其他各个顶点的最短路径长度和路径。

提示:采用 Dijkstra 算法求一个顶点到其他所有顶点的最短路径。

4. 最小生成树问题。

基本要求:利用 Kruskal 算法求网的最小生成树,输出构造生成树过程中的连通分量,以文本形式输出生成树中各条边以及其权值。

5. 编写一个算法,根据用户输入的偶对(以输入 0 表示结束)建立其有向图的邻接表,并输出其一个拓扑排序序列,判断是否存在回路。

查找

本章学习要点

（1）熟练掌握顺序表和有序表的查找方法。

（2）熟悉静态查找树的构造方法和查找算法，理解静态查找树和折半查找的关系。

（3）熟练掌握二叉排序树的构造和查找方法。

（4）理解二叉平衡树的维护平衡方法。

（5）理解 B-树、B＋树的特点以及它们的建树过程。

（6）熟练掌握哈希表的构造方法，深刻理解哈希表与其他结构的表的实质性的差别。

（7）掌握描述查找过程的判定树的构造方法，以及按定义计算各种查找方法在等概率情况下查找成功时的平均查找长度。

在英汉字典中查找某个英文单词；在新华字典中查找某个汉字的读音、含义；在对数表、平方根表中查找某个数的对数、平方根；邮递员送信件要按收件人的地址确定位置等，可以说查找是为了得到某个信息而常常进行的工作。

计算机、计算机网络使信息查询更快捷、方便、准确。要从计算机、计算机网络中查找特定的信息，就需要在计算机中存储包含该特定信息的表，如要从计算机中查找英文单词的中文含义，就需要存储类似英汉字典这样的信息表，以及对该表进行查找操作。本章将讨论的问题即是"信息的存储和查找"。

由于查找操作的使用频率很高，几乎在任何一个计算机系统软件和应用软件中都会涉及，所以当问题所涉及的数据量相当大时，查找方法的效率就显得格外重要，在一些实时查询系统中尤其如此，一个好的查找方法会大大提高运行速度。

7.1 基本概念与术语

下面以学校招生录取登记表（如表 7.1 所示）为例，来讨论计算机中表的概念。

1. 数据项

数据项（也称项或字段）是具有独立含义的标识单位，是数据不可分割的最小单位。如表 7.1 中"学号""姓名""年"等。项有项名和项值之分，项名是一个项的标识，用变量定义，而项值是它的一个可能取值，表 7.1 中 20110983 是项"学号"的一个取值。项具有一定的类型，依项的取值类型而定。

表 7.1　学校招生录取登记表

学　号	姓　名	性别	出生日期			来　源	总分	录取专业
			年	月	日			
⋮	⋮	⋮	⋮	⋮	⋮	⋮	⋮	⋮
20110983	何将	男	1992	10	15	巴蜀中学	595	软件工程
20110984	钱程	男	1992	07	22	育才中学	605	网络工程
20110985	李长江	女	1993	02	05	巴县中学	598	软件工程
⋮	⋮	⋮	⋮	⋮	⋮	⋮	⋮	⋮

2. 组合项

由若干项构成,如表中"出生日期"就是组合项,它由"年""月""日"三项组成。

3. 数据元素(记录)

数据元素(记录)是由若干项、组合项构成的数据单位,是在某一问题中作为整体进行考虑和处理的基本数据单位。数据元素有类型和值之分。表中项名的集合,即表头部分就是数据元素的类型;而一个学生对应的一行数据就是一个数据元素的值。表中全体学生即为数据元素的集合。

4. 关键字

关键字是数据元素(记录)中某个项或组合项的值,用它可以标识一个数据元素(记录)。能唯一确定一个数据元素(记录)的关键字,称为主关键字;不能唯一确定一个数据元素(记录)的关键字,称为次关键字。例如,表中"学号"可看成主关键字;"姓名"则应视为次关键字,因为可能有同名同姓的学生。

5. 查找表

查找表是由具有同一类型(属性)的数据元素(记录)组成的集合。查找表分为静态查找表和动态查找表两类。

(1) 静态查找表:仅对查找表进行查找操作,而不能改变的表。

(2) 动态查找表:除了进行查找操作外,可能还要向表中插入数据元素或删除表中数据元素的表。

6. 查找

查找是按给定的某个值 kx,在查找表中查找关键字为给定值 kx 的数据元素(记录)的操作。

当关键字是主关键字时,由于主关键字唯一,所以查找结果也是唯一的。一旦找到,则查找成功,结束查找过程,并给出找到的数据元素(记录)的信息,或指示该数据元素(记录)的位置。要是整个表检测完,还没有找到,则查找失败,此时,查找结果应给出一个"空"记录或"空"指针。

当关键字是次关键字时,需要查遍表中所有数据元素(记录),或在可以肯定查找失败时,才能结束查找过程。

7. 数据元素类型说明

在手工绘制表格时,总是根据有多少数据项、每个数据项应留多大宽度来确定表的结构,即表头的定义。然后,再根据需要的行数,画出表来。在计算机中存储的表与手工绘制的类似,需要定义表的结构,并根据表的大小为表分配存储单元。下面以表 7.1 为例,用 C 语言的结构类型描述。

```
//出生日期类型定义
typedef struct
{       char        year[5];              //年:用字符型表示,宽度为 4 个字符
        char        month[3];             //月:字符型,宽度为 2
        char        date[3];              //日:字符型,宽度为 2
}BirthDate;
//数据元素类型定义
typedef struct
{       char        number[7];            //学号:字符型,宽度为 6
        char        name[9];              //姓名:字符型,宽度为 8
        char        sex[3];               //性别:字符型,宽度为 2
        BirthDate   birthdate;            //出生日期:构造类型,由该类型的宽度确定
        char        comefrom[21];         //来源:字符型,宽度为 20
        int         results;              //总分:整型,宽度由程序设计 C 语言工具软件决定
} ElemType;
```

以上定义的数据元素类型,相当于手工绘制的表头。要存储学生的信息,还需要分配一定的存储单元,即给出表长度。可以用数组分配,即顺序存储结构;也可以用链式存储结构实现动态分配。

```
//顺序分配 1000 个存储单元用来存放最多 1000 个学生的信息
        ElemType    elem[1000];
```

本章以后的讨论中,涉及的关键字类型和数据元素类型统一说明如下:

```
typedef struct
{
        KeyType key;                      //关键字字段,可以是整型、字符型、构造类型等
        …                                 //其他字段
} ElemType;
```

7.2　静态查找表

7.2.1　静态查找表结构

静态查找表是数据元素的线性表,可以是基于数组的顺序存储或以线性链表存储。

```
//顺序存储结构
```

```
typedef struct
{
    ElemType * elem;                    //数组基址
    int length;                         //表长度
}S_TBL;
//链式存储结构结点类型
typedef struct NODE
{
    ElemType elem;                      //结点的值域
    struct NODE * next;                 //下一个结点指针域
}NodeType;
```

7.2.2　顺序查找

顺序查找又称线性查找,是最基本的查找方法之一。其查找方法为:从表的一端开始,向另一端按给定值 kx 逐个与关键字进行比较。若找到,则查找成功,并给出数据元素在表中的位置;若整个表检测完,仍未找到与 kx 相同的关键字,则查找失败,给出失败信息。

算法 7.1　以顺序存储为例,数据元素从下标为 1 的数组单元开始存放,0 号单元留空。

```
//在表 tbl 中查找关键字为 kx 的数据元素,若找到返回该元素在数组中的下标,否则返回 0
int s_search(S_TBL tbl,KeyType kx)
{
    int i;
    tbl.elem[0].key = kx;        //存放监测,这样在从后向前查找失败时,不必判断表是否检测完
    for(i = tbl.length;tbl.elem[i].key!= kx;i -- ); //从表尾端向前找
    return i;
}
```

性能分析:

分析查找算法的效率,通常用平均查找长度(ASL)来衡量。

在查找成功时,ASL 是指为确定数据元素在表中的位置所进行的关键字比较次数的期望值。

对一个含 n 个数据元素的表,查找成功时

$$ASL = \sum_{i=1}^{n} P_i \cdot C_i$$

其中: P_i 为表中第 i 个数据元素的查找概率,且 $\sum_{i=1}^{n} P_i = 1$。

C_i 为表中第 i 个数据元素的关键字与给定值相等时,按算法定位时关键字的比较次数。显然,不同的查找方法,C_i 可以不同。

就上述算法而言,对于 n 个数据元素的表,给定值与表中第 i 个元素关键字相等,即定位第 i 个记录时,需进行 $n-i+1$ 次关键字比较,即 $C_i = n-i+1$。则查找成功时,顺序查找的平均查找长度为

$$ASL = \sum_{i=1}^{n} P_i \cdot (n-i+1)$$

设每个数据元素的查找概率相等,即 $P_i = \dfrac{1}{n}$,则等概率情况下有

$$ASL = \sum_{i=1}^{n} \frac{1}{n} \cdot (n - i + 1) = \frac{n+1}{2}$$

查找不成功时,关键字的比较次数总是 $n+1$ 次。

算法中的基本工作就是关键字的比较,因此,查找长度的量级就是查找算法的时间复杂度,其为 $O(n)$。

许多情况下,查找表中数据元素的查找概率是不相等的。为了提高查找效率,查找表需依据查找概率越高比较次数越少、查找概率越低比较次数越多的原则来存储数据元素。

顺序查找的缺点是当 n 很大时,平均查找长度较大,效率低;优点是对表中数据元素的存储没有要求。

另外,对于线性链表,只能进行顺序查找。

7.2.3　有序表的折半查找

有序表即是表中数据元素按关键字升序或降序排列的表。

折半查找的思想为:在有序表中,取中间元素作为比较对象,若给定值与中间元素的关键字相等,则查找成功;若给定值小于中间元素的关键字,则在中间元素的左半区继续查找;若给定值大于中间元素的关键字,则在中间元素的右半区继续查找。不断重复上述查找过程,直到查找成功,或所查找的区域无数据元素,查找失败。

其步骤如下:

(1) low＝1;high＝length;　　　　　　　　　　　　//设置初始区间

(2) 当 low＞high 时,返回查找失败信息　　　　　　//表空,查找失败

(3) 当 low≤high 时,mid＝(low+high)/2;　　　　　//取中点

① 若 kx＜tbl.elem[mid].key,则 high＝mid−1;转(2)　　//查找在左半区进行

② 若 kx＞tbl.elem[mid].key,则 low＝mid+1;转(2)　　//查找在右半区进行

③ 若 kx＝tbl.elem[mid].key,则返回数据元素在表中位置　//查找成功

算法 7.2　折半查找算法。

```
//在表 tbl 中查找关键字为 kx 的数据元素,若找到则返回该元素在表中的位置,否则返回 0
int Binary_Search(S_TBL tbl, KeyType kx)
{
    int high, low, mid, flag = 0;
    low = 1;
    high = tbl.length;                    //①设置初始区间
    while(low <= high)                    //②表空测试
    {                                     //非空,进行比较测试
        mid = (low + high)/2;             //③得到中点
        if(kx < tbl.elem[mid].key)
            high = mid - 1;               //调整到左半区
        else if(kx > tbl.elem[mid].key)
                low = mid + 1;            //调整到右半区
            else
            { flag = mid; break; }        //查找成功,元素位置设置到 flag 中
    }
    return flag;
}
```

例 7.1 有序表按关键字排列如下：

$$7,14,18,21,23,29,31,35,38,42,46,49,52$$

写出在表中查找关键字为 14 和 22 的数据元素的过程。

（1）查找关键字为 14 的过程如图 7.1 所示。

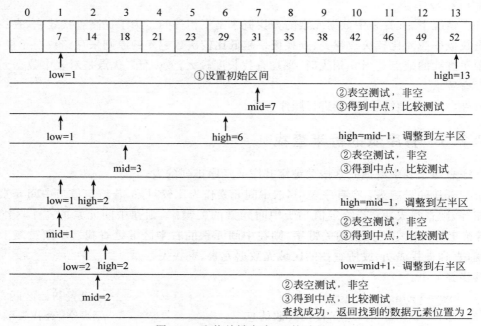

图 7.1　查找关键字为 14 的过程

（2）查找关键字为 22 的过程如图 7.2 所示。

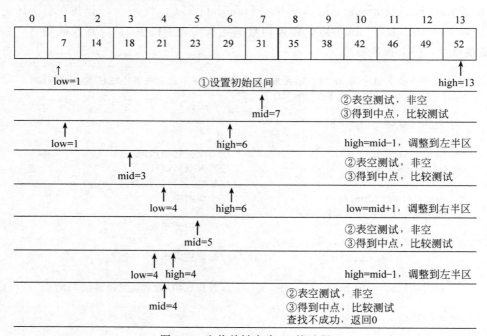

图 7.2　查找关键字为 22 的过程

性能分析：

从折半查找过程看，以表的中点为比较对象，并以中点为界将表分割为两个子表，对定位到的子表继续这种操作。所以，对表中每个数据元素的查找过程，可以用二叉树来描述，称这个描述查找过程的二叉树为判定树。例 7.1 折半查找过程对应的判定树如图 7.3 所示。

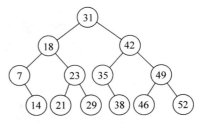

图 7.3　例 7.1 折半查找过程对应的判定树

可以看到，查找表中任一元素的过程，恰好是在判定树中走了一条从根到该元素结点的路径。和给定值比较的结点关键字的个数，也即该元素结点在树中的层次数。对于有 n 个结点的判定树，树高为 k，则有 $2^{k-1}-1<n\leqslant 2^k-1$，即 $k-1<\text{lb}(n+1)\leqslant k$，所以 $k=\lceil\text{lb}(n+1)\rceil$。因此，折半查找在查找成功时，所进行的关键字比较次数至多为 $\lceil\text{lb}(n+1)\rceil$。

接下来讨论折半查找的平均查找长度。为便于讨论，以树高为 k 的满二叉树（$n=2^k-1$）为例。假设表中每个元素的查找是等概率的，即 $P_i=\dfrac{1}{n}$，则树的第 i 层有 2^{i-1} 个结点，因此，折半查找的平均查找长度为：

$$\text{ASL}=\sum_{i=1}^{n}P_i\cdot C_i=\frac{1}{n}(1\times 2^0+2\times 2^1+\cdots+k\times 2^{k-1})$$

$$=\frac{n+1}{n}\text{lb}(n+1)-1\approx\text{lb}(n+1)-1$$

所以，折半查找的时间效率为 $O(\text{lb}n)$。

7.2.4　有序表的插值查找和斐波那契查找

1．插值查找

插值查找通过下列公式

$$\text{mid}=\text{low}+\frac{\text{kx}-\text{tbl.elem[low].key}}{\text{tbl.elem[high].key}-\text{tbl.elem[low].key}}(\text{high}-\text{low})$$

求取中点，其中 low 和 high 分别为表的两个端点下标，kx 为给定值。

（1）若 kx<tbl.elem[mid].key，则 high=mid-1，继续左半区查找；

（2）若 kx>tbl.elem[mid].key，则 low=mid+1，继续右半区查找；

（3）若 kx=tbl.elem[mid].key，则查找成功。

插值查找是平均性能最好的查找方法，但只适合于关键字均匀分布的表，其时间效率依然是 $O(\text{lb}n)$。

2．斐波那契查找

斐波那契查找是通过斐波那契数列对有序表进行分割，查找区间的两个端点和中点都与斐波那契数有关。斐波那契数列定义如下：

$$F(n)=\begin{cases}n & n=0\text{ 或 }n=1\\ F(n-1)+F(n-2) & n\geqslant 2\end{cases}$$

设 n 个数据元素的有序表,且 n 正好是某个斐波那契数 -1,即 $n=F(k)-1$ 时,可用此查找方法。

斐波那契查找分割的思想为:对于表长为 $F(i)-1$ 的有序表,以相对 low 偏移量 $F(i-1)-1$ 取中点,即 $\text{mid}=\text{low}+F(i-1)-1$,对表进行分割,则左子表表长为 $F(i-1)-1$,右子表表长为 $F(i)-1-[F(i-1)-1]-1=F(i-2)-1$。可见,两个子表表长也都是某个斐波那契数 -1,因而,可以对子表继续分割。

算法 7.3　斐波那契查找算法。

(1) low=1; high=F(k)-1;　　　　　　　　//设置初始区间

　　F=F(k)-1; f=F(k-1)-1;　　　　　　//F 为表长,f 为取中点的相对偏移量

(2) 当 low>high 时,返回查找失败信息　　//表空,查找失败

(3) low≤high, mid=low+f;　　　　　　　//取中点

① 若 kx<tbl. elem[mid]. key,则

　　p=f; f=F-f-1;　　　　　　　　　　//计算取中点的相对偏移量

　　F=p;　　　　　　　　　　　　　　//调整表长 F

　　high=mid-1; 转(2)　　　　　　　　//查找在左半区进行

② 若 kx>tbl. elem[mid]. key,则

　　F=F-f-1;　　　　　　　　　　　　//调整表长 F

　　f=f-F-1;　　　　　　　　　　　　//计算取中点的相对偏移量

　　low=mid+1; 转(2)　　　　　　　　//查找在右半区进行

③ 若 kx=tbl. elem[mid]. key,则返回数据元素在表中位置　　　　　//查找成功

当 n 很大时,该查找方法称为黄金分割法,其平均性能比折半查找好,但其时间效率仍为 $O(\text{lb}n)$,而且,在最坏情况下性能比折半查找差,其优点是计算中点仅做加、减运算。

7.2.5　分块查找

分块查找又称索引顺序查找,是对顺序查找的一种改进。分块查找要求将查找表分成若干个子表,每个子表满足分块有序,并对子表建立索引表。查找表的每一个子表由索引表中的索引项确定。所谓分块有序,是指第二个子表中所有记录的关键字均大于第一个子表中的最大关键字,第三个子表中所有记录的关键字均大于第二个子表中的最大关键字,以此类推。索引项包括关键字字段(存放对应子表中的最大关键字值)和指针字段(存放指向对应子表的第一个元素指针),并且要求索引项按关键字字段有序。查找时,先用给定值 kx 在索引表中检测索引项,以确定所要进行的查找在查找表中的查找分块(由于索引项按关键字字段有序,可用顺序查找或折半查找),然后,再对该分块进行顺序查找。

例 7.2　关键字排列为:

$$88,43,14,31,78,8,62,49,35,71,22,83,18,52$$

按关键字值 31,62,88 分为三块建立的查找表及其索引表如图 7.4 所示。

性能分析:

分块查找由索引表查找和子表查找两步完成。设 n 个数据元素的查找表分为 m 个子表,且每个子表均为 t 个元素,则 $t=\left\lceil\dfrac{n}{m}\right\rceil$。这样,分块查找的平均查找长度为

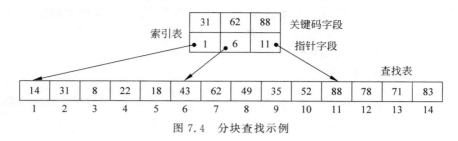

图 7.4 分块查找示例

$$ASL = ASL_{索引表} + ASL_{子表} = \frac{1}{2}(m+1) + \frac{1}{2}\left(\frac{n}{m}+1\right) = \frac{1}{2}\left(m+\frac{n}{m}\right) + 1$$

可见,平均查找长度不仅和表的总长度 n 有关,而且和所分的子表个数 m 有关。在表长 n 确定的情况下,m 取 $\sqrt{n}$ 时,$ASL = \sqrt{n}+1$ 达到最小值。

7.3 动态查找表

7.3.1 二叉排序树

1. 二叉排序树定义

二叉排序树(binary sort tree)或者是一棵空树,或者是具有下列性质的二叉树。

(1) 若左子树不空,则左子树上所有结点的值均小于根结点的值;若右子树不空,则右子树上所有结点的值均大于根结点的值。

(2) 左右子树也都是二叉排序树。

图 7.5 是一棵二叉排序树示例,可以看出,对二叉排序树进行中根遍历,便可得到一个按关键字有序的序列。

因此,一个无序序列,可通过构造一棵二叉排序树而成为有序序列。

二叉排序树常以二叉链表作为存储结构。

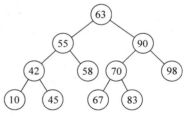

图 7.5 一棵二叉排序树示例

```
typedef int keytype;
typedef struct node
{
    keytype key;                    //关键字
    struct node * rchild, * lchild;
}bstnode;
```

2. 二叉排序树的查找过程

从二叉排序树的定义可见,二叉排序树的查找过程为:

(1) 若查找树为空,查找失败。

(2) 若查找树非空,将给定值 kx 与查找树的根结点关键字比较。

(3) 若相等,则查找成功,结束查找过程,否则:

① 当给定值 kx 小于根结点关键字,查找将在以左孩子为根的子树上继续进行,转(1)。
② 当给定值 kx 大于根结点关键字,查找将在以右孩子为根的子树上继续进行,转(1)。
二叉排序树的查找过程如算法 7.4 所示。

算法 7.4　二叉排序树的查找算法。

```
bstnode * search(bstnode * t,keytype key)          //在二叉排序上查找键值为 key 的结点
{
    bstnode * p = t;

    while(p)
    {
        if(p - > key == key) return p;             //找到,返回该结点的指针
        if(p - > key > key)
            p = p - > lchild;                      //沿着某条搜索路径寻找
        else p = p - > rchild;
    }
    return NULL;                                    //没找到,返回 NULL
}
```

3. 二叉排序树的插入操作和构造二叉排序树

首先讨论向二叉排序树中插入一个结点的过程:设待插入结点的关键字为 kx,为将其插入,先要在二叉排序树中进行查找,若查找成功,则按二叉排序树定义,待插入结点已存在,不用插入;若查找不成功,则插入结点。因此,新插入结点一定是作为叶子结点添加上去的。

例 7.3　记录的关键字序列为:63,90,70,55,67,42,98,83,10,45,58,请写出构造一棵二叉排序树的过程。

这棵二叉排序树的构造过程如图 7.6 所示。

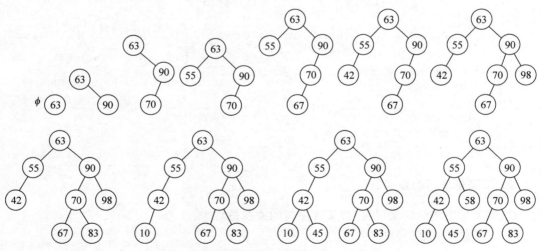

图 7.6　从空树开始建立二叉排序树的过程

算法 7.5 二叉排序树的结点插入及生成算法。

```
bstnode * insert(bstnode * t,keytype key)          //在二叉排序树 t 中插入键值为 key 的结点
{
    bstnode * p = t;
    bstnode * parent = p;                          //parent 指针,最终记录插入位置的双亲

    while(p)                                        //寻找插入的位置
    {
        parent = p;                                 //记录结点的双亲
        if(p -> key == key) return t;               //如果该键值已经存在,则不插入
        p = p -> key> key?p -> lchild:p -> rchild;  //沿着二叉排序树的某条路径,寻找插入点
    }
    p = (bstnode * )malloc(sizeof(bstnode));        //申请新结点,作为待插入结点
    p -> key = key;                                 //新结点键值为 key
    p -> lchild = p -> rchild = NULL;               //新结点左右孩子为空
    if(t == NULL)                                   //如果是树中第一个结点,则是根 1 结点
        t = p;
    else if((parent -> key)< key)                   //如果新结点键值比双亲键值大
            parent -> rchild = p;                   //新结点是双亲的右孩子
        else parent -> lchild = p;                  //否则,是双亲的左孩子
    return t;                                       //返回二叉排序树的根结点的指针
}bstnode * creat(bstnode * t)                       //从文件读入键值生成二叉排序树 t
{
    keytype key;
    FILE * fp;
    if((fp = fopen("inputfile.txt","r")) == NULL)
    {
        printf("can't open the inputfile.txt file\n");
        exit(0);
    }
    while(!feof(fp))
    {
        //printf("请输入新结点的键值:");
        fscanf(fp," % d",&key);
        t = insert(t,key);                          //在二叉排序树中插入新结点

    }
    return t;                                        //返回生成的二叉排序树的根结点的指针
}
```

4. 二叉排序树的删除操作

从二叉排序树中删除一个结点之后,使其仍能保持二叉排序树的特性即可。

设待删结点为 * p(p 为指向待删结点的指针),其双亲结点为 * f,以下分三种情况进行讨论。

（1）* p 结点为叶结点,由于删去叶结点后不影响整棵树的特性,所以,只需将被删结点的双亲结点的相应指针域改为空指针,如图 7.7 所示。

（2）* p 结点只有右子树 p_r 或只有左子树 p_l,此时,只需将 p_r 或 p_l 替换 * f 结点的 * p 子树即可,如图 7.8 所示。

图 7.7 * p 结点为叶子结点的删除操作

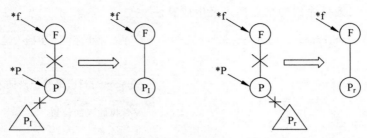

图 7.8 * p 结点只有左子树或只有右子树的删除操作

（3）* p 结点既有左子树 P_l 又有右子树 P_r，可按中根遍历保持有序进行调整。

设删除 * p 结点前，中根遍历序列为：

① P 为 F 的左孩子时，…，P_l 子树，P，P_r，S 子树，P_j，S_j 子树，…，P_2，S_2 子树，P_1，S_1 子树，F，…。

② P 为 F 的右孩子时，…，F，P_l 子树，P，P_r，S 子树，P_j，S_j 子树，…，P_2，S_2 子树，P_1，S_1 子树，…。

则删除 * p 结点后，中根遍历序列应为：

① P 为 F 的左孩子时，…，P_l 子树，P_r，S 子树，P_j，S_j 子树，…，P_2，S_2 子树，P_1，S_1 子树，F，…

② P 为 F 的右孩子时，…，F，P_l 子树，P_r，S 子树，P_j，S_j 子树，…，P_2，S_2 子树，P_1，S_1 子树，…

有两种调整方法：

① 直接令 * p 的 P_l 子树为 * f 相应的子树，而 * p 的右子树为 P_l 子树中根遍历的最后一个结点的右子树；

② 令 * p 结点的直接后继 P_r 或直接前驱（对 P_l 子树中根遍历的最后一个结点）替换 * p 结点，再按（2）的方法删去直接后继 P_r 或直接前驱。

图 7.9 所示就是以 * p 结点的直接后继 P_r 替换 * p。

算法 7.6 二叉排序树删除结点算法。

```
bstnode * dele(bstnode * t,keytype key)          //在二叉排序树 t 中删除键值为 key 的结点
{
    bstnode * p, * parent;
    bstnode * q, * f;
    p = t;                                        //从根结点开始
    parent = p;                                   //parent 记录删除结点的双亲

    while(p)                                      //搜索待删除的结点
    {
        if(p - > key == key)break;
        parent = p;                               //记录待删除结点的指针
        p = (p - > key > key)?p - > lchild:p - > rchild;  //p 沿着树的某条搜索路径进行搜索
    }
    if(p == NULL)                                 //没有找到结点
    {
        printf("无法找到该结点,不能删除!\n");
```

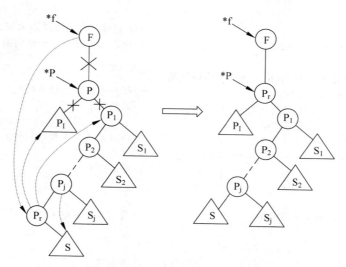

图 7.9 按方法(2)进行调整的图示

```
    return t;
}
if(!p->lchild&&!p->rchild)              //如果 P 是叶子结点
{
    if(parent->lchild==p)              //修改 P 的双亲指针
        parent->lchild=NULL;          //若 p 是双亲的左孩子,则双亲的左孩子置空
    else parent->rchild=NULL;         //否则,双亲的右孩子置空
    free(p);                          //删除结点 P
    return t;
}
if(!p->lchild&&p->rchild)              //如果 p 有一个右孩子
{
    if(parent->lchild==p)             //若 p 是双亲的左孩子
        parent->lchild=p->rchild;     //将 p 的右孩子作为双亲的左孩子
    else parent->rchild=p->rchild;    //否则,将 p 的右孩子作为双亲的右孩子
    free(p);                          //删除结点 p
    return t;
}
if(p->lchild&&!p->rchild)              //如果 p 有一个左孩子
{
    if(parent->lchild==p)             //若 p 是双亲的左孩子
        parent->lchild=p->lchild;     //将 p 的左孩子作为双亲的左孩子
    else parent->rchild=p->lchild;    //否则,将 p 的左孩子作为双亲的右孩子
    free(p);                          //删除结点 p
    return t;
}
if(p->lchild&&p->rchild)              //如果 p 有两个孩子,则删除 p 的中序后继结点
{
    q=p;                              //保存待删除结点
    f=p;                              //最终 f 是待删除结点 q 的中序后继 p 的双亲
    p=p->rchild;                      //转向 p 的右子树,寻找中序后继结点
    while(p->lchild)                  //在 p 的右子树上,寻找最左下的结点
```

```
        {
            f = p;                                  //f 记录着待搜索结点的双亲指针
            p = p -> lchild;                        //指针 p 沿着左孩子链向前
        }
        //循环结束,指针 p 指向 q 的中序后继结点
        q -> key = p -> key;                        //保存中序后继结点的值
        if(!p -> lchild&&!p -> rchild)              //若结点 p 是叶子
        {
            if(f -> rchild == p)f -> rchild = NULL; //将双亲结点的相应指针置空
            else if(f -> lchild == p)f -> lchild = NULL;
            free(p);                                //删除结点 p
            return t;
        }
        else if(p -> rchild)                        //若结点有右孩子,则该结点肯定没有左孩子
            {
                if(f -> lchild == p)
                    f -> lchild = p -> rchild;      //若 p 是 f 的左孩子
                                                    //则 f 的左孩子为 p 的右孩子
                else f -> rchild = p -> rchild;     //否则,f 的右孩子为 p 的右孩子
                free(p);                            //删除结点 p
                return t;
            }
        }
    return t;
}
```

　　对给定的序列建立二叉排序树,若左右子树均匀分布,则其查找过程类似于有序表的折半查找。但若给定序列原本有序,则建立的二叉排序树就蜕化为单链表,其查找效率同顺序查找一样。因此,对均匀的二叉排序树进行插入或删除结点后,应对其进行调整,使其依然保持均匀。

7.3.2　平衡二叉树

　　平衡二叉树(AVL 树)或者是一棵空树,或者是具有下列性质的二叉排序树:它的左子树和右子树都是平衡二叉树,且左子树和右子树高度之差的绝对值不超过 1。

　　图 7.10 给出了两棵二叉排序树,每个结点旁边所注数字是以该结点为根的树中左子树与右子树高度之差,这个数字称为结点的平衡因子。由平衡二叉树定义,所有结点的平衡因子只能取 −1、0、1 三个值之一。若二叉排序树中存在这样的结点,其平衡因子的绝对值大于 1,这棵树就不是平衡二叉树。图 7.10(a)所示的二叉排序树就不是平衡二叉树。

　　在平衡二叉树上插入或删除结点后,可能使树失去平衡,因此,需要对失去平衡的树进行平衡化调整。设 a 结点为失去平衡的最小子树根结点,对该子树进行平衡化调整归纳起来有以下四种情况。

1. 左单旋转

　　图 7.11(a)所示为插入前的子树。其中,B 为结点 a 的左子树,D、E 分别为结点 c 的左右子树,B、D、E 三棵子树的高均为 h。图 7.11(a)所示的子树是平衡二叉树。

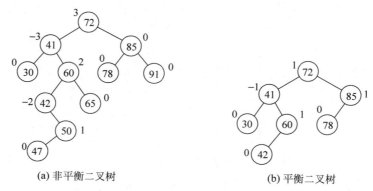

(a) 非平衡二叉树　　　　　　　　　　　　(b) 平衡二叉树

图 7.10　平衡二叉树示例

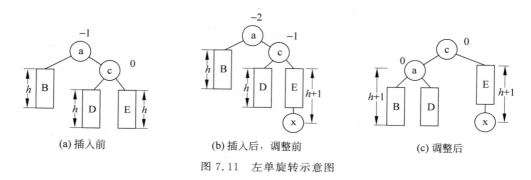

(a) 插入前　　　　　(b) 插入后，调整前　　　　　(c) 调整后

图 7.11　左单旋转示意图

在图 7.11(a)所示的树上插入结点 x,如图 7.11(b)所示。结点 x 插入在结点 c 的右子树 E 上,导致结点 a 的平衡因子绝对值大于 1,以结点 a 为根的子树失去平衡。

调整策略如下:调整后的子树除了各结点的平衡因子绝对值不超过 1,还必须是二叉排序树。由于结点 c 的左子树 D 可作为结点 a 的右子树,将结点 a 为根的子树调整为左子树是 B,右子树是 D,再将以结点 a 为根的子树调整为结点 c 的左子树,结点 c 为新的根结点,如图 7.11(c)所示。

平衡化调整操作判定方法如下:

沿插入路径检查三个点 a、c、E,若它们处于“\”直线上的同一个方向,则要做左单旋转,即以结点 c 为轴逆时针旋转。

2. 右单旋转

右单旋转与左单旋转类似,沿插入路径检查三个点 a、c、E,若它们处于“/”直线上的同一个方向,则要做右单旋转,即以结点 c 为轴顺时针旋转,如图 7.12 所示。

3. 先左后右双向旋转

图 7.13 所示为插入前的子树,根结点 a 的左子树比右子树高度高 1,待插入结点 x 将插入到结点 b 的右子树上,并使结点 b 的右子树高度增 1,从而使结点 a 的平衡因子的绝对值大于 1,导致结点 a 为根的子树平衡被破坏,如图 7.14(a)和图 7.15(a)所示。

沿插入路径检查三个点 a、b、c,若它们呈“<”字形,需要进行先左后右双向旋转:

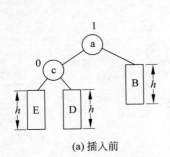 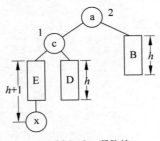 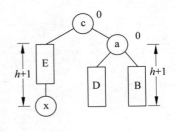

(a) 插入前　　　　　　　(b) 插入后，调整前　　　　　　　(c) 调整后

图 7.12　右单旋转示意图

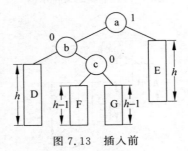

图 7.13　插入前

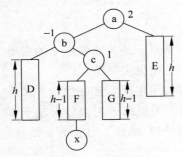 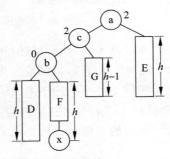

(a) 插入后，调整前　　　　　　　(b) 先左旋转　　　　　　　(c) 再右旋转

图 7.14　先左后右双向旋转示意图 1

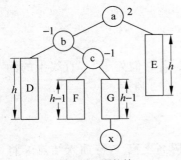 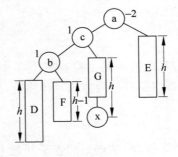 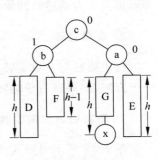

(a) 插入后，调整前　　　　　　　(b) 先左旋转　　　　　　　(c) 再右旋转

图 7.15　先左后右双向旋转示意图 2

（1）对以结点 b 为根的子树,以结点 c 为轴,向左逆时针旋转,结点 c 成为该子树的新根,如图 7.14(b)和图 7.15(b)所示;

（2）由于旋转后,待插入结点 x 相当于插入到以结点 b 为根的子树上,这样 a、c、b 三点处于“/”直线上的同一个方向,则要做右单旋转,即以结点 c 为轴顺时针旋转,如图 7.14(c)和图 7.15(c)所示。

4. 先右后左双向旋转

先右后左双向旋转和先左后右双向旋转对称,请读者自行补充整理。

在平衡二叉排序树 T 上插入一个关键字为 kx 的新元素,递归算法可描述如下。

（1）若 T 为空树,则插入一个数据元素为 kx 的新结点作为 T 的根结点,树的深度增 1。

（2）若 kx 和 T 的根结点关键字相等,则不进行插入。

（3）若 kx 小于 T 的根结点的关键字,而且在 T 的左子树中不存在与 kx 有相同关键字的结点,则将新元素插入在 T 的左子树上,并且当插入之后的左子树深度增加 1 时,分别就下列情况进行处理。

① T 的根结点平衡因子为 −1(右子树的深度大于左子树的深度),则将根结点的平衡因子更改为 0,T 的深度不变。

② T 的根结点平衡因子为 0(左、右子树的深度相等),则将根结点的平衡因子更改为 1,T 的深度增加 1。

③ T 的根结点平衡因子为 1(左子树的深度大于右子树的深度),则:

- 若 T 的左子树根结点的平衡因子为 1,需进行单向右旋平衡处理,并且在右旋处理之后,将根结点和其右子树根结点的平衡因子更改为 0,树的深度不变。
- 若 T 的左子树根结点平衡因子为 −1,需进行先左后右双向旋转平衡处理,并且在旋转处理之后,修改根结点和其左、右子树根结点的平衡因子,树的深度不变。

（4）若 kx 大于 T 的根结点关键字,而且在 T 的右子树中不存在与 kx 有相同关键字的结点,则将新元素插入在 T 的右子树上。并且当插入之后的右子树深度增加 1 时,分别就不同情况进行处理。其处理操作和(3)中所述相对称,读者可自行补充整理。

算法 7.7　非平衡二叉树的平衡算法。

```
typedef struct NODE
{
    ElemType elem;              //数据元素
    int bf;                     //平衡因子
    struct NODE * lc, * rc;     //左右孩子指针
}NodeType;                      //结点类型
//对以 * p 指向的结点为根的子树,做右单旋转处理,处理之后, * p 指向的结点为子树的新根
void R_Rotate(NodeType * * p)
{
    struct NODE * lp;
    lp = ( * p) -> lc;          //lp 指向 * p 左子树根结点
    ( * p) -> lc = lp -> rc;    //lp 的右子树挂接 * p 的左子树
    lp -> rc = * p;
    * p = lp;                   // * p 指向新的根结点
}
//对以 * p 指向的结点为根的子树,做左单旋转处理,处理之后, * p 指向的结点为子树的新根
```

```
void L_Rotate(NodeType * * p)
{
    struct NODE * lp;
    lp = ( * p) -> rc;              //lp 指向 * p 右子树根结点
    ( * p) -> rc = lp -> lc;        //lp 的左子树挂接 * p 的右子树
    lp -> lc = * p; * p = lp;       // * p 指向新的根结点
}
#define LH 1                        //左高
#define EH 0                        //等高
#define RH -1                       //右高
//对以 * p 指向的结点为根的子树,做左旋转处理,处理之后, * p 指向的结点为子树的新根
void LeftBalance(NodeType * * p)
{
    struct NODE * lp, * rd;
    int paller;
    lp = ( * p) -> lc;              //lp 指向 * p 左子树根结点
    switch(( * p) -> bf)            //检查 * p 平衡度,并做相应处理
    {
        case LH:                    //新结点插在 * p 左子女的左子树上,需做单右旋转处理
            ( * p) -> bf = lp -> bf = EH;
            R_Rotate(p);break;
        case EH:                    //原本左、右子树等高,因左子树增高使树增高
            ( * p) -> bf = LH;
            paller = 1;break;
        case RH:                    //新结点插在 * p 左子女的右子树上,需做先左后右双旋处理
            rd = lp -> rc;          //rd 指向 * p 左子女的右子树根结点
        switch(rd -> bf)            //修正 * p 及其左子女的平衡因子
        {
            case LH:( * p) -> bf = RH;lp -> bf = EH;break;
            case EH:( * p) -> bf = lp -> bf = EH;break;
            case RH:( * p) -> bf = EH;lp -> bf = LH;break;
        }
        rd -> bf = EH;
        L_Rotate(&(( * p) -> lc));  //对 * p 的左子树做左旋转处理
        R_Rotate(p);               //对 * t 做右旋转处理
    }
}
//若在平衡的二叉排序树 t 中不存在和 e 有相同关键字的结点,则插入一个数据元素为 e 的
//新结点,并返回 1,否则返回 0。若因插入而使二叉排序树失去平衡,则做平衡旋转处理
//布尔型变量 taller 反映 t 长高与否
int InsertAVL(NodeType * * t,ElemType e,int * taller)
{
    if(!( * t))                     //插入新结点,树"长高",置 taller 为 1
    { * t = (NodeType * )malloc(sizeof(NodeType));
        ( * t) -> elem = e;
        ( * t) -> lc = ( * t) -> rc = NULL;( * t) -> bf = EH; * taller = 1;
    }
    else
    {if(e.key == ( * t) -> elem.key) //树中存在和 e 有相同关键字的结点,不插入
        {taller = 0; return 0;}
        if(e.key < ( * t) -> elem.key) //应继续在 * t 的左子树上进行
        {
            if(!InsertAVL(&(( * t) -> lc),e,taller))
                return 0;           //未插入
```

```
        if( * taller)                            //已插入到( * t)的左子树中,且左子树增高
            switch(( * t) -> bf)                 //检查 * t平衡度
            {
                case LH:                         //原本左子树高,需做左平衡处理
                    LeftBalance(t); * taller = 0;break;
                case EH:                          //原本左、右子树等高,因左子树增高使树增高
                    ( * t) -> bf = LH;  * taller = 1;break;
                case RH:                          //原本右子树高,使左、右子树等高
                    ( * t) -> bf = EH;  * taller = 0;break;
            }
        }
        else                                     //应继续在 * t 的右子树上进行
        {if(!InsertAVL(&(( * t) -> rc),e,taller))
            return 0;                            //未插入
            if( * taller)                         //已插入到( * t)的左子树中,且左子树增高
                switch(( * t) -> bf)              //检查 * t 平衡度
                {
                    case LH:                      //原本左子树高,使左、右子树等高
                        ( * t) -> bf = EH;  * taller = 0; break;
                    case EH:                       //原本左、右子树等高,因右子树增高使树增高
                        ( * t) -> bf = RH;  * taller = 1;break;
                    case RH:                       //原本右子树高,需做右平衡处理
                        RightBalance(t); * taller = 0;break;
                }
            }
        }
    return 1;
}
```

平衡树的查找分析:

在平衡树上进行查找的过程和二叉排序树相同,因此,在查找过程中和给定值进行比较的关键字个数不超过树的深度。在平衡二叉树上进行查找的时间复杂度为 $O(\text{lb}n)$。

上述对二叉排序树和二叉平衡树的查找性能的讨论都是在等概率的前提下进行的。

7.3.3　B-树和B＋树

1. B-树及其查找

B-树是一种平衡的多路查找树,它在文件系统中很有用。

定义　一棵 m 阶的 B-树,或者为空树,或者为满足下列特性的 m 叉树:

(1) 树中每个结点至多有 m 棵子树;

(2) 若根结点不是叶子结点,则至少有两棵子树;

(3) 除根结点之外的所有非终端结点至少有 $\lceil m/2 \rceil$ 棵子树;

(4) 所有的非终端结点中包含信息数据 $(n,A_0,K_1,A_1,K_2,\cdots,K_n,A_n)$,其中 $K_i(i=1,2,\cdots,n)$ 为关键字,且 $K_i<K_{i+1}$, A_i 为指向子树根结点的指针 $(i=0,1,\cdots,n)$,且指针 A_{i-1} 所指子树中所有结点的关键字均小于 $K_i(i=1,2,\cdots,n)$, A_n 所指子树中所有结点的关键码均大于 K_n, $\lceil m/2 \rceil -1\leqslant n\leqslant m-1$, n 为关键字的个数。

(5) 所有的叶子结点都出现在同一层次上,并且不带信息(可以看作是外部结点或查找

失败的结点,实际上这些结点不存在,指向这些结点的指针为空)。

例 7.4 图 7.16 所示为一棵 5 阶的 B-树,其深度为 4。

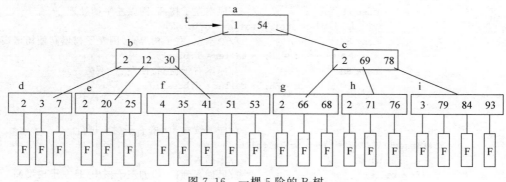

图 7.16 一棵 5 阶的 B-树

B-树的查找与二叉排序树的查找相类似,所不同的是,B-树每个结点上都是多关键字的有序表,在到达某个结点时,先在有序表中查找,若找到,则查找成功;否则,到按照对应的指针信息指向的子树中去查找,当到达叶子结点时,则说明树中没有对应的关键字,查找失败。因此,在 B-树上的查找过程是一个沿着指针查找结点以及在结点中查找关键字交叉进行的过程。例如,在图 7.16 中查找关键字为 93 的元素。首先,从 t 指向的根结点 a 开始,结点 a 中只有一个关键字,且 93 大于它,因此,按 a 结点指针域 A_1 到结点 c 去查找,结点 c 有两个关键字,而 93 也都大于它们,应按 c 结点指针域 A_2 到结点 i 去查找,在结点 i 中顺序比较关键字,找到关键字 K_3。

算法 7.8 B-树的查找。

```
#define m 5                       //B树的阶,暂设为5
typedef struct NODE
{
    int   keynum;                 //结点中关键字的个数,即结点的大小
    struct  NODE  * parent;       //指向双亲结点
    KeyType key[m+1];             //关键字向量,0号单元未用
    struct NODE * ptr[m+1];      //子树指针向量
    record  * recptr[m+1];       //记录指针向量
    }NodeType;                    //B树结点类型
typedef  struct
{
    NodeType * pt;                //指向找到的结点
    int  i;                       //在结点中的关键字序号,结点序号区间[1…m]
    int  tag;                     //1:查找成功,0:查找失败
    }Result;                      //B树的查找结果类型
//在 m 阶 B-树 t 上查找关键字 kx,返回(pt,i,tag).若查找成功,则 tag=1
//指针 pt 所指结点中第 i 个关键字等于 kx
//否则,特征值 tag=0,等于 kx 的关键字记录应插入在指针 pt 所指结点中第 i 个和第 i+1 个关键
//字之间
Result SearchBTree(NodeType * t,KeyType kx)
{
    p=t;q=NULL;found=FALSE;i=0;    //初始化,p指向待查结点,q指向 p 的双亲
    while(p&&!found)
    {   n=p->keynum;i=Search(p,kx);   //在 p-->key[1…keynum]中查找
```

```
            if(i > 0&&p - > key[i] == kx) found = TRUE;  //找到
            else{q = p;p = p - > ptr[i];}
    }
    if(found) return (p,i,1);                       //查找成功
    else return (q,i,0);                            //查找不成功,返回 kx 的插入位置信息
}
```

查找分析:

B-树的查找是由两个基本操作交叉进行的过程,即:

(1) 在 B-树上找结点;

(2) 在结点中找关键字。

由于 B-树通常是存储在外存上的,操作(1)就是通过指针在磁盘上相对定位,将结点信息读入内存,然后再对结点中的关键字有序表进行顺序查找或折半查找。由于在磁盘上读取结点信息比在内存中进行关键字查找耗时多,所以,在磁盘上读取结点信息的次数(即 B-树的层次数)是决定 B-树查找效率的首要因素。

那么,对含有 n 个关键字的 m 阶 B-树,最坏情况下达到多深呢?可按二叉平衡树进行类似分析。首先,讨论 m 阶 B-树各层上的最少结点数。

由 B-树定义可知,第一层至少有 1 个结点;第二层至少有 2 个结点;由于除根结点外的每个非终端结点至少有 $\lceil m/2 \rceil$ 棵子树,则第三层至少有树有 $2(\lceil m/2 \rceil)$ 个结点,以此类推,第 $k+1$ 层至少有 $2(\lceil m/2 \rceil)^{k-1}$ 个结点。而 $k+1$ 层的结点为叶子结点。若 m 阶 B-树有 n 个关键字,则叶子结点即查找不成功的结点为 $n+1$,由此有:

$$n+1 \geqslant 2 * (\lceil m/2 \rceil)^{k-1}$$

即

$$k \leqslant \log_{\lceil m/2 \rceil}\left(\frac{n+1}{2}\right) + 1$$

这就是说,在含有 n 个关键字的 B-树上进行查找时,从根结点到关键字所在结点的路径上涉及的结点数不超过 $\log_{\lceil m/2 \rceil}\left(\frac{n+1}{2}\right) + 1$ 个。

2. B-树的插入和删除

1) 插入

在 B-树上插入关键字与在二叉排序树上插入结点不同,关键字的插入不是在叶结点上进行的,而是在最底层的某个非终端结点中添加一个关键字。若该结点上关键字个数不超过 $m-1$ 个,则可直接插入到该结点上;否则,该结点上关键字个数至少达到 m 个,因而使该结点的子树超过了 m 棵,这与 B-树定义不符。所以要进行调整,即结点的分裂。方法为:关键字加入结点后,将结点中的关键字分成三部分,使得前后两部分关键字个数均大于或等于 $\lceil m/2 \rceil - 1$,而中间部分只有一个结点。前后两部分成为两个结点,中间的一个结点将其插入到父结点中。若插入父结点而使父结点中关键字个数超过 $m-1$,则父结点继续分裂,直到插入某个父结点,其关键字个数小于 m。可见,B-树是从底向上生长的。

例 7.5 就下列关键字序列,建立 5 阶 B-树,如图 7.17 所示。

20,54,69,84,71,30,78,25,93,41,7,76,51,66,68,53,3,79,35,12,15,65

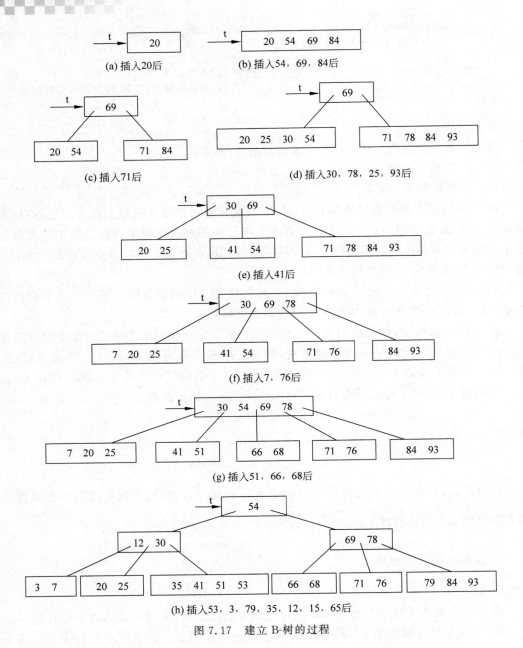

图 7.17　建立 B-树的过程

(1) 向空树中插入 20,得到图 7.17(a)。

(2) 插入 54,69,84,得到图 7.17(b)。

(3) 插入 71,索引项达到 5,要分裂成三部分:{20,54},{69}和{71,84},并将 69 上升到该结点的父结点中,如图 7.17(c)所示。

(4) 插入 30,78,25,93,得到图 7.17(d)。

(5) 插入 41,又分裂得到图 7.17(e)。

(6) 7 直接插入。

(7) 插入 76,分裂得到图 7.17(f)。

(8) 51,66 直接插入,当插入 68 时,需要分裂,得到图 7.17(g)。

(9) 53,3,79,35 直接插入,12 插入时,需分裂,但中间关键字 12 插入父结点时,又需要分裂,则 54 上升为新根。15,65 直接插入得到图 7.17(h)。

算法 7.9 在 B-树上插入关键字。

```
int InserBTree(NodeType * * t,KeyType kx,NodeType * q,int i)
{
    KeyType x;
    x = kx;ap = NULL;finished = FALSE;
    while(q&&!finished)
    {
        Insert(q,i,x,ap);          //将 x 和 ap 分别插入到 q->key[i+1]和 q->ptr[i+1]
        if(q->keynum < m)
            finished = TRUE;        //插入完成
        else
        {                           //分裂结点 * p
            s = m/2;split(q,ap);x = q->key[s];
            //将 q->key[s+1…m],q->ptr[s…m]和 q->recptr[s+1…m]移入新结点 * ap
            q = q->parent;
            if(q)
                i = Search(q,kx); //在双亲结点 * q 中查找 kx 的插入位置
        }
    }
    if(!finished)               //( * t)是空树或根结点,已分裂为 * q * 和 ap
        NewRoot(t,q,x,ap);      //生成含信息(t,x,ap)的新的根结点 * t,原 * t 和 ap 为子树指针
}
```

2) 删除

删除分两种情况。

(1) 删除最底层结点中关键字。

① 若结点中关键码个数大于 $\lceil m/2 \rceil - 1$,直接删去。

② 若删除后,余项与左兄弟(无左兄弟,则找右兄弟)项数之和大于或等于 $2(\lceil m/2 \rceil - 1)$,就与它们父结点中的有关项一起重新分配,如删去图 7.17(h)中的 76 得到图 7.18。

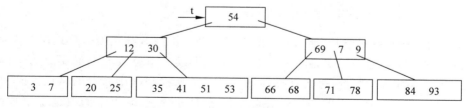

图 7.18 B-树中删除关键字情形 1

③ 若删除后,余项与左兄弟或右兄弟之和均小于 $2(\lceil m/2 \rceil - 1)$,就将余项与左兄弟(无左兄弟时,与右兄弟)合并。由于两个结点合并后,父结点中相关项不能保持,把相关项也并入合并项。若此时父结点被破坏,则继续调整,直到根。如删去图 7.17(h)中 7,得到图 7.19。

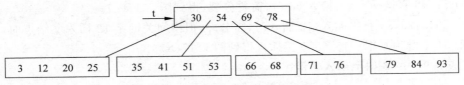

图 7.19 B-树中删除关键字情形 2

（2）删除非底层结点中关键字。

若所删除关键字非底层结点中的 K_i，则可以指针 A_i 所指子树中的最小关键字 X 替代 K_i，然后，再删除关键字 X，直到这个 X 在最底层结点上，即转为（1）的情形。

请读者自己完成删除程序。

3. B+ 树

B+树是应文件系统所需而产生的一种 B-树的变形树。一棵 m 阶的 B+树和 m 阶的 B-树的差异在于：

（1）有 n 棵子树的结点中含有 n 个关键字；

（2）所有的叶子结点中包含了全部关键字的信息，及指向含有这些关键字记录的指针，且叶子结点本身按照关键字的大小自小而大的顺序链接。

（3）所有的非终端结点可以看成是索引部分，结点中仅含有其子树根结点中最大（或最小）关键字。

例如，图 7.20 所示为一棵 4 阶 B+树。通常在 B+树上有两个头指针：一个指向根结点；另一个指向关键字最小的叶子结点。因此，可以对 B+树进行两种查找运算：一种是从最小关键字起顺序查找；另一种是从根结点开始进行随机查找。

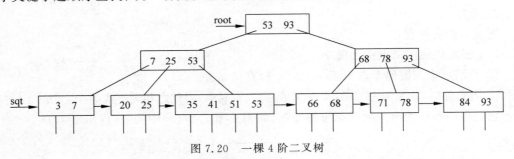

图 7.20 一棵 4 阶二叉树

在 B+树上进行随机查找、插入和删除的过程基本上与 B-树类似。只是在查找时，若非终端结点上的关键字等于给定值，并不终止，而是继续向下查找直到叶子结点。因此，在 B+树上，不管查找成功与否，每次查找都是走了一条从根到叶子结点的路径。B+树查找的分析类似于 B-树。B+树的插入仅在叶子结点上进行，当结点中的关键字个数大于 m 时，要分裂成两个结点，它们所含关键码的个数均为 $\left\lfloor \dfrac{m+1}{2} \right\rfloor$。并且，它们的双亲结点中应同时包含这两个结点中的最大关键字。B+树的删除也仅在叶子结点进行，当叶子结点中的最大关键字被删除时，其在非终端结点中的值可以作为一个"分界关键字"存在。若因删除而使结点中关键码的个数少于 $\lceil m/2 \rceil$ 时，其和兄弟结点的合并过程也和 B-树类似。

7.4 哈希表查找

7.4.1 哈希表与哈希方法

以上讨论的查找方法,由于数据元素的存储位置与关键字之间不存在确定的关系,因此,查找时,需要进行一系列对关键字的查找比较,即"查找算法"是建立在比较的基础上的,查找的效率由比较一次缩小的查找范围所决定。理想的情况是依据关键字直接得到其对应的数据元素位置,即关键字与数据元素之间存在一种对应关系,通过这个关系,能很快地由关键字得到对应数据元素的位置。

例 7.6　11 个元素的关键字分别为 18,27,1,20,22,6,10,13,41,15,25。选取关键字与元素位置间的函数为 $f(\text{key}) = \text{key mod } 11$。

(1) 通过函数 f 对 11 个元素建立查找表如图 7.21 所示。

0	1	2	3	4	5	6	7	8	9	10
22	1	13	25	15	27	6	18	41	20	10

图 7.21　由函数 $f(\text{key})$ 建立的查找表

(2) 查找时,对给定值 kx 依然通过这个函数计算出地址,再将 kx 与该地址单元中元素的关键字比较,若相等,则查找成功。

哈希表与哈希方法:选取某个函数,依该函数按关键字计算元素的存储位置,并按此存放;查找时,由同一个函数对给定值 kx 计算地址,将 kx 与地址单元中元素关键字进行比较,确定查找是否成功,这就是哈希方法(杂凑法)。哈希方法中使用的转换函数称为哈希函数(或杂凑函数);按这个思想构造的表称为哈希表(或杂凑表)。

对于 n 个数据元素的集合,总能找到关键字与存放地址一一对应的函数。若最大关键字数为 m,且可以分配 m 个数据元素的存储空间,则选取函数 $f(\text{key}) = \text{key}$ 即可,但这样会造成存储空间的很大浪费,甚至不可能分配这么大的存储空间。通常关键字的集合比哈希地址集合大得多,因而经过哈希函数变换后,可能将不同的关键字映射到同一个哈希地址上,这种现象称为冲突(collision),映射到同一哈希地址上的关键字称为同义词。应该说,冲突不可能避免,只能尽量减少冲突。所以,哈希方法需要解决以下两个问题。

(1) 构造好的哈希函数。

① 所选函数尽可能简单,以便提高转换速度。

② 所选函数对关键字计算出的地址,应在哈希地址集中大致均匀分布,以减少空间浪费。

(2) 制定解决冲突的方案。

7.4.2 常用的哈希方法

1. 直接定址法

$$\text{Hash(key)} = a \cdot \text{key} + b \quad (a、b 为常数)$$

即取关键字的某个线性函数值为哈希地址,这类函数是一一对应函数,不会产生冲突,但要求地址集合与关键字集合大小相同,因此,对于较大的关键字集合不适用。

例 7.7 关键字集合为 $\{100,300,500,700,800,900\}$,选取哈希函数为 Hash(key)＝ key/100,则建立哈希表如图 7.22 所示。

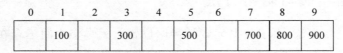

图 7.22 例 7.7 所建立的哈希表

2. 除留余数法

$$Hash(key)＝key \bmod p \quad (p \text{ 是一个整数})$$

即取关键字除以 p 的余数作为哈希地址。使用除留余数法,选取合适的 p 很重要,若哈希表表长为 m,则要求 p$\leqslant m$,且接近 m 或等于 m。

3. 乘余取整法

$$Hash(key)＝\lfloor b * (a * key \bmod 1) \rfloor \quad (a \text{、} b \text{ 均为常数,且 } 0 < a < 1, b \text{ 为整数})$$

以关键字 key 乘以 a,取其小数部分(a * key mod 1 就是取 a * key 的小数部分),之后再用整数 b 乘以这个值,取结果的整数部分作为哈希地址。

该方法中 b 取什么值并不关键,但 a 的选择却很重要,最佳的选择依赖于关键字集合的特征。一般取 $a=\dfrac{1}{2}(\sqrt{5}-1)\approx 0.618\,033\,9$ 较为理想。

4. 数字分析法函数

设关键字集合中,每个关键字均由 m 位组成,每位上可能有 r 种不同的符号。

若关键字是 4 位十进制数,则每位上可能有十个不同的数符 0~9,所以 $r=10$。若关键字是仅由英文字母组成的字符串,不考虑大小写,则每位上可能有 26 种不同的字母,所以 $r=26$。

数字分析法根据 r 种不同的符号,在各位上的分布情况,选取某几位,组合成哈希地址。所选的位应满足各种符号在该位上出现的频率大致相同。

例 7.8 有一组关键字如下:

```
3 4 7 0 5 2 4
3 4 9 1 4 8 7
3 4 8 2 6 9 6
3 4 8 5 2 7 0
3 4 8 6 3 0 5
3 4 9 8 0 5 8
3 4 7 9 6 7 1
3 4 7 3 9 1 9
```

①　②　③　④　⑤　⑥　⑦

第 1、2 位均是 3 和 4,第 3 位也只有 7、8、9,因此,这几位不能用,余下四位分布较均匀,可作为哈希地址选用。若哈希地址是两位,则可取这四位中的任意两位组合成哈希地址,也可以取其中两位与其他两位叠加求和后,取低两位作为哈希地址。

5. 平方取中法

此方法对关键字平方后,按哈希表大小,取中间的若干位作为哈希地址。

6. 折叠法

将关键字自左到右分成位数相等的几部分,最后一部分位数可以短些,然后将这几部分叠加求和,并按哈希表表长,取后几位作为哈希地址,这种方法称为折叠法(folding)。

有以下两种叠加方法。

(1) 移位法:将各部分的最后一位对齐相加。

(2) 间界叠加法:从一端向另一端沿各部分分界来回折叠后,最后一位对齐相加。

例 7.9 关键字为 key=05587463253,设哈希表长为三位数,则可对关键字每三位一部分来分隔。

关键字分隔为如下四组: 253 463 587 05

用上述方法计算哈希地址,如图 7.23 所示。

对于位数很多的关键字,且每一位上符号分布较均匀时,可采用此方法求得哈希地址。

```
      253                    253
      463                  ⌐ 364 ⌐
      587                    587
   +   05                  +  50
   --------               --------
     1308                   1254
 Hash(key)=308          Hash(key)=254
   (a) 移位法             (b) 间界叠加法
```

图 7.23 折叠法计算哈希地址

7.4.3 处理冲突的方法

1. 开放定址法

所谓开放定址法,是指由关键字得到的哈希地址一旦产生了冲突,也就是说,该地址已经存放了数据元素,就去寻找下一个空的哈希地址,只要哈希表足够大,空的哈希地址总能找到,并将数据元素存入。

找空哈希地址方法很多,下面介绍三种。

1) 线性探测法

$$H_i = (\text{Hash}(key) + d_i) \bmod m \quad (1 \leqslant i \leqslant m)$$

其中:Hash(key)为哈希函数;m 为哈希表长度;d_i 为增量序列 $1,2,\cdots,m-1$,且 $d_i=i$。

例 7.10 关键字集合为 $\{47,7,29,11,16,92,22,8,3\}$,哈希表表长为 11,Hash(key)=key mod 11,用线性探测法处理冲突,建表如图 7.24 所示。

0	1	2	3	4	5	6	7	8	9	10
11	22		47	92	16	3	7	29	8	

图 7.24 例 7.10 所建立的哈希表

47、7、11、16、92 均是由哈希函数得到的没有冲突的哈希地址而直接存入的;Hash(29)=7,哈希地址上冲突,需寻找下一个空的哈希地址。由于 $H_1 = (\text{Hash}(29)+1) \bmod 11 = 8$,哈希地址 8 为空,将 29 存入。另外,22、8 同样在哈希地址上有冲突,也是由 H_1 找到空的哈希地址的。

而 Hash(3)=3,哈希地址上有冲突,由于 $H_1=(Hash(3)+1) \bmod 11=4$,仍然有冲突;$H_2=(Hash(3)+2) \bmod 11=5$,仍然有冲突;$H_3=(Hash(3)+3) \bmod 11=6$,找到空的哈希地址,存入。

线性探测法可能使第 i 个哈希地址的同义词存入第 $i+1$ 个哈希地址,这样本应存入第 $i+1$ 个哈希地址的元素变成了第 $i+2$ 个哈希地址的同义词……因此,可能出现很多元素在相邻的哈希地址上"堆积"起来,大大降低了查找效率。为此,可采用二次探测法或双哈希函数探测法,以改善"堆积"问题。

2)二次探测法

$$H_i = (Hash(key) \pm d_i) \bmod m$$

其中:Hash(key)为哈希函数;m 为哈希表长度,m 要求是某个 $4k+3$ 的质数(k 是整数);d_i 为增量序列 $1^2, -1^2, 2^2, -2^2, \cdots, q^2, -q^2$ 且 $q \leqslant m/2$。

仍以例 7.10 用二次探测法处理冲突,建表如图 7.25 所示。

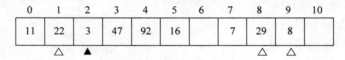

图 7.25 重建例 7.10 哈希表

对关键字寻找空的哈希地址只有 3 这个关键字与例 7.10 不同,Hash(3)=3,哈希地址上有冲突。由于 $H_1=(Hash(3)+1^2) \bmod 11=4$,仍然有冲突;$H_2=(Hash(3)-1^2) \bmod 11=2$,找到空的哈希地址,存入。

3)双哈希函数探测法

$$H_i = (Hash(key) + i * ReHash(key)) \bmod m \quad (i=1,2,\cdots,m-1)$$

其中:Hash(key)、ReHash(key)是两个哈希函数;m 为哈希表长度。

双哈希函数探测法先用第一个函数 Hash(key)对关键字计算哈希地址,一旦产生地址冲突,再用第二个函数 ReHash(key)确定移动的步长因子,最后,通过步长因子序列由探测函数寻找空的哈希地址。

例如,Hash(key)=a 时产生地址冲突,就计算 ReHash(key)=b,则探测的地址序列为

$$H_1 = (a+b) \bmod m, \quad H_2 = (a+2b) \bmod m, \cdots, H_{m-1} = (a+(m-1)b) \bmod m$$

2. 拉链法

设哈希函数得到的哈希地址域在区间 $[0, m-1]$ 上,以每个哈希地址作为一个指针,指向一个链,即分配指针数组 ElemType * eptr[m];建立 m 个空链表,由哈希函数对关键字转换后,映射到同一哈希地址 i 的同义词均加入到 * eptr[i]指向的链表中。

例 7.11 关键字序列为 47,7,29,11,16,92,22,8,3,50,37,89,94,21,哈希函数为 Hash(key)=key mod 11。用拉链法处理冲突,建表如图 7.26 所示(向链表中插入元素均在表头进行)。

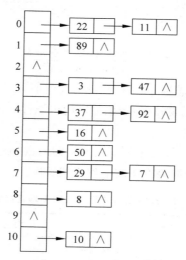

图 7.26　拉链法处理冲突时的哈希表

3. 建立一个公共溢出区

设哈希函数产生的哈希地址集为 $[0, m-1]$，则分配两个表：一个是基本表 ElemType base_tbl[m]，其每个单元只能存放一个元素；另一个是溢出表 ElemType over_tbl[k]，只要关键字对应的哈希地址在基本表上产生冲突，则所有这样的元素一律存入该表中。查找时，对给定值 kx 通过哈希函数计算出哈希地址 i，先与基本表的 base_tbl[i] 单元比较，若相等，则查找成功；否则，再到溢出表中进行查找。

7.4.4　哈希表的查找分析

哈希表的查找过程基本上和建表过程相同。一些关键字可通过哈希函数转换的地址直接找到，另一些关键字在哈希函数得到的地址上产生了冲突，需要按处理冲突的方法进行查找。在介绍的三种处理冲突的方法中，产生冲突后的查找仍然是给定值与关键字进行比较的过程。所以，对哈希表查找效率的量度，依然用平均查找长度来衡量。

查找过程中，关键字的比较次数取决于产生冲突的多少。产生的冲突少，查找效率就高；产生的冲突多，查找效率就低。因此，影响产生冲突多少的因素，也就是影响查找效率的因素。影响产生冲突多少有以下三个因素：

（1）哈希函数是否均匀；

（2）处理冲突的方法；

（3）哈希表的装填因子。

分析这三个因素，尽管哈希函数的"好坏"直接影响冲突产生的频度，但一般地，总认为所选的哈希函数是"均匀的"，因此，可以不考虑哈希函数对平均查找长度的影响。就线性探测法和二次探测法处理冲突的例子看，相同的关键字集合、同样的哈希函数，但在数据元素查找等概率情况下，它们的平均查找长度却不同：

线性探测法的平均查找长度 $ASL = (5 \times 1 + 3 \times 2 + 1 \times 4)/9 = 5/3$

二次探测法的平均查找长度 $ASL = (5 \times 1 + 3 \times 2 + 1 \times 3)/9 = 14/9$

哈希表的装填因子定义为:

$$\alpha = \frac{填入表中的元素个数}{哈希表的长度}$$

α 是哈希表装满程度的标志因子。由于表长是定值,α 与"填入表中的元素个数"成正比,所以,α 越大,填入表中的元素较多,产生冲突的可能性就越大;α 越小,填入表中的元素较少,产生冲突的可能性就越小。

实际上,哈希表的平均查找长度是装填因子 α 的函数,只是不同处理冲突的方法有不同的函数。表 7.2 给出几种处理冲突方法的平均查找长度。

表 7.2　几种处理冲突方法的平均查找长度

处理冲突的方法	平均查找长度	
	查找成功时	查找不成功时
线性探测法	$S_{nl} \approx \dfrac{1}{2}\left(1 + \dfrac{1}{1-\alpha}\right)$	$U_{nl} \approx \dfrac{1}{2}\left(1 + \dfrac{1}{(1-\alpha)^2}\right)$
二次探测法与双哈希法	$S_{nr} \approx \dfrac{1}{\alpha}\ln(1-\alpha)$	$U_{nr} \approx \dfrac{1}{1-\alpha}$
拉链法	$S_{nc} \approx 1 + \dfrac{\alpha}{2}$	$U_{nc} \approx \alpha + e^{-\alpha}$

哈希方法存取速度快,也较节省空间,静态查找、动态查找均适用,但由于存取是随机的,因此,不便于顺序查找。

7.5　C++中的查找

7.5.1　静态查找的 C++程序

把查找对象作为集合看待,例 7.12 给出了集合的抽象模板类 DynamicSet。例 7.13 定义了一个顺序表表示的集合类 ListSet,作为集合类的派生类。类 ListSet 的查找运算如例 7.14 和例 7.15 所示。

例 7.12　类 DynamicSet。

```cpp
template < class T >
class DynamicSet
{
public:
virtual ResultCode Search(T& x)const = 0;
virtual ResultCode Insert(T& x) = 0;
virtual ResultCode Remove(T& x) = 0;
virtual bool IsEmpty()const = 0;
virtual bool IsFull()const = 0;
};
```

例 7.13 数据元素集合类 ListSet。

```
template < class T >
class ListSet:public DynamicSet < T >
{
public:
    ListSet(int mSize);
    ~ListSet(){delete []l;}
    bool IsEmpty()const{return n == 0;}
    bool IsFull()const{return n == maxSize;}
ResultCode Search(T& x)const;
ResultCode Search2(T& x)const;
    ResultCode Insert(T& x);
    ResultCode Remove(T& x);
private:
    T * l;                          //指针 l 指向一个一维数组
    int maxSize;
int n;
  ⋮
};
```

例 7.14 顺序查找无序表。

```
template < class T >
ResultCode ListSet < T >::Search(T& x)const
{
    for (int i = 0;i < n;i++)
        if (l[i] == x) {
            x = l[i]; return Success;      //查找成功
        }
    return NotPresent;                     //查找失败
}
```

例 7.15 折半查找的非递归算法。

```
template < class T >
ResultCode ListSet < T >::Search2(T& x)const
{
    int m,low = 0,high = n - 1;
    while (low <= high){
        m = (low + high)/2;
        if (x < l[m]) high = m - 1;
        else if (x > l[m]) low = m + 1;
            else {
                x = l[m];return Success; //查找成功
            }
    }
    return NotPresent;                      //查找失败
}
```

7.5.2　动态查找的 C++ 程序

借助 C++ 的模板抽象类来定义二叉排序树抽象数据类 BSTree,如例 7.16 所示,例 7.17

是二叉排序树查找的递归算法。

例 7.16 二叉排序树抽象数据类 BSTree。

```
template < class T >
class BSTree:public DynamicSet < T >
{
public:
  BSTree(){root = NULL;}
  ResultCode Search(T& x)const;
  ResultCode Search2(T& x)const;
  ResultCode Insert(T& x);
  ResultCode Remove(T& x);
   ⋮
protected:
  BTNode < T > * root;
private:
  ResultCode Search(BTNode < T > * p,T& x)const;
   ⋮
};
```

例 7.17 二叉排序树查找的递归算法。

```
template < class T >
ResultCode BSTree < T >::Search(T& x)const
{
return Search(root,x);
}
template < class T >
ResultCode BSTree < T >::Search(BTNode < T > * p,T& x)const
{
if (!p) return NotPresent;
else if (x < p -> element) return Search(p -> lChild,x);
        else if(x > p -> element) return Search(p -> rChild,x);
                else {
                     x = p -> element;return Success;
                }
}
```

习题 7

1. 画出对长度为 10 的有序表进行折半查找的判定树,并求其等概率时查找成功的平均查找长度。

2. 假设按下述递归方法进行顺序表的查找:若表长小于或等于 10,则进行顺序查找,否则进行折半查找。试画出对表长 $n = 50$ 的顺序表进行上述查找时,描述该查找的判定树,并求出在等概率情况下查找成功的平均查找长度。

3. 一组有序的关键字如下:15,17,22,28,33,41,51,67,90。设法画出一棵具有平衡性的二叉排序树。如果对每一个关键字的查找概率相等,计算平均查找长度 ASL。进一步写出解决该问题的算法。提示：以中间位置元素为根。

4. 已知下列关键字和它们对应的哈希函数值

key	Zhao	Sun	Li	Wang	Chen	Liu	Zhang
H（key）	6	5	7	4	1	6	4

由此构造哈希表，用线性探测法解决冲突，计算该哈希表的装填系数 α 和平均查找长度 ASL。若用拉链法解决冲突情况又如何？

5. 已知一个含有 1000 个记录的表，关键字为中国人姓氏的拼音，请给出此表的一个哈希表设计方案，要求它在等概率情况下查找成功的平均查找长度不超过 3。

6. 试编写一个开放地址法解决冲突的哈希表删除算法。

上机练习 7

1. 编程实现，在一个无序表 A 中，采用顺序查找算法查找值为 x 的元素，返回其位置。

2. 编写一个算法，利用二分查找算法在一个有序表中插入一个元素 x，并保持表的有序性。

3. 编写一个算法，求出利用二分查找算法查找任意一个元素所比较的次数。

4. 设计一个算法，读入一串整数，构造其对应的二叉排序树，并在其上删除任意一个值为键盘输入的结点。

5. 使用哈希函数：$H(k)=3k$ MOD 11，并采用链地址法处理冲突。试对关键字序列 $(22,41,53,46,30,13,01,67)$ 构造哈希表，求等概率情况下查找成功的平均查找长度，并设计构造哈希表的完整的算法。

第8章

排序

本章学习要点

(1) 掌握插入排序、交换排序、选择排序、归并排序和基数排序五类内部排序方法的基本思想、排序过程、实现的算法、算法的效率分析及排序的特点;对各种排序方法进行比较;

(2) 能根据各种内部排序方法的优缺点及不同的应用场合选择合适的方法进行排序。

排序是数据处理中经常运用的一种重要运算。排序的功能是将一个数据元素(记录)的任意序列,重新排列成一个按关键字有序的序列,其目的之一是方便查找,从第 7 章可以看到,有序的顺序表可以采用查找效率较高的折半查找,而无序的顺序表只能用查找效率较低的顺序查找法。又如建立树表的过程本身就是一个排序过程。因此,学习和研究各种排序方法有很重要的意义。

8.1　基本概念

在学习排序之前,先学习几个基本术语。

关键字是数据元素中某个数据项的值,用它可以标识一个数据元素。通常会用记录来表示数据元素,一个记录可以由若干个数据项组成。例如:一个学生的信息就是一条记录,它包括学号、姓名、性别等若干数据项(见图 8.1)。

图 8.1　一记录结构

主关键字是可以唯一地标识一个记录的关键字,如学号。

次关键字是可以标识若干记录的关键字,如姓名、性别。

假设一个文件有 n 条记录 $\{R_1, R_2, \cdots, R_n\}$,对应的关键字是 $\{K_1, K_2, \cdots, K_n\}$,排序就是将此 n 个记录按关键字的大小递增(或递减)的次序排列起来,使这些记录由无序变为有序的一种操作。排序后的序列若为 $\{R_{i1}, R_{i2}, \cdots, R_{in}\}$ 时,其对应的关键字值满足 $\{K_{i1} \leqslant K_{i2} \leqslant, \cdots, \leqslant K_{in}\}$(或 $\{K_{i1} \geqslant K_{i2} \geqslant, \cdots, \geqslant K_{in}\}$)。

若在待排序的记录中,存在两个或两个以上关键字相等的记录,经排序后这些记录的相对次序仍然保持不变,则称相应的排序方法是稳定的方法,否则是不稳定的方法。

根据排序过程中涉及的存储器不同,可以将排序方法分为两大类:一类是内部排序,指的是待排序的记录存放在计算机随机存储器中进行的排序过程;另一类是外部排序,指的是排序中要对外存储器进行访问的排序过程。

内部排序是排序的基础,本章主要讨论内部排序,其次介绍外部排序。在内部排序中,根据排序过程中所依据的原则可以将它们分为五类:插入排序、交换排序、选择排序、归并排序和基数排序;根据排序过程的时间复杂度来分,可分为三类:简单排序、先进排序、基数排序。

评价排序算法优劣标准主要有两个:

(1) 算法的运算量,主要是通过记录的比较次数和移动次数来反映;

(2) 执行算法所需要的附加存储单元的多少。

为了讨论方便起见,假设待排序的一组记录存放在地址连续的一组存储单元上,并设记录的关键字均为整数,定义待排序的记录的数据类型为:

```
typedef struct
  {int key;
   elemtype data;
  }redtype;
redtype r[n];
```

其中,key 表示主关键字域;data 表示其他域;redtype 表示记录类型标识符。r[n]表示一个 redtype 类型的待排序数组。

8.2 插入排序

插入排序的基本思想是:每步都将一个待排序的记录,按其关键字值的大小插入到前面已经排序的文件中适当的位置上,直到全部插入完为止。

8.2.1 直接插入排序

直接插入排序是一种简单的插入排序法,其基本思想是:将待排序的记录按其关键字的大小逐个插入到一个已经排好序的有序序列中去,直到所有的记录插入完为止,得到一个新的有序序列。

例如,已知待排序的一组记录是:

$$60,71,49,11,82,24,3,66$$

假设在排序过程中,前 3 个记录已按关键字递增的次序重新排列,构成一个有序序列:

$$49,60,71$$

现在将待排序记录中的第 4 个记录(即 11)插入上述有序序列,以得到一个新的含 4 个记录的有序序列。首先,应找到 11 的插入位置,再进行插入。可以将 11 放入数组的第一个单元 $r[0]$ 中,这个单元称为监视哨,然后从 71 起从右到左查找。11 小于 71,将 71 右移一个位置;11 小于 60,又再将 60 右移一个位置;11 小于 49,又再将 49 右移一个位置,这时再将 11 与 $r[0]$ 的值比较,$11 \geqslant r[0]$,它的插入位置就是 $r[1]$。假设 11 大于第一个值 $r[1]$,它的插入位置应在 $r[1]$ 和 $r[2]$ 之间,由于 60 已右移了,腾出来的位置正好留给 11。后面的记录依照同样的方法逐个插入到该有序序列中。若记录数为 n,须进行 $n-1$ 趟排序,才能完成。下面用图 8.2 说明整个排序过程。

在图 8.2 中,i 表示插入记录的顺序号,用方括号括起来的部分表示已排序的记录。

i=1		[60]	71	49	11	82	<u>49</u>	3	66
i=2	[71]	[60	71]	49	11	82	<u>49</u>	3	66
i=3	[49]	[49	60	71]	11	82	<u>49</u>	3	66
i=4	[11]	[11	49	60	71]	82	<u>49</u>	3	66
i=5	[82]	[11	49	60	71	82]	<u>49</u>	3	66
i=6	[49]	[11	49	<u>49</u>	60	71	82]	3	66
i=7	[3]	[3	11	49	<u>49</u>	60	71	82]	66
i=8	[66]	[3	11	49	<u>49</u>	60	66	71	82]

↑
监视哨$r[0]$

图 8.2   直接插入排序示例

在排序之前设置了$r[0]$,$r[0]$称为监视哨,它的作用是免去在查找过程的每一步都要检测数组r是否查找结束、下标是否越界,这就是监视哨这个名称的来历。

图 8.2 中,序列 60,71 称为第一趟排序。可见整个排序过程是由若干趟排序构成的。若记录数为n,直接插入排序应由双重循环来实现,外循环进行$n-1$趟插入排序,内循环用于进行一趟插入排序,即进行关键字的比较和记录的后移,完成某一记录的插入过程。直接插入排序的具体算法如下。

算法思路:

(1) 设置监视哨$r[0]$,将待插入记录的值赋给$r[0]$;

(2) 设置开始查找的位置j;

(3) 在数组中进行搜索,搜索中将第j个记录后移,直至$r[0]$.key≥$r[j]$.key 为止;

(4) 将$r[0]$插入$r[j+1]$的位置上。

算法 8.1   直接插入排序算法。

```
void zjinsert(redtype r[ ], int n)
{
    int i,j;
      for(i = 2;i < n;i++)              //i 表示插入元素下标,此时 1..i-1 有序
      {
          j = i-1;                      //j 表示比较元素下标
          r[0] = r[i];                  //设置监视哨,将其设置为待插入的结点
          while(r[0].key < r[j].key)    //寻找插入点,并进行元素的移动
          {
              r[j+1] = r[j];            //前一结点向后移动
              j-- ;
          }
          r[j+1] = r[0];                //插入待排序的结点,即监视哨的值
      }
}
```

分析上述算法,为了正确地插入第 i 个记录,最多比较 i 次,最少比较 1 次,平均比较 $i/2$ 次。按平均比较次数计算,将 n 个记录进行直接插入排序所需的平均比较次数为

$$\sum_{i=2}^{n} \frac{i}{2} = \frac{(n+2)(n-1)}{4} = \frac{(n^2+n-2)}{4} \approx \frac{n^2}{4}$$

插入排序中记录的移动次数也是比较多的,用与上面类似的方法可以算出,插入 n 个记录所需的平均移动次数近似为 $n^2/4$。由此,直接插入排序的时间复杂度为 $O(n^2)$。

由于直接插入排序在整个排序过程中只需一个记录单元的辅助空间,所以其空间复杂度为 $O(1)$。直接插入排序是一种稳定的排序方法。

8.2.2 希尔排序

希尔排序又称为"缩小增量排序",也是一种插入排序类的算法,与直接插入排序相比,在时间效率上有较大的改进。

希尔排序的思路是:选定第一个增量 $d_1 < n$,把全部记录按此值从第一个记录起进行分组,所有相距为 d_1 的记录作为一组。先在各组内进行插入排序;然后缩小间隔,取第二个增量 $d_2 < d_1$,重复上述分组和排序过程;如此反复,直至增量值 $d_i = 1$ 为止,即所有的记录放在同一组内排序。

对于每一趟的增量 d_i 可以有多种取法。希尔提出的取法是:$d_i = n/2$,$d_{i+1} = d_i/2$,克努特(Knuth)提出的取法是 $d_{i+1} = d_i/3$;还有人提出别的取法。这里,用希尔的取法。

例如,对记录数 n 等于 8 的序列进行希尔排序。图 8.3 说明了这一过程,其中,各趟的增量值分别为 4、2、1。

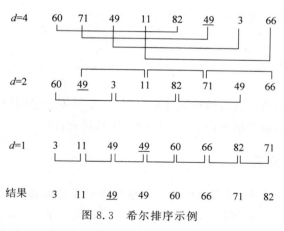

图 8.3 希尔排序示例

希尔排序算法可以通过三重循环来实现。

算法思路:

(1) 外循环以各种不同的间隔距离 d 进行排序,直到 $d=1$ 为止。

(2) 第二重循环是在某一个 d 值下对各组进行排序,若在某个 d 值下发生了记录的交换,则需继续第三重循环,直至各组内均无记录的交换为止,即各组内已完成排序任务。

(3) 第三重循环是从第一个记录开始,以某个 d 值为间距进行组内比较。若有逆序,则进行交换。

算法 8.2 希尔排序算法。

```
void slpx(redtype r[], int n)
{
        int j;
        int k;
        redtype t;
        int d = n/2;                    //置初始增量为元素个数的一半
        while(d >= 1)                   //依次取出各增量
        {
            for(k = d; k < n; k++)      //对每一元素实施插入排序,将其分别插入各自的分组中
            {
                t = r[k];               //保存待插入记录
                j = k - d;              //待插入记录所属分组的前一记录
                while(j >= 0 && t. key < r[j]. key)      //比较两个记录的大小
                {
                    r[j + d] = r[j];   //插入排序,较大的前一记录向后移动
                    j -= d;             //寻找本分组的前一记录
                }
                r[j + d] = t;           //插入一个记录
            }
            d/ = 2;                     //增量减半
        }
}
```

希尔排序的主要特点是:每一趟以不同的增量进行插入排序。当 d 较大时,被移动的记录是跳跃式进行的。到最后一趟排序时($d=1$),许多记录已经有序,不需要多少移动,所以提高了排序的速度。一般来说,希尔排序比直接插入排序要快,平均比较次数和记录平均移动次数均为 $n^{1.3}$ 左右。希尔排序是不稳定的排序方法。

8.3 交换排序

交换排序是通过两两比较待排序记录的关键值,交换不满足顺序的那些偶对,直到全部满足为止。本节介绍两种交换排序方法:冒泡排序和快速排序。

8.3.1 冒泡排序

冒泡排序也叫起泡排序、气泡排序等。冒泡排序是通过相邻的记录两两比较和交换,使关键字较小的记录像水中的气泡一样逐趟向上漂浮;而关键字较大的记录好比石块往下沉,每一趟有一块"最大"的石头沉到水底。

冒泡排序的基本思路:先将第一个记录的关键字和第二个记录的关键字进行比较,若为逆序(即 $r[1]. key > r[2]. key$),则交换两个记录;然后比较第二个记录和第三个记录的关键字,若为逆序,则又交换两个记录;如此下去,直至第 n 个记录和第 $n-1$ 个记录的关键字比较完为止,这样就完成了第一趟冒泡排序,其结果是关键字最大的记录被安置到第 n 个记录的位置。接着进行第二趟冒泡排序,对前 $n-1$ 个记录进行类似操作,其结果是关键字次大的记录被安置到第 $n-1$ 个记录的位置。对含有 n 个记录的文件最多需要进行 $n-1$ 趟冒泡排序。当比较过程中根列为有序时,则退出整个排序。

例如,设待排序文件的记录关键字为$\{60,71,49,11,82,49,3,66\}$,图 8.4 显示了冒泡排序的过程。

初始状态	60	71	49	11	82	<u>49</u>	3	66
第1趟	60	49	11	71	<u>49</u>	3	66	82
第2趟	49	11	60	<u>49</u>	3	66	71	82
第3趟	11	49	<u>49</u>	3	60	66	71	82
第4趟	11	49	3	<u>49</u>	60	66	71	82
第5趟	11	3	49	<u>49</u>	60	66	71	82
第6趟	3	11	49	<u>49</u>	60	66	71	82
第7趟	3	11	49	<u>49</u>	60	66	71	82

图 8.4 冒泡排序示例

算法思路:

(1) 第一重循环进行 $n-1$ 趟排序,设标志 k 初值为 0;

(2) 第二重循环是在进行第 i 趟排序时进行 $n-i$ 次两两比较,若逆序,则交换并使 k 值增加,找出该趟的最大值放在第 $n-i+1$ 位置上,继续进行下一趟排序,在一趟排序的比较过程中,若序列有序,无记录交换,标志 k 为 0,则退出整个排序循环。

算法 8.3 冒泡排序算法。

```
void mppx(redtype r[ ], int n)
{
int i,j,k;
redtype x;
i = 1; k = 1;
while ((i < n)&&(k > 0))                    //进行 n-1 趟排序
{
    k = 0;
    for(j = 1;j <= n - i;j++)                //在进行第 i 趟排序时进行 n-i 次两两比较
        if(r[j + 1].key < r[j].key)          //交换记录
        {
            k++;                             //改变交换标志 k
            x = r[j]; r[j] = r[j + 1]; r[j + 1] = x;
        }
}
}
```

由上述算法可见,当初始序列中记录已按关键字次序排好序,则只需要进行一趟排序,在排序过程中只需要进行 $n-1$ 次比较,记录移动次数为 0;反之,若初始序列中记录按逆序排列,若待排序的序列有 n 个记录,则最多进行 $n-1$ 趟排序。最大比较次数为

$$\sum_{i=1}^{n-1}(n-i) = \frac{n(n-1)}{2} \approx \frac{n^2}{2}$$

交换记录时移动记录的次数约为 $3n^2/2$ 次,故总的时间复杂度为 $O(n^2)$。

冒泡排序是稳定的,因为关键字相等的记录不会相互交换。

8.3.2 快速排序

快速排序是对冒泡排序的一种改进。冒泡排序中记录的比较和交换是在相邻的单元中进行,记录每次交换只能上移或下移一个单元,因而总的比较和移动次数较多。快速排序中,记录的比较和交换是从两端向中间进行,关键字较小和较大的记录一次就能换到前面或后面,记录每次移动的距离较远,所以可以减少总的比较和移动次数。

快速排序的基本思路是:在待排序的 n 个记录中任选一个记录,通常取第一个记录,以该记录的关键字值为基准,用交换的方法将所有记录分成两部分,使所有关键字比基准小的记录均排在基准记录之前,所有关键字比基准大的记录都排在基准记录之后,基准记录在两部分中间,其位置为该基准记录的最终位置,它不再参加以后的排序,这就完成了一趟排序。接着对所划分的前后两部分分别重复上面的操作,直到每部分内只有一个记录为止,排序结束。

实现一趟排序的具体方法是:设待排序记录存于 $r[t],r[t+1],\cdots,r[w]$ 中,设置两个变量 i 和 j,它们的初值分别是 t 和 w,第一个记录即基准记录 $r[t]$,其关键字值为 $r[t].\text{key}$。排序开始时,先从 j 所指示的位置起向前扫描,当 $r[t].\text{key}>r[j].\text{key}$ 时,交换 $r[t].\text{key}$ 和 $r[j].\text{key}$,使关键字值比基准记录的关键字值小的记录交换到前面;然后从 i 所指示的位置起向后扫描,直到 $r[t].\text{key}<r[i].\text{key}$,交换 $r[t].\text{key}$ 和 $r[i].\text{key}$,使关键字值比基准记录的关键字值大的记录交换到后面。重复这两步直至 $i=j$ 为止。

例如,设待排序序列为$\{60,71,49,11,82,\underline{49},3,66\}$,快速排序的一趟排序过程和各趟排序状态如图 8.5 和图 8.6 所示,其中,方框表示基准记录,方括号括起来的表示无序部分。

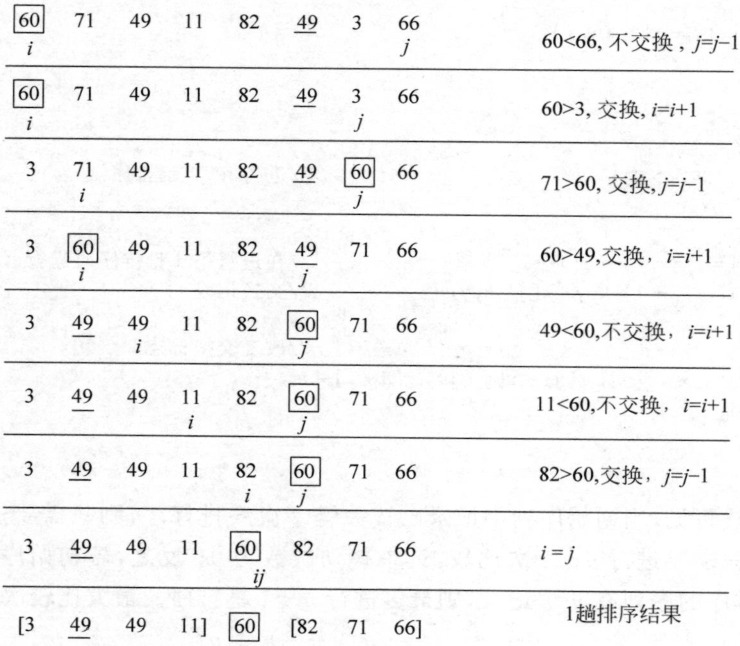

图 8.5 一趟排序过程

60	71	49	11	82	49	3	66	初始状态
[3	49	49	11]	60	[82	71	66]	2趟排序后
3	[49	49	11]	60	[66	71]	82	3趟排序后
3	[11	49]	49	60	66	[71]	82	4趟排序后
3	11	49	49	60	66	71	82	5趟排序后

图 8.6　各趟排序状态

算法思路：

(1) 确定第一个记录为基准记录 $r[t]$，先从 j 所指示的位置起向前扫描，当 $r[t].key > r[j].key$ 时，交换 $r[t]$ 和 $r[j]$，使关键字值比基准记录的关键字值小的记录交换到前面；

(2) 从 i 所指示的位置起向后扫描，直到 $r[t].key < r[i].key$，交换 $r[t]$ 和 $r[i]$，使关键字值比基准记录的关键字值大的记录交换到后面；

(3) 重复(1)和(2)，直至 $i = j$ 为止完成一趟排序；

(4) 只要 $t < w$，重复(1)~(3)，分别对基准记录两边的部分进行快速排序。

算法 8.4　快速排序。

```
//*********************************************
//快速排序的区域划分算法
//在区间 low 和 high 之间进行一次划分
//*********************************************
int partition(redtype r[], int low, int high)
{
    int i = low;
    int j = high;
    int t = r[i].key;               //t 为划分的基准值
    //寻找基准点的位置
    do  {
            while(t <= r[j].key&&i < j)    //基准点与右半区的元素逐个比较大小
                j -- ;
            if(i < j)                      //在右半区中找到一个比基准点小的记录
            {
                r[i] = r[j];               //将基准点与该记录交换,将小的记录放到左半区中
                i++ ;
            }
            while(r[i].key <= t&&i < j)    //在基准点的左半区中搜索比它大的记录
                i++ ;
            if(i < j)                      //在左半区中找到一个比基准点大的记录
            {
                r[j] = r[i];               //将基准点与该记录交换,将大的记录放到右半区中
                j -- ;
            }
    }while(i < j);                         //如此重复,直到左右半区相接
    r[i].key = t;
    return i;
}
```

```
// ********************************************
//快速排序算法
// ********************************************
void quicksort(redtype r[ ],int low,int high)
{
    int position;
    if(low < high)                          //当区间下界小于区间上界 d
    {
        position = partition(r,low,high);  //将该区间分成两半,position 为分界点
        quicksort(r,low,position − 1);      //对左半区进行快速排序
        quicksort(r,position + 1,high);     //对右半区快速排序
    }
}
```

通常,快速排序平均时间复杂度为 $O(n\mathrm{lb}n)$。其最坏情况是每次划分选取的基准记录都是当前无序区中关键字最小(或最大)的记录,划分的结果是基准记录左边的无序子区为空(或右边的无序子区为空),而划分所得的另一个非空的无序子区中记录数目仅仅比划分前的无序区中记录个数减少一个。因此,快速排序必须做 $n-1$ 趟,每一趟中需进行 $n-1$ 次比较,则总的比较次数达到最大值

$$c_{\max} = \sum_{i=1}^{n-1}(n-1) = \frac{n(n-1)}{2} = O(n^2)$$

最坏情况下时间复杂度为 $O(n^2)$,快速排序所需的比较次数反而最多。

在最好情况下,每次划分所取的基准记录都是当前无序区的"中值"记录,划分的结果是基准记录的左、右两个无序子区的长度大致相等。设 $C(n)$ 表示对长度为 n 的文件进行快速排序所需的比较次数,显然它应该等于对长度为 n 的无序区进行划分所需的比较次数 $n-1$,加上递归地对划分所得的左、右两个无序子区(长度小于或等于 $n/2$)进行快速排序所需的比较次数。假设文件长度 $n = 2^k$,那么总的比较次数为

$$C(n) \leqslant n + 2C(n/2)$$
$$\leqslant n + 2[n/2 + 2C(n/2^2)] = 2n + 4C(n/2^2)$$
$$\leqslant \cdots$$
$$\leqslant kn + 2^k C(n/2^k) = n\mathrm{lb}n + nC(1)$$
$$= O(n\mathrm{lb}n)$$

注意:式中 $C(1)$ 为一常数,$k = \mathrm{lb}n$。

快速排序是目前基于比较的内部排序方法中速度最快的,快速排序也因此得名。快速排序需要一个栈空间来实现递归。若每次划分均能将文件均匀分割为两部分,则栈的最大深度为 $\lfloor \mathrm{lb}n \rfloor + 1$,所需栈空间为 $O(\mathrm{lb}n)$。最坏情况下,递归深度为 n,所需栈空间为 $O(n)$。

快速排序法不稳定,如 {6,6,2} 排序结果为 {2,6,6}。

8.4 选择排序

选择排序是指每次从待排序的记录中选出关键字值最小(或最大)的记录,顺序放在已排序的有序序列中,直到全部排完为止。选择排序主要包括简单选择排序和堆排序两种。

8.4.1　简单选择排序

对待排序的文件进行 $n-1$ 趟扫描,第 i 趟扫描选出剩下的 $n-i+1$ 个记录中关键字值最小的记录和第 i 个记录互相交换。第一次待排序的空间为 $r[1]\sim r[n]$,经过选择和交换后,$r[1]$ 中存放最小的记录;第二次待排序的区间为 $r[2]\sim r[n]$,经过选择和交换后,$r[2]$ 中存放次小的记录,以此类推,最后,形成 $r[1\cdots n]$ 成为有序序列。

例如,对序列 $\{60,71,49,11,82,\underline{49},3,66\}$ 进行简单选择排序,示例如图 8.7 所示,方括号内是已排好序的序列。

初始状态	60	71	49	11	82	<u>49</u>	3	66
第1趟	[3]	71	49	11	82	<u>49</u>	60	66
第2趟	[3	11]	49	71	82	<u>49</u>	60	66
第3趟	[3	11	49]	71	82	<u>49</u>	60	66
第4趟	[3	11	49	<u>49</u>	82	71	60	66
第5趟	[3	11	49	<u>49</u>	60]	71	82	66
第6趟	[3	11	49	<u>49</u>	60	66]	82	71
第7趟	[3	11	49	<u>49</u>	60	66	71	82]

图 8.7　直接选择排序示例

算法思路:

(1) 查找待排序序列中最小的记录,并将它和该区间第一个记录交换;

(2) 重复(1)到第 $n-1$ 次排序后结束。

算法 8.5　简单选择排序算法。

```
void zjxz(redtype r[], int n)
{
    int i,j,k;
    redtype x;
    for(i = 1;i < n;i++)                     //进行第 i 趟排序,共 n-1 趟
      {
        k = i;
        for (j = i + 1;j <= n;j++)           //在待排序列中查找关键字值最小的记录
            if(r[j].key < r[k].key)
                k = j;
        if(i!= k)
            {x = r[i];r[i] = r[k];r[k] = x;}  //将关键字值最小的记录 r[k] 和 r[i] 交换
      }
}
```

简单选择排序所需要的总的比较次数为 $O(n^2)$。当初始文件是有序时,最小移动记录次数等于 0;而当初始文件是逆序时,每次都要交换记录。直接选择排序是不稳定的,例如

序列{6,6,2}的排序结果是{2,6,6}。

8.4.2 堆排序

堆排序是简单选择排序的改进。用直接选择排序从 n 个记录中选出关键字值最小的记录要做 $n-1$ 次比较,然后从其余 $n-1$ 个记录中选出最小者要做 $n-2$ 次比较。显然,相邻两趟中某些比较是重复的。为了避免重复比较,可以采用树形选择排序比较。其做法是:先把待排序的 n 个记录的关键字值两两相比,取出较小者。然后用同样方法比较每对中的较小者,以此类推,直至找出最小值。这一排序过程可以用一棵树来表示,树中的叶子结点代表待排序记录的关键字值。上面一层分支结点是叶子结点两两比较的结果。以此类推,树根表示最后选择出来的最小关键字值。在选择次小关键字值时,只要将叶子结点中的最小关键字值改为∞,重新进行比较,只需要修改从树根到刚改为∞的叶子结点的这一条路径上各结点的值,其他结点保持不变。

例如序列{60,71,49,11,82,49,3,66},选择最小和次小关键字值的树形选择排序过程如图 8.8 所示。

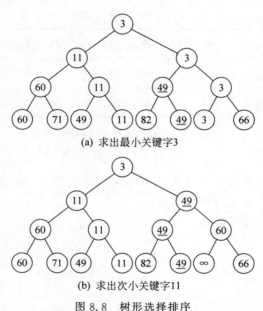

(a) 求出最小关键字3

(b) 求出次小关键字11

图 8.8 树形选择排序

树形选择排序总的比较次数为 $O(n\mathrm{lb}n)$,与直接选择排序比较,减少了比较次数,但需要增加额外的存储空间存放中间比较结果和排序结果。1964 年威洛姆斯对树形选择排序提出了改进方法,使得总的比较次数达到树形选择排序的水平,同时只需要一个记录大小的辅助空间。这种方法叫堆排序。

堆的定义是,n 个元素的关键字序列 $k_1,k_2,\cdots,k_n$,当且仅当满足:

$$\begin{cases} k_i \leqslant k_{2i} \\ k_i \leqslant k_{2i+1} \end{cases} \quad 或 \quad \begin{cases} k_i \geqslant k_{2i} \\ k_i \geqslant k_{2i+1} \end{cases} \quad (i=1,2,\cdots,[n/2])$$

堆可以借助完全二叉树来描述。完全二叉树的每个结点对应于一个关键字,根结点对

应于关键字 k_1。于是,堆在完全二叉树中解释为：完全二叉树中任一分支结点的关键字都不大于(或不小于)其左右孩子的值,所以堆顶元素(或完全二叉树的根)k_1 必为序列中 n 个元素的最小(最大)值。例如序列{12,36,24,85,47,30}是一个堆顶元素取最小值的堆,如图 8.9 所示。

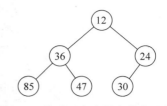

图 8.9 堆顶元素取最小值的示例

堆排序的基本思路：对一组待排序的记录序列,先将其关键字按堆的定义排列成一个序列(称初建堆),找到最小(最大)关键字,将其取出。用剩余的 $n-1$ 个元素再重建堆,便可得到次小(次大)值。如此反复执行,直到全部关键字排好序为止。

用筛选法可以把以 k_1 为根的子树调整成堆。在考虑将以 k_1 为根的子树调整为堆时,以 $k_{i+1}, k_{i+2}, \cdots, k_n$ 为根的子树已经是堆。所以这里如果有 $k_i \leqslant k_{2i}$ 时,则不必改变任何结点的位置,以 k_i 为根的子树就已经是堆；否则就要适当调整子树中结点的位置以满足堆的定义。由于 k_i 的左、右子树都已经是堆,根结点是堆中最小的结点,所以调整后的 k_i 值必定是原来的 k_{2i} 和 k_{2i+1} 中的较小者。设 k_{2i} 较小,将 k_i 和 k_{2i} 交换位置,这样调整后的 $k_i \leqslant k_{2i}, k_i \leqslant k_{2i+1}$,并且 k_{2i+1} 为根的子树,原来已经是堆,不必再做任何调整。只有以 k_{2i} 为根的子树由于 k_{2i} 值与 k_i 交换了,所以有可能不满足堆的定义,但 k_{2i} 的左、右子树已经是堆,这时可重复上述过程,将以 k_{2i} 为根的子树调整成堆。如此一层一层递推下去,最多可能一直进行到叶子结点。由于每步中都保证将子树中最小的结点交换到子树的根部,所以这个过程是不会反馈的,它就像筛子一样,把最小的关键字值一层层地选择出来。例如,用一维数组 r 存放的序列是{7,12,3,15,5,2},进行初建堆的过程如图 8.10 所示,图中右边为一维数组 r 的变化情况,左边为与其对应的完全二叉树的逻辑结构。由于 $n=7$,$[n/2]=3$,所以从 $k_3 = 11$ 开始执行。

算法 8.6 筛选算法。

```
//****************************************************
//筛选法,将以结点 i 为根的二叉树(但所有大于 i 的顶点 j,j 都满足堆定义),调整成一个大根堆
//调整范围：结点 i~结点 j
//****************************************************
void sift(redtype r[],int i,int j)
{
    redtype temp;
    int p = 2 * i;              //p 指向 i 的左孩子
    int t;
    while(p < = j)              //如果 i 的左孩子存在,则调整,否则,i 是叶子,不调整
    {
        t = p;                 //t 指向 i 的左孩子
        if(p < j)              //如果 i 有右孩子
            if(r[p].key < r[p + 1].key)
                t = p + 1;     //p 指向键值较大的孩子
        if(r[i].key < r[t].key)    //如果根 i 的键值比孩子小
        {
            temp = r[i];
            r[i] = r[t];
            r[t] = temp;
```

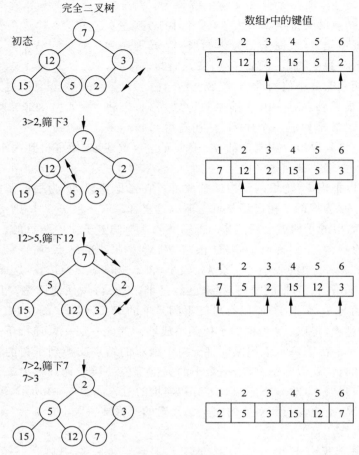

图 8.10 初建堆过程

```
    i = t;          //互换后势必影响以 t 为根的堆的性质,所以对以 t 为根的堆再进行调整
    p = 2 * i;
  }                 //将根与较大的孩子互换
  else break;       //如果根 i 的键值比两个孩子都大,则是大根堆,无须调整
}
}
```

设 n 个待排序的记录已存在于 r 数组中,只要使 i 从 $n/2$ 变到 1,反复调用 $sift(r, i, n)$,就完成了建堆,堆顶记录 $r[1]$ 的值最小,然后将 $r[1]$ 和 $r[n]$ 互换。此时以 $r[2]$ 和 $r[3]$ 记录的值为根的子树仍为堆,只要再调用一次 $sift(r, 1, n-1)$,便可得到包含 $n-1$ 个值的新堆,如此反复执行 $n-1$ 次,便完成了排序过程,不过,最后 r 中保存的记录是按关键字值的递减次序排列。

图 8.11 所示是对图 8.10 的已初建的堆进行排序的过程。

算法 8.7 堆排序算法。

```
//*********************************************
//堆排序,建立大根堆
//*********************************************
```

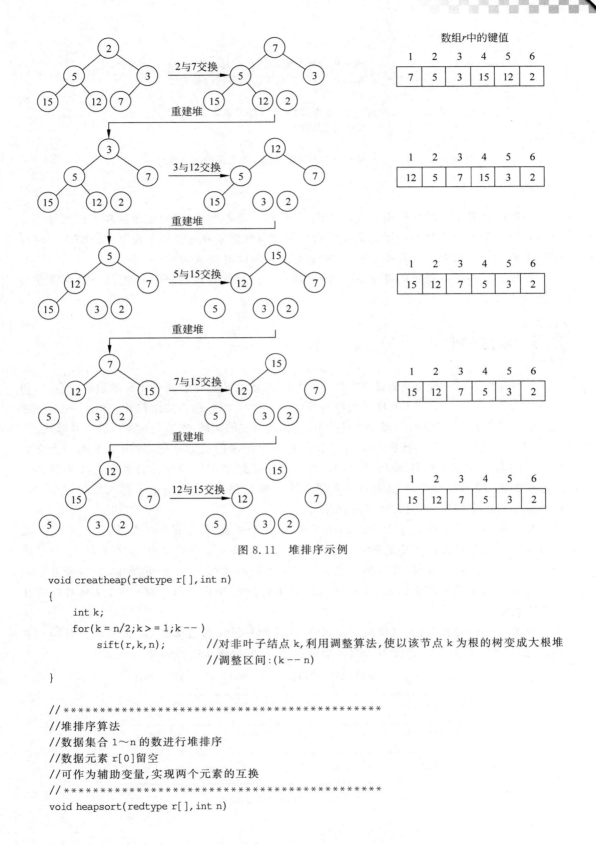

图 8.11 堆排序示例

```
void creatheap(redtype r[], int n)
{
    int k;
    for(k = n/2;k > = 1;k -- )
        sift(r,k,n);          //对非叶子结点 k,利用调整算法,使以该节点 k 为根的树变成大根堆
                              //调整区间:(k -- n)
}

// ************************************************
//堆排序算法
//数据集合 1~n 的数进行堆排序
//数据元素 r[0]留空
//可作为辅助变量,实现两个元素的互换
// ************************************************
void heapsort(redtype r[], int n)
```

```
{
    int i;
    createheap(r,n);              //将 r 中的 n 个元素创建成大根堆
    for(i = n;i > 1;i-- )         //堆排序,r[1]中始终为无序区的最大值
    {
        r[0] = r[i];              //将根(最大值)换到无序区的末尾
        r[i] = r[1];             //r[0]作为辅助变量
        r[1] = r[0];
        sift(r,1,i-1);            //调整无序区中的数据,使之保持大根堆性质
    }
}
```

堆排序法对于记录数较少的文件来说,其优越性并不明显,但对记录数较大的文件还是很有效的。它的运行时间主要耗费在建初始堆和调整建新堆时进行的反复"筛选"上。堆排序只需要一个记录大小的辅助空间,堆排序算法的时间复杂度为 $O(n\lg n)$。

堆排序是一种不稳定的排序方法,因为堆排序过程需要进行任意位置上记录的移动和交换,如$\{6,\underline{6},1\}$。

8.5 归并排序

归并排序是另一种类型的排序方法。"归并"的意思是把两个或多个有序表进行合并,得到一个新的有序表。将两个有序子文件合并成一个有序文件,称为二路归并。当然,也有三路归并或多路归并等。其中,二路归并最简单,是其他归并的基础,本节只讨论二路归并算法。

归并的思想是:只要比较各个有序表的第一个记录的关键字值,找出最小的一个作为排序后的第一个记录的值,取出这个记录存入排序结果表中。继续比较各个有序表的第一个记录的值,找出最小的,作为排序后的第二个记录的值,取出这个记录存入结果表中。以此类推进行依次扫描,就可得到排序结果。

假设待排序的表中有 n 个记录,则可看成是 n 个子表,每个子表中只含一个记录,所以是有序的。通常将首尾相接的两个子表进行合并,得到 $n/2$ 个较大的有序子表,每个子表包含两个记录,称为一趟归并。再对这些有序子表两两进行合并,以此类推,最后合并成一个含有 n 个记录的有序表为止,排序完成。其中每步合并都采用二路归并,这种排序方法称为二路归并排序。

例如,序列$\{60,71,49,11,82,49,3,66\}$,二路归并排序过程如图 8.12 所示。开始归并时,先把这 8 个记录看成长度为 1 的 8 个有序子表,然后逐步进行归并。

初始状态	[60]	[71]	[49]	[11]	[82]	[49]	[3]	[66]
第1趟归并	[60	71]	[11	49]	[49	82]	[3	66]
第2趟归并	[11	49	60	71]	[3	49	66	82]
第3趟归并	[3	11	49	49	60	66	71	82]

图 8.12 二路归并排序示例

从以上例子中可以看出,合并是归并排序的核心,即将两个首尾相连的有序子表合并成一个有序子表。在合并的基础上进行一趟排序,在一趟排序的基础上完成多趟排序。

下面分别对合并、一趟归并、多趟归并进行算法描述和分析。

合并的算法思路:

(1) 设数组 r 中第一个有序子表从第 low 个记录开始至第 m 个记录为止,即 $r[\text{low}]\sim r[m]$,第二个有序子表从第 $m+1$ 个记录开始到第 high 个记录为止,即 $r[m+1]\sim r[\text{high}]$,最后形成的有序表为 $r[\text{low}]\sim r[\text{high}]$;

(2) 设置 i、j、p 分别指向(1)中所指的三个有序表的第一个单元;

(3) 比较 $r[i]$ 和 $r[j]$ 的关键字值的大小,若 $r[i].\text{key}\leqslant r[j].\text{key}$,则将第一个有序子表的记录 $r[i]$ 复制到数组 $t[p]$ 中,并使 i、p 分别增1;

(4) 否则,将第二个有序子表的记录 $r[j]$ 复制到 $t[p]$ 中,并使 j、p 分别增1,以此类推,直到全部记录复制到 $r[\text{low}]\sim r[\text{high}]$ 中。

算法 8.8 两个有序子表合并算法。

```
void merge(redtype r[],int low,int m,int high)
{
    int i = low,j = m + 1,p = 0;
    redtype * t;
    t = (redtype * )malloc(sizeof(redtype) * (high - low + 1))    //动态申请辅助存储空间
    while(i <= m&&j <= high)      //合并
        t[p++] = r [i].key < r [j].key? r [i++]: r [j++];
    while(i <= m)               //若前一组还有多余数据,全部复制到辅助空间
        t[p++] = r [i++];
    while(j <= high)            //若后一组还有多余数据,全部复制到辅助空间
        t[p++] = r [j++];
    for(p = 0,i = low;i <= high;i++,p++)
        r [i] = t[p];           //从辅助空间写回到原数据空间
}
```

一趟归并的思路是:把数组 r 中的长度为 length 的相邻有序子表两两合并,归并成一个长度为 $2*\text{length}$ 的有序子表。

算法 8.9 长度为 length 的所有相邻有序子表两两合并,归并成一个长度为 $2*\text{length}$ 的有序子表。

```
void mergepass(redtype r [],int n,int length)
{
    int i;
    for(i = 0;i + 2 * length - 1 < n;i += 2 * length)
                                //在 r 的某个区间上进行一次归并排序,区间下界为 i
            //上界为 i + 2 * length - 1,两个子序列长度都为 length,上下界分界点为 i + length - 1
        merge(r,i,i + length - 1,i + 2 * length - 1);
    if(i + length - 1 < n - 1)              //最后一次合并时,1 <= 第二个子序列长度< length
        merge(r,i,i + length - 1,n - 1);
}
```

二路归并排序要进行多趟合并,其思路是:第一趟有序子表长 length 为 1,以后每趟 length 加倍。

算法 8.10　二路归并排序算法。

```
void mergesort(redtype r [], int n)
{
    int length;
    for(length = 1; length < n; length * = 2)    //进行若干轮次的归并排序,n个数,归并 lb(n)次,
                                                 //分组元素个数为 1,2,4,8,16, …,2^length
        mergepass(r, n, length);
}
```

整个归并排序的效率可以简单分析。对于归并项长度 $\text{length}=1,2,4,\cdots,2m-1$,共需 m 次调用"一趟归并算法"mergepass,设待排序记录数为 n,则 $m=\text{lb}(n)$,而算法 mergepass 的运算量又取决于"两两归并算法"merge 的运算量,因此,归并排序的总的渐进时间复杂度为 $O(n\text{lb}(n))$。执行归并排序需要的附加存储空间为 $O(n)$,所需辅助空间较大。二路归并排序是稳定的。

*8.6　基数排序

基数排序与前面所述的各种排序方法完全不同。前面介绍的排序方法,都是通过关键字之间的比较和记录的移动来实现的,基数排序不需要进行记录关键字间的比较,而是根据组成关键字的各位值,即借助于多关键字排序的思想,用"分配"和"收集"的方法进行排序。

对多关键字排序的理解可借助下面的例子。

每一张扑克牌有两个关键字:花色和面值,花色的地位高于面值,且有次序定义如下。

花色:梅花<方块<红心<黑桃

面值:2<3<4<…<10<J<Q<K<A

要将所有扑克牌按以上次序排列,有两种方法。

第一种方法是先按花色将牌分成四堆,然后将每堆按面值从小到大排列,最后按花色从小到大按堆相叠,从而得到要求的结果。该方法称为"最高位优先法",简称 MSD 法。

第二种方法是先按面值大小将牌分成 13 堆,然后从小到大收集起来,再按花色不同分成四堆,最后顺序收集起来就是排序结果。该方法称为"最低位优先法",简称 LSD 法。

当关键字值由多个项组成时,常用这种排序方法。

对于有 n 个记录的待排序序列 $R_1,R_2,\cdots,R_n$,其第 i 个记录中含有 d 个关键字$(K^1,K^2,\cdots,K^d)$,则称这 d 个关键字构成一个 d 元组,其中 K^1 称为关键字的最高位,K^d 称为关键字的最低位。

下面说明两个 d 元组相互比较大小的概念。对两个 d 元组$(x^1,x^2,\cdots,x^d)$和$(y^1,y^2,\cdots,y^d)$当且仅当 $x^i=y^i(1\leqslant i\leqslant j)$ 以及 $x^{i+1}<y^{j+1}$ 时,d 元组$(x^1,x^2,\cdots,x^d)$小于 d 元组$(y^1,y^2,\cdots,y^d)$;当且仅当 $x^i=y^i(1\leqslant i\leqslant d)$时,$d$ 元组$(x^1,x^2,\cdots,x^d)$等于 d 元组$(y^1,y^2,\cdots,y^d)$。根据这个概念,当且仅当序列的每两个记录 R_i、R_j 有$(K^1,K^2,\cdots,K^d)\leqslant(K^1,K^2,\cdots,K^d)$时,称记录 $R_1,R_2,\cdots,R_n$ 是按关键字$(K^1,K^2,\cdots,K^d)$排序的,即基数排序。

基数排序具体的方法描述如下。

（1）最高位优先：先对最高位关键字 K^1 进行排序，将序列分成若干子序列，每个子序列中的记录都具有相同的 K^1 值，然后分别就每个子序列对关键字 K^2 进行排序，按 K^2 值不同再分成若干更小的子序列，依次重复，直至对 K^{d-1} 进行排序之后得到的每一子序列中的记录都具有相同的关键字。然后每个子序列分别对 K^d 进行排序，最后将所有子序列依次连接在一起成为一个有序序列。

（2）最低位优先法：从最低位关键字 K^d 起进行排序，然后再对高一位的关键字 K^{d-1} 进行排序，依次重复，直至对 K^1 进行排序后便成为一个有序序列。

比较 MSD 法和 LSD 法。一般地，LSD 法要比 MSD 法简单，因为 LSD 法是从头到尾进行若干次分配和收集，执行的次数取决于构成关键字值的成分为多少；而 MSD 法则要处理各序列与子序列的独立排序问题，就可能复杂一些。下面着重讨论 LSD 法排序的思想。

将一个项组成的关键字值分拆到位，例如，将 267 分拆成 2,6,7，每位的可能取值个数称为基数，记为 j。各位关键字值的可能取值都是 0~9，共有 10 个数字，$j=10$，关键字值的位数记为 d。这种关键字为十进制的排序称为以 10 为基的排序。如果关键字采用二进制表示法，则称为以 2 为基的排序。一般地，可以任意地选择基 r，从而得到以 r 为基的排序。根据最低位的关键值，将所有键值分配到 j 个队列中，然后按最低位键值递增的次序将 j 个队列中的键值收集到一个数组中，再对键值的高一位做同样处理。以此类推，直到最高位处理完毕，就完成了整个排序。排序需做 d 趟分配和收集。为避免记录的大量移动，通常用链式存储结构类型来实现基数排序。结点类型定义为：

```
#define M 3
typedef struct
 { int key;
    float data;
    int next;
}jsjd;
```

数组 r 存放待排序的记录，数组元素的类型为 jsjd，设 next 字段存放下一个记录的下标，另设两个数组 f 和 e，分别保存 j 个队列的头、尾指针，初始状态都为 0。执行基数排序将记录分配到相应的队列中，并把这些队列中的记录收集起来，只需要修改 next 和相应的队列指针即可，从而使记录的移动系数降为 0。假设每个关键字值为小于 1000 的正整数，$j=10$，$d=3$。算法结束时，记录仍在数组 r 中，函数返回值为排序后的第一个记录的位置。

算法 8.11　基数排序法。

```
int jspx(jsjd r[ ],int n)
{
int i,j,k,t,p,rd,rg,f[10],e[10];
for(i=1;i<n;i++)
    r[i].next=i+1;
r[n].next=0;
p=1;rd=1;rg=10;
for(i=1;i<=M;i++)
    {
    for (j=0;j<10;j++)              //初始队列置空
```

```
            {f[j] = 0; e[j] = 0;}
    while(p > 0)                                //将记录分配到各个队列中
    {
            k = (r[p].key % rg)/rd;
            if(f[k] == 0)
                f[k] = p;
            else
                r[e[k]].next = p;
            e[k] = p;
            p = r[p].next;
    }
    j = 0;
    while (f[j] == 0)                           //寻找第一个非空队列
            j = j + 1;
    p = f[j];
    t = e[j];
    for(k = j + 1;k < 10;k++)                    //收集各个队列中的记录
            if(f[k] > 0)
                {r[t].next = f[k];t = e[k];}
    r[t].next = 0;
    rg = rg * 10;rd = rd * 10;
    }
    return (p);
    }
```

下面用一个例子说明算法 8.11 的操作情况。

设有在 [0..99] 范围内的 14 个数组成的序列:

$$09,07,18,03,52,04,06,08,05,13,42,30,35,26$$

将关键字中的每一个十进制数字都看成一个关键字,因此 $d=2,n=14$,这 14 个数的存储结构为线性链表:

$$09 \rightarrow 07 \rightarrow 18 \rightarrow 03 \rightarrow 52 \rightarrow 04 \rightarrow 06 \rightarrow 08 \rightarrow 05 \rightarrow 13 \rightarrow 42 \rightarrow 30 \rightarrow 35 \rightarrow 26$$

第 1 趟按关键字的最低位将关键字值分配到相应队列中,如图 8.13 所示。其中队尾指针为 $E[i]$,队头指针为 $F[i]$ $(0 \leqslant i \leqslant 9)$。

图 8.13 第 1 趟分配之后

第 1 趟收集之后的结果如图 8.14 所示。

$$30 \rightarrow 52 \rightarrow 42 \rightarrow 03 \rightarrow 13 \rightarrow 04 \rightarrow 05 \rightarrow 35 \rightarrow 06 \rightarrow 26 \rightarrow 07 \rightarrow 18 \rightarrow 08 \rightarrow 09$$

图 8.14 第 1 趟收集之后

第 2 趟按关键字第二低位将关键字分配到相应队列如图 8.15 所示。

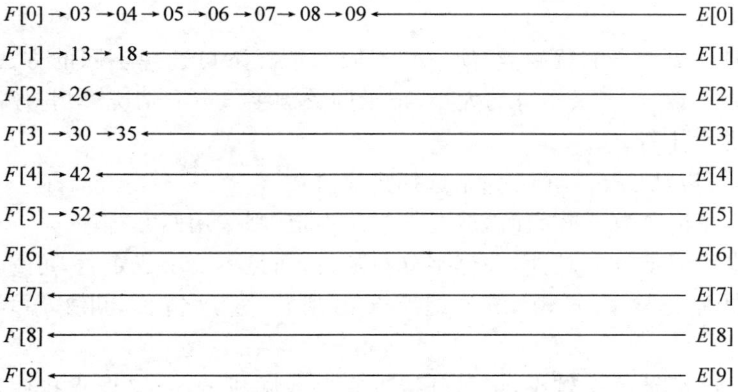

$$
\begin{aligned}
&F[0] \rightarrow 03 \rightarrow 04 \rightarrow 05 \rightarrow 06 \rightarrow 07 \rightarrow 08 \rightarrow 09 \leftarrow\qquad\qquad\qquad E[0]\\
&F[1] \rightarrow 13 \rightarrow 18 \leftarrow\qquad\qquad\qquad\qquad\qquad\qquad\qquad\qquad E[1]\\
&F[2] \rightarrow 26 \leftarrow\qquad\qquad\qquad\qquad\qquad\qquad\qquad\qquad\qquad E[2]\\
&F[3] \rightarrow 30 \rightarrow 35 \leftarrow\qquad\qquad\qquad\qquad\qquad\qquad\qquad\quad E[3]\\
&F[4] \rightarrow 42 \leftarrow\qquad\qquad\qquad\qquad\qquad\qquad\qquad\qquad\qquad E[4]\\
&F[5] \rightarrow 52 \leftarrow\qquad\qquad\qquad\qquad\qquad\qquad\qquad\qquad\qquad E[5]\\
&F[6] \leftarrow\qquad\qquad\qquad\qquad\qquad\qquad\qquad\qquad\qquad\qquad E[6]\\
&F[7] \leftarrow\qquad\qquad\qquad\qquad\qquad\qquad\qquad\qquad\qquad\qquad E[7]\\
&F[8] \leftarrow\qquad\qquad\qquad\qquad\qquad\qquad\qquad\qquad\qquad\qquad E[8]\\
&F[9] \leftarrow\qquad\qquad\qquad\qquad\qquad\qquad\qquad\qquad\qquad\qquad E[9]
\end{aligned}
$$

图 8.15 第 2 趟分配之后

第 2 趟收集之后的结果如图 8.16 所示。

$$03 \rightarrow 04 \rightarrow 05 \rightarrow 06 \rightarrow 07 \rightarrow 08 \rightarrow 09 \rightarrow 13 \rightarrow 18 \rightarrow 26 \rightarrow 30 \rightarrow 35 \rightarrow 42 \rightarrow 52$$

图 8.16 第 2 趟收集之后

经过两趟分配与收集之后完成了排序。

算法效率分析：算法 jspx 对数据进行了 d 趟扫描，每趟需时间 $O(n+j)$。因此总的计算时间为 $O(d(n+j))$。对于不同的基数 j 所用的时间是不同的。当 n 较大或 d 较小时，这种方法较为节省时间。另外，基数排序适用于链式存储结构的记录的排序，它要求的附加存储量是 j 个队列的头、尾指针。所以，需要 $O(n+j)$ 辅助空间。基数排序是一种稳定的排序方法。

综合本章的各种内部排序方法，它们的性能比较如表 8.1 所示。

表 8.1 各种内部排序方法的性能比较

方 法	平 均 时 间	最 坏 情 况	辅 助 存 储
简单排序	$O(n^2)$	$O(n^2)$	$O(1)$
快速排序	$O(n\mathrm{lb}n)$	$O(n^2)$	$O(n\mathrm{lb}n)$
堆排序	$O(n\mathrm{lb}n)$	$O(n\mathrm{lb}n)$	$O(1)$
归并排序	$O(n\mathrm{lb}n)$	$O(n\mathrm{lb}n)$	$O(n)$
基数排序	$O(d(n+j))$	$O(d(n+j))$	$O(n+j)$

从表 8.1 可以得到如下几个结论。

（1）从平均时间而言，快速排序最佳。但在最坏情况下时间性能不如堆排序和归并排序。

（2）从算法简单性看，由于直接选择排序、直接插入排序和冒泡排序的算法比较简单，将其认为是简单算法,都包含在表 8.1 的简单排序中。对于希尔排序、堆排序、快速排序和归并排序算法,其算法比较复杂,认为是复杂排序。

(3) 从稳定性看,直接插入排序、冒泡排序和归并排序是稳定的,而希尔排序、直接选择排序、快速排序和堆排序是不稳定排序。

(4) 从待排序的记录数 n 的大小看,n 较小时,宜采用简单排序,而 n 较大时宜采用改进排序。

由于各种排序方法各有优缺点,所以在不同的情况下可选择不同的方法。考虑的因素有待排序的记录个数 n、记录本身的大小、记录的关键字值分布情况、对排序稳定性的要求、辅助存储空间的大小等。

综上所述,可以从以下几个方面来选择排序方法。

(1) 当待排序记录数 n 较大时,若要求排序稳定,则采用归并排序。

(2) 当待排序记录数 n 较大,关键字分布随机,而且不要求稳定时,可采用快速排序。

(3) 当待排序记录数 n 较大,关键字会出现正、逆序情形,可采用堆排序(或归并排序)。

(4) 当待排序记录数 n 较小,记录已接近有序或随机分布,又要求排序稳定时,可采用直接插入排序。

(5) 当待排序记录数 n 较小,且对稳定性不做要求时,可采用直接选择排序。

*8.7　外部排序简介

前面讨论的数据结构,其数据及有关的信息较少,都存储在内存中,排序过程也均在内存中进行。但在实际问题中,经常会遇到输入文件中记录的数量很大,计算机的内存不能容纳的问题,排序过程必须借助外存才能完成,这时的排序就称为外部排序。

8.7.1　外存信息的存取

通常,计算机有两种存储器:一是内存储器,简称内存或主存;另一个是外存储器,简称外存或辅存。内存的存取速度快且能随机存取,但存储容量较小。外存的存储容量很大,但存取速度较慢。外存一般包括磁带和磁盘。

1. 磁带信息的存取

磁带是涂上一层磁性材料的窄带,磁带卷在带盘上,带盘安装在磁带驱动器的转轴上。驱动器控制磁带盘转动,带动磁带移动,通过读/写磁头进行读/写信息的操作。

磁带不是连续运转的,它可以随时启动和停止。磁带从停止状态启动后,要经过一段加速时间才能达到正常的读写速度。同样,从运行状态到停止,也要有一段减速时间。为适应这种运行状况,在磁带上,信息要分块存储,各信息块之间要留有空隙。块的大小由操作系统按磁带的具体情况确定。

磁带是一种典型的顺序存取的存储设备。存取信息的时间取决于读写头所处位置与所要读写信息的位置之间的距离,距离越大,时间就越长,这是顺序存取设备的主要缺点。它使查找和修改信息都不方便。因此,磁带主要用于处理很少变化、只进行顺序存取的大量数据。

2. 磁盘信息的存取

磁盘是一种直接存取的存储设备,不但能进行顺序存取,而且能进行直接存取,其存取速度比磁带快得多。磁盘分为软盘和硬盘两种。硬盘的容量比软盘大得多,存取速度也比软盘快。

硬盘是硬磁盘的简称。它主要由磁盘组和磁盘驱动器组成。一个磁盘组由若干个盘片组成,常用的有 4 片、6 片、8 片、11 片等。每个盘片有上、下两个面。磁盘组的最上层和最下层的两个外表面不使用。磁盘驱动器由主轴和读写头组成。每个盘面配置一个读写头。读写时盘面高速旋转,当载有信息的部分通过读写头时,便可进行信息的读写。

每个盘面上不同半径的圆周组成不同的磁道。各个盘面上半径相等的磁道总称为一个柱面。在一个磁道内又可分成若干个扇区。

磁盘存取信息时,首先要确定信息所在的柱面,再将磁头移动到所需磁道的位置上(移动磁头所需的时间称为磁头定位时间或称为寻道时间),然后等待磁道上的信息所在位置随着磁盘的转动而转到磁头下面(这段时间称为等待时间)。由于磁盘高速(5400~10 000r/m)运转,所以,等待时间是极短的。磁盘的存取时间主要花在磁头定位时间上。

8.7.2 外部排序的基本方法

最常用的外部排序方法是归并排序法。这种方法由两个阶段组成:第一阶段是把磁盘文件逐段读入到内存,用较好的内部排序方法对这段文件进行排序。已排序的文件段通常称为归并段。整个文件经过逐段排序后再逐段写回到外存上。这样,在外存上就形成了许多初始归并段。第二阶段是对这些初始归并段使用某种归并方法(如二路归并法),进行多遍归并,使归并段的长度由小变大,最后在外存上形成一个有序的文件。

一般可依据所使用的外存设备将外部排序分为磁盘排序和磁带排序。磁盘排序和磁带排序基本相似,区别在于初始归并段在外存储介质中的分布方式不同。磁盘是直接存取设备,而磁带是顺序存储设备,读取信息块的时间与所读信息块的位置关系极大。故在磁带上进行文件排序时,研究归并段信息块的分布是个极为重要的问题。

最简单的归并排序方法与内排序中的二路归并类似。假设一个具有 n 个记录的文件,先把该文件看作是由 n 个长度为 1 的有序串组成,然后在此基础上进行两两归并。经过 $\mathrm{lb}n$ 趟归并后,当文件中只含有一个长度为 n 的有序串时,整个文件的排序就完成了。在每一趟排序过程中都需要进行记录的内外存交换。

还有一种常用的外部排序方法是多路归并排序。由于在外部排序过程中,数据的内外存交换所需的时间比记录的内部归并所需的时间多得多,所以可以通过减少数据内外存交换的次数来提高外部排序的效率。为了不增加内部归并时所需进行关键字比较的次数,在具体实现时通常不用选择排序的方法,而用“败者树”来实现。

关于外部排序的有关问题,读者参阅有关资料。

8.8 C++中的排序

排序是对数据元素序列建立某种有序排列的过程,即把数据元素序列整理成按关键字递增(或递减)排序的过程。几种典型排序方法的 C++ 程序如例 8.1～例 8.4 所示。

例 8.1 简单选择排序的 C++ 程序。

```cpp
template < class T >
void SelectSort(T A[ ], int n)
{
    int small;
for (int i = 0; i < n - 1; i++) {        //执行 n - 1 趟
        small = i;                        //先假定待排序序列中第一个元素为最小
        for (int j = i + 1;j < n;j++)     //每趟扫描待排序序列 n - i - 1 次
            if (A[j]< A[small]) small = j;
            //如果扫描到一个比最小值元素还小的,则记下其下标
            Swap(A[i],A[small]);          //最小元素与待排序序列中第一个元素交换
    }
}
```

例 8.2 快速排序的 C++ 程序。

```cpp
template < class T >
void QuickSort(T A[ ], int n)
{
    QSort(A,0,n - 1);                     //以初始序列为待排序序列开始快速排序
}
template < class T >
void QSort(T A[ ], int left, int right)
//left 和 right 为待排序序列的下界和上界
{
int i,j;
  if (left < right){                      //若待排序序列多于一个元素,则继续快速排序
    i = left; j = right + 1;              //确定待排序序列的游动指针 i,j
      do{                                 //开始一趟快速排序,A[left]作为分割元素
          do i++;while (A[i]< A[left]);   //i 指针从左往右找第一个≥分割元素的元素
          do j-- ; while (A[j]> A[left]); //j 指针从右往左找第一个≤分割元素的元素
          if (i < j) Swap(A[i],A[j]);     //若 i < j,则交换两个元素
      }while (i < j);                     //若 i < j,则继续本趟排序
      Swap(A[left],A[j]);                 //交换分割元素 A[left]和 A[j]的位置
QSort(A,left,j - 1);                      //对低端序列快速排序
      QSort(A,j + 1,right);               //对高端序列快速排序
  }
}
```

例 8.3 二路归并的 C++ 程序。

```cpp
template < class T >
void Merge(T A[ ],int i1,int j1,int i2,int j2)
{   //i1,j1 是子序列 1 的下、上界,i1,j2 是子序列 2 的下、上界
```

```
T * Temp = new T[j2 - i1 + 1];                   //分配能存放两个子序列的临时数组
int i = i1,j = i2,k = 0;                          //i,j是两个子序列的游动指针,k是 Temp 的游动指针
  while (i <= j1&&j <= j2)                         //若两个子序列都不空,则循环
      if (A[i]<= A[j]) Temp[k++] = A[i++];         //将 A[i]和 A[j]中较小的存入 Temp[k]
    else Temp[k++] = A[j++];
while (i <= j1) Temp[k++] = A[i++];              //若第一个子序列中还有剩余的就存入 Temp
  while (j <= j2) Temp[k++] = A[j++];            //若第二个子序列中还有剩余的就存入 Temp
    for (i = 0; i<k; i++) A[i1++] = Temp[i];      //将临时数组中的元素倒回 A
delete [] Temp;
}
```

例 8.4 归并排序的 C++程序。

```
template < class T >
void MergeSort(T A[], int n)
{
  int i1,j1,i2,j2;          //i1,j1 是子序列 1 的下、上界,i2,j2 是子序列 2 的下、上界
  int size = 1;             //子序列中元素个数,初始化为 1
  while (size < n){
     i1 = 0;
     while (i1 + size < n){   //若 i1 + size < n,则说明存在两个子序列,需再两两合并
        i2 = i1 + size;       //确定子序列 2 的下界
        j1 = i2 - 1;          //确定子序列 1 的上界
        if (i2 + size - 1 > n - 1)
           j2 = n - 1;       //若第 2 个子序列中不足 size 个元素,则置子序列 2 的上界 j2 = n - 1
        else j2 = i2 + size - 1;  //否则有 size 个,置 j2 = i2 + size - 1
        Merge(A,i1,j1,i2,j2);  //合并相邻两个子序列
        i1 = j2 + 1;          //确定下一次合并第一个子序列的下界
     }
     size * = 2;             //元素个数扩大一倍
  }
}
```

习题 8

1. 编写一种快速排序的非递归算法。要求：复杂度不得超过 $O(\lg n)$。

2. 修改冒泡排序,以交换的正反两个方向进行扫描,即第 1 趟把键值最大的记录放在末尾,第 2 趟把键值最小的记录放在开头,以此类推,反复进行。

3. 对于给定的一组关键字：

$$\{49,38,65,97,76,13,27,38,9,16\}$$

分别写出直接插入排序、希尔排序、冒泡排序、快速排序、直接选择排序、堆排序(大根堆)、二路归并排序对该序列做升序排列的各趟结果。

4. 一个线性表元素由正整数和负整数组成,利用一趟快速排序方法编写算法,把正整数和负整数分开,使线性表的前一半为负整数,后一半为正整数。

5. 以单链表为存储结构实现直接选择排序,试写出它的算法。

6. 判别以下序列是否为堆？如果不是,则把它调整为堆：

(1) (100,86,48,73,35,39,42,57,66,21)；

(2) (12,70,33,65,24,56,48,92,86,33)；

(3) (103,97,56,38,66,23,42,12,30,52,06,20)；

(4) (05,56,20,23,40,38,29,61,35,76,28,100)。

7. 有 n 个不同的英文单词,它们的长度相等,均为 m。若 $n \gg 50, m < 5$,采用什么排序方法时间复杂度最佳？为什么？

8. 试构造一种排序方法,使五个整数至多用七次比较就完成排序任务。

9. 给出一组关键字 $T = 12,2,16,30,8,28,4,10,20,6,18$,写出用下列排序方法对 T 进行排序过程中所出现的状态：

(1) 插入排序；

(2) 希尔排序；

(3) 归并排序；

(4) 快速排序；

(5) 基数排序。

10. 在什么条件下 MSD 法比 LSD 法更有效？

11. 什么是外部排序？磁带文件和磁盘文件排序的主要差别是什么？

上机练习 8

1. 实现升序排序的下述算法,并用以下无序序列加以验证：

$$49,38,65,97,76,13,27,49$$

(1) 简单插入排序；

(2) 快速排序；

(3) 堆排序(小根堆)；

(4) 直接选择排序；

(5) 二路归并排序。

2. 在有 n 个学生的成绩表里,每条信息由姓名与分数组成。要求：

(1) 按分数高低次序,输出每个学生的名次,分数相同的为同一名次。

(2) 按名次输出每个学生的姓名与分数。

第9章 常用算法设计技术

本章学习要点

(1) 掌握蛮力算法、分治算法、动态规划算法、贪心算法、回溯算法和分枝限界算法等的基本思想、设计方法。

(2) 能根据蛮力算法、分治算法、动态规划算法、贪心算法、回溯算法和分枝限界算法等的应用场合选择合适的算法进行设计。

算法设计技术主要应用于计算机科学中的经典问题,但也可以看成问题求解的一般性工具,它的应用不仅限于传统的计算问题和数学问题,也告诉人们如何应用一些特定的策略来解决问题,从而提高解决问题的能力。

9.1 蛮力算法

蛮力算法是一种最简单的设计策略,也是最容易应用的方法。

9.1.1 蛮力算法思想

蛮力算法是一种简单、直接地解决问题的方法,常常直接基于问题的描述和所涉及的概念进行定义。也可以用"直接做吧"来描述蛮力算法这种设计策略。作为一个例子,请考虑一个指数问题:对于给定的数字 a 和一个非负整数 n,计算 a^n 的值。根据指数的定义,$a^n = \overbrace{a \times a \times \cdots \times a}^{n次}$,我们可以简单地把 1 和 a 相乘 n 次,来得到 a^n 的值。

虽然巧妙和高效的算法很少来自于蛮力算法,但它仍是一种重要的算法设计策略,其特点有:

(1) 适用范围广,它可能是唯一一种几乎什么问题都能解决的一般性方法;

(2) 常用于一些非常基本但又十分重要的算法(排序、查找、矩阵乘法和字符串匹配等),并不限制实例的规模;

(3) 解决一些规模小或能够接受的速度对实例求解的问题;

(4) 可以作为同样问题的更高效算法的一个标准;

(5) 可以通过对蛮力算法的改进来得到更好的算法。

蛮力算法确实简单实用,可是效率却比较低。

9.1.2 蛮力算法应用实例——最近对问题

最近对问题要求找出一个包含 n 个点的集合中距离最近的两个点。为了简单起见,只在二维的情况下考虑该问题。假设所讨论的点是以标准的笛卡儿坐标形式即 (x,y) 给出的,因此在两个点 $P_i = (x_i, y_i)$,$P_j = (x_j, y_j)$ 之间的距离是标准的欧几里得距离。

求解最近对问题的蛮力算法应该是这样:分别计算每一对点之间的距离.然后找出距离最小的那一对。当然,我们不希望对同一对点计算两次距离。为了避免这种状况,我们只考虑 $i < j$ 的那些对(P_i, P_j)。

算法 9.1 最近对问题的蛮力算法。

```
#define Max max              //max 为计算机允许的最大值
int ClosestPoints(int n, int x[ ], int y[ ], int * index1, int * index2)
//n 为点数,x、y 是每个点的坐标,index1 和 index2 是最近对的点下标,其距离为函数返回值
{
    minDist = Max;
    for (i = 1; i < n; i++)
        for (j = i + 1; j <= n; j++)
        {
            d = (x[i] - x[j]) * (x[i] - x[j]) + (y[i] - y[j]) * (y[i] - y[j]);
            if (d < minDist) {
                minDist = d;
                * index1 = i;
                * index2 = j;
            }
        }
    return minDist;
}
```

算法的基本操作是计算两个点的欧几里得距离。在求欧几里得距离时,要避免求平方根操作,因为求平方根时要浪费时间,而在求解此问题时,求解平方根并没什么更大的意义。如果被开方的数越小,则它的平方根也越小。因此,算法的基本操作就是求平方即可,其执行次数为

$$T(n) = \sum_{i=1}^{n-1} \sum_{j=i+1}^{n} 2 = 2 \sum_{i=1}^{n-1} (n-i) = n(n-1) = O(n^2)$$

9.2 分治算法

用计算机求解问题所需的计算时间都与其规模有关,问题的规模越小,解题所需的计算时间也越短,从而也较容易处理,由此产生分而治之的分治设计技术。

9.2.1 分治算法思想

所谓分治算法,就是将一个难以直接解决的大问题,分割成一些规模较小的相同问题,以便各个击破,分而治之。更一般地说,将要求解的原问题划分成 k 个较小规模的子问题,

对这 k 个子问题分别求解。如果子问题的规模仍然不够小,则再将每个子问题划分为 k 个规模更小的子问题,如此分解下去,直到问题规模足够小,很容易求出其解为止,再将子问题的解合并为一个更大规模的问题的解,自底向上逐步求出原问题的解。

分治算法规则如下。

(1) 平衡子问题:最好使子问题的规模大致相同。也就是将一个问题划分成大小相等的 k 个子问题(通常 $k=2$),这种使子问题规模大致相等的做法是出自一种平衡(balancing)子问题的思想,它几乎总是比子问题规模不等的做法要好。

(2) 独立子问题:各子问题之间相互独立,这涉及分治算法的效率,如果各子问题不是独立的,则分治算法需要重复地解公共的子问题。

分治算法的典型情况如图 9.1 所示。

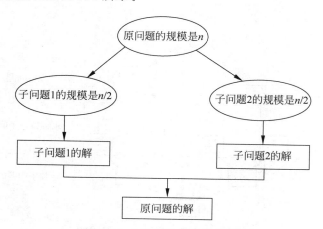

图 9.1 分治算法的典型情况

9.2.2 分治算法设计

分治算法在求解问题时效率比较高,也是一种重要的算法策略,其适用条件如下:

(1) 该问题的规模缩小到一定的程度就可以容易地解决;

(2) 该问题可以分解为若干个规模较小的相同问题,即该问题具有最优子结构性质;

(3) 利用该问题分解出的子问题的解可以合并为该问题的解;

(4) 该问题所分解出的各个子问题是相互独立的,即子问题之间不包含公共的子问题。

一般来说,分治算法的求解过程由以下三个阶段组成。

(1) 划分:既然是分治,当然需要把规模为 n 的原问题划分为 k 个规模较小的子问题,并尽量使这 k 个子问题的规模大致相同。

(2) 求解子问题:各子问题的解法与原问题的解法通常是相同的,可以用递归的方法求解各个子问题,有时递归处理也可以用循环来实现。

(3) 合并:把各个子问题的解合并起来,合并的代价因情况不同有很大差异,分治算法的有效性很大程度上依赖于合并的实现。

分治算法的一般过程:

```
DivideConquer(P)
```

```
{
if(P 的规模足够小)直接求解 P;
否则:
    分解为 k 个子问题 P1,P2,…,Pk;
    for(i = 1;i <= k;i++)                    //分别求解
        yi = DivideConquer(Pi);
    return Merge(y1,…,yk);                   //合并子问题得到原问题的解
}
```

例 9.1 计算指数 a^n,应用分治算法得到计算方法如式(9.1)所示,计算过程如图 9.2 所示。

$$a^n = \begin{cases} a & n=1 \\ a^{\lfloor n/2 \rfloor} * a^{\lceil n/2 \rceil} & n>1 \end{cases} \tag{9.1}$$

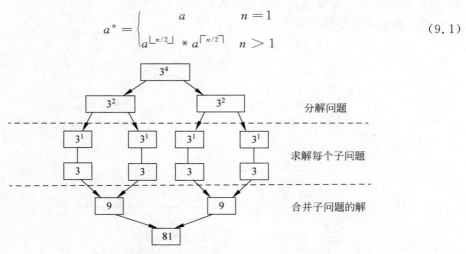

图 9.2 分治算法计算 a^n 的过程

指数 a^n 的计算问题满足分治算法的 4 个适用条件。由式(9.1)所示,当问题规模小到 $1(n=1)$ 时就直接等于 a,可以容易地解决;指数 a^n 的计算问题分解为 2 个规模较小(规模都为 $n/2$)的相同问题,原问题的解包含子问题的解,即该问题具有最优子结构性质;利用子问题的解相乘就得到原问题的解,即子问题可以合并为该问题的解;该问题所分解出的各个子问题是相互独立的,即子问题之间不包含公共的子问题,一个子问题不会被计算多次。

9.2.3　分治算法设计应用实例——棋盘覆盖问题

在一个 $2^k \times 2^k$ 个方格组成的棋盘中,恰有一个方格与其他方格不同,称该方格为一特殊方格,且称该棋盘为一特殊棋盘,如图 9.3(a)所示。在棋盘覆盖问题中,要用图 9.3(b)所示的 4 种不同形态的 L 形骨牌覆盖给定的特殊棋盘上除特殊方格以外的所有方格,且任何 2 个 L 形骨牌不得重叠覆盖。

分析:当 $k>0$ 时,将 $2^k \times 2^k$ 棋盘分割为 4 个 $2^{k-1} \times 2^{k-1}$ 子棋盘,如图 9.4(a)所示。

特殊方格必位于 4 个较小子棋盘之一中,其余 3 个子棋盘中无特殊方格。为了将这 3 个无特殊方格的子棋盘转化为特殊棋盘,使之与原问题相同,可以用一个 L 形骨牌覆盖这 3 个较小棋盘的会合处,如图 9.4(b)所示,从而将原问题转化为 4 个较小规模的棋盘覆盖问题,递归地使用这种分割,直至棋盘简化为棋盘 1×1。

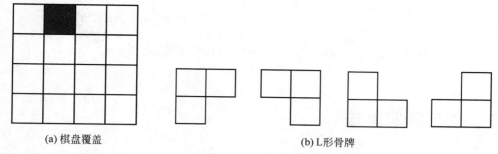

(a) 棋盘覆盖   (b) L形骨牌

图 9.3　棋盘覆盖问题

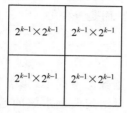 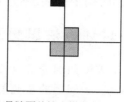

(a) 分割棋盘   (b) 骨牌覆盖较小棋盘的会合处

图 9.4　分治算法解决棋盘覆盖问题的过程

算法 9.2　棋盘覆盖问题的分治算法。

```
void chessBoard( int tr, int tc, int dr, int dc, int size)
//tr 和 tc 分别为棋盘左上角行号列号，dr 和 dc 分别为特殊方格的行号列号，size 为棋盘的行列数
   {
       if (size == 1) return;
       int t = tile++,                            //L形骨牌编号
       int s = size/2;                            //分割棋盘
//覆盖左上角子棋盘
       if (dr < tr + s && dc < tc + s)            //特殊方格在此棋盘中
          chessBoard(tr, tc, dr, dc, s);
       else {                                     //此棋盘中无特殊方格
          board[tr + s − 1][tc + s − 1] = t;      //用 t 号 L 形骨牌覆盖右下角
          chessBoard(tr, tc, tr + s − 1, tc + s − 1, s);}  //覆盖其余方格
//覆盖右上角子棋盘
       if (dr < tr + s && dc >= tc + s)           //特殊方格在此棋盘中
          chessBoard(tr, tc + s, dr, dc, s);
       else {                                     //此棋盘中无特殊方格
          board[tr + s − 1][tc + s] = t;          //用 t 号 L 形骨牌覆盖左下角
          chessBoard(tr, tc + s, tr + s − 1, tc + s, s);}  //覆盖其余方格
//覆盖左下角子棋盘
       if (dr >= tr + s && dc < tc + s)           //特殊方格在此棋盘中
          chessBoard(tr + s, tc, dr, dc, s);
       else {                                     //此棋盘中无特殊方格
          board[tr + s][tc + s − 1] = t;          //用 t 号 L 形骨牌覆盖右上角
          chessBoard(tr + s, tc, tr + s, tc + s − 1, s);}  //覆盖其余方格
//覆盖右下角子棋盘
       if (dr >= tr + s && dc >= tc + s)          //特殊方格在此棋盘中
```

```
            chessBoard(tr + s, tc + s, dr, dc, s);
        else {                                      //此棋盘中无特殊方格
            board[tr + s][tc + s] = t;              //用 t 号 L 形骨牌覆盖左上角
            chessBoard(tr + s, tc + s, tr + s, tc + s, s);}  //覆盖其余方格
}
```

9.3　动态规划算法

动态规划算法与分治算法类似,也是将求解问题分解成若干个子问题,先求解子问题,然后从这些子问题的解得到原问题的解。与分治算法不同的是,适用于用动态规划算法求解的问题,经分解得到的子问题往往不是相互独立的,而是重叠的。

9.3.1　动态规划算法思想及设计

动态规划算法将待求解问题分解成若干个相互重叠的子问题,每个子问题对应决策过程的一个阶段,一般来说,子问题的重叠关系表现在对给定问题求解的递推关系(也就是动态规划函数)中,将子问题的解求解一次并填入表中,当需要再次求解此子问题时,可以通过查表获得该子问题的解而不用再次求解,从而避免了大量重复计算。

动态规划算法的求解过程如图 9.5 所示。

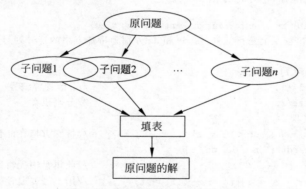

图 9.5　动态规划算法的求解过程

例 9.2　计算斐波那契数。

$$F(n)=\begin{cases}0 & n=0\\1 & n=1\\F(n-1)+F(n-2) & n\geqslant 2\end{cases} \tag{9.2}$$

$n=5$ 时分治算法计算斐波那契数的过程如图 9.6 所示,其中存在大量的重复子问题,如 $F(2)$ 子问题被计算 3 次。

注意到计算 $F(n)$ 是以计算它的两个重叠子问题 $F(n-1)$ 和 $F(n-2)$ 的形式来表达的,所以可以设计一张表填入 $n+1$ 个 $F(n)$ 的值。

动态规划算法求解斐波那契数 $F(9)$ 的填表过程如图 9.7 所示。

用动态规划算法求解的问题具有以下特征(适用条件):

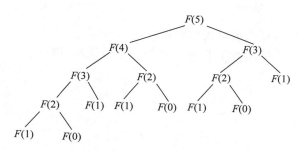

图 9.6　$n=5$ 时分治算法计算斐波那契数的过程

n	0	1	2	3	4	5	6	7	8	9
$F(n)$	0	1	1	2	3	5	8	13	21	34

图 9.7　动态规划算法求解斐波那契数 $F(9)$ 的填表过程

- 能够分解为相互重叠的若干子问题；
- 满足最优性原理(也称最优子结构性质)，该问题的最优解中也包含着其子问题的最优解。

分析问题是否满足最优性原理常用反证法：

先假设由问题的最优解导出的子问题的解不是最优的；然后再证明在这个假设下可构造出比原问题最优解更好的解，从而导致矛盾。

动态规划设计计算法一般分成三个阶段：

(1) 分段,将原问题分解为若干个相互重叠的子问题；

(2) 分析,分析问题是否满足最优性原理,找出动态规划函数的递推式；

(3) 求解,利用递推式自底向上计算,实现动态规划过程。

动态规划算法利用问题的最优性原理,以自底向上的方式从子问题的最优解逐步构造出整个问题的最优解。

9.3.2　动态规划算法应用实例——0/1 背包问题

0/1 背包问题是指给定 n 种物品和一背包,物品 i 的重量是 w_i,其价值为 v_i,背包的容量为 C。问应如何选择装入背包的物品,使得装入背包中物品的总价值最大？物品 i 或者被装入背包,或者不被装入背包,不允许只装入一部分。

在 0/1 背包问题中,设 x_i 表示物品 i 装入背包的情况,则当 $x_i=0$ 时,表示物品 i 没有被装入背包,$x_i=1$ 时,表示物品 i 被装入背包。根据问题的要求,约束条件式(9.3)和目标函数式(9.4)：

$$\begin{cases} \sum_{i=1}^{n} w_i x_i \leqslant C \\ x_i \in \{0,1\} \quad (1 \leqslant i \leqslant n) \end{cases} \tag{9.3}$$

$$\max \sum_{i=1}^{n} v_i x_i \tag{9.4}$$

于是,问题归结为寻找一个满足约束条件式(9.3),并使目标函数式(9.4)达到最大的解

向量 $\boldsymbol{X} = (x_1, x_2, \cdots, x_n)$。

下面证明 0/1 背包问题满足最优性原理。

设 $(x_1, x_2, \cdots, x_n)$ 是所给 0/1 背包问题的一个最优解,则 $(x_2, x_3, \cdots, x_n)$ 是下面一个子问题的最优解:

$$\begin{cases} \sum_{i=2}^{n} w_i x_i \leqslant C - w_1 x_1 \\ x_i \in \{0, 1\} \quad (2 \leqslant i \leqslant n) \end{cases}$$

$$\max \sum_{i=2}^{n} v_i x_i$$

如若不然,设 $(y_2, \cdots, y_n)$ 是上述子问题的一个最优解,则

$$\sum_{i=2}^{n} v_i y_i > \sum_{i=2}^{n} v_i x_i \quad w_1 x_1 + \sum_{i=2}^{n} w_i y_i \leqslant C$$

因此

$$v_1 x_1 + \sum_{i=2}^{n} v_i y_i > v_1 x_1 + \sum_{i=2}^{n} v_i x_i = \sum_{i=1}^{n} v_i x_i$$

这说明 $(x_1, y_2, \cdots, y_n)$ 是所给 0/1 背包问题比 $(x_1, x_2, \cdots, x_n)$ 更优的解,从而导致矛盾。

0/1 背包问题可以看作是决策一个序列 $(x_1, x_2, \cdots, x_n)$,对任一变量 x_i 的决策是决定 $x_i = 1$ 还是 $x_i = 0$。在对 x_{i-1} 决策后,已确定了 $(x_1, x_2, \cdots, x_{i-1})$,在决策 x_i 时,问题处于下列两种状态之一:

(1) 背包容量不足以装入物品 i,则 $x_i = 0$,背包不增加价值;

(2) 背包容量可以装入物品 i,则 $x_i = 1$,背包的价值增加了 v_i。

这两种情况下背包价值的最大者应该是对 x_i 决策后的背包价值。令 $V(i, j)$ 表示在前 $i(1 \leqslant i \leqslant n)$ 个物品中能够装入容量为 $j(1 \leqslant j \leqslant C)$ 的背包中的物品的最大值,则可以得到动态规划函数公式如下:

$$V(i, j) = \begin{cases} 0 & i \text{ 或 } j \text{ 为 } 0 \\ V(i-1, j) & j < w_i \\ \max\{V(i-1, j), V(i-1, j-w_i) + v_i\} & j > w_i \end{cases} \tag{9.5}$$

式(9.5)表明:把前面 i 个物品装入容量为 0 的背包和把 0 个物品装入容量为 j 的背包,得到的价值均为 0。如果第 i 个物品的重量大于背包的容量,则装入前 i 个物品得到的最大价值和装入前 $i-1$ 个物品得到的最大价值是相同的,即物品 i 不能装入背包。如果第 i 个物品的重量小于背包的容量,则会有以下两种情况:①如果把第 i 个物品装入背包,则背包中物品的价值等于把前 $i-1$ 个物品装入容量为 $j-w_i$ 的背包中的价值加上第 i 个物品的价值 v_i;②如果第 i 个物品没有装入背包,则背包中物品的价值就等于把前 $i-1$ 个物品装入容量为 j 的背包中所取得的价值。显然,取二者中价值较大者作为把前 i 个物品装入容量为 j 的背包中的最优解。

例 9.3　有 5 个物品,其重量分别是 $\{2, 2, 6, 5, 4\}$,价值分别为 $\{6, 3, 5, 4, 6\}$,背包的容量为 10。根据动态规划函数,使用一个 $(n+1) \times (C+1)$ 的二维表,$V[i][j]$ 表示把前 i 个物品装入容量为 j 的背包中获得的最大价值,其求解过程如图 9.8 所示。

		0	1	2	3	4	5	6	7	8	9	10	
	0	0	0	0	0	0	0	0	0	0	0	0	$x_1=1$
$w_1=2\ v_1=6$	1	0	0	6	6	6	6	6	6	6	6	6	$x_2=1$
$w_2=2\ v_2=3$	2	0	0	6	6	9	9	9	9	9	9	9	$x_3=0$
$w_3=6\ v_3=5$	3	0	0	6	6	9	9	9	9	11	11	14	$x_4=0$
$w_4=5\ v_4=4$	4	0	0	6	6	9	9	9	10	11	13	14	$x_5=1$
$w_5=5\ v_5=6$	5	0	0	6	6	9	9	12	12	15	15	15	

图 9.8 动态规划算法解决 0/1 背包问题的过程

第一阶段，只装入前 1 个物品，确定在各种情况下的背包能够得到的最大价值；第二阶段，只装入前 2 个物品，确定在各种情况下的背包能够得到的最大价值；以此类推，直到第 n 个阶段。最后，$V(n,C)$便是在容量为 C 的背包中装入 n 个物品时取得的最大价值。为了确定装入背包的具体物品，从 $V(n,C)$的值向前推，如果 $V(n,C)>V(n-1,C)$，表明第 n 个物品被装入背包，前 $n-1$ 个物品被装入容量为 $C-w_n$ 的背包中；否则，第 n 个物品没有被装入背包，前 $n-1$ 个物品被装入容量为 C 的背包中。以此类推，直到确定第 1 个物品是否被装入背包中为止。由此，得到函数式(9.6)：

$$x_i=\begin{cases}0 & V(i,j)=V(i-1,j)\\ 1,j=j-w_i & V(i,j)>V(i-1,j)\end{cases} \tag{9.6}$$

设 n 个物品的重量存储在数组 $w[n]$中，价值存储在数组 $v[n]$中，背包容量为 C，数组 $V[n+1][C+1]$存放迭代结果，其中 $V[i][j]$表示前 i 个物品装入容量为 j 的背包中获得的最大价值，数组 $x[n]$存储装入背包的物品，动态规划算法求解 0/1 背包问题的算法如算法 9.3。

算法 9.3 0/1 背包问题的动态规划算法。

```
int KnapSack(int n, int w[ ], int v[ ],int C,int x[ ])
{
   for(i = 0; i <= n; i++)                          //初始化第 0 列
     V[i][0] = 0;
   for(j = 0; j <= C; j++)                          //初始化第 0 行
     V[0][j] = 0;
   for(i = 1; i <= n; i++)                          //计算第 i 行,进行第 i 次迭代
     for(j = 1; j <= C; j++)
        if(j < w[i])
                 V[i][j] = V[i - 1][j];
        else
                 V[i][j] = max(V[i - 1][j], V[i - 1][j - w[i]] + v[i]);
   j = C;                                           //求装入背包的物品
   for(i = n; i > 0; i -- )
   {
       if(V[i][j]> V[i - 1][j]) {
       x[i] = 1;
       j = j - w[i]; }
      else x[i] = 0;
```

```
    }
    return V[n][C];                                    //返回背包取得的最大价值
    }
```

在算法 9.3 中,第一个 for 循环的时间复杂度是 $O(n)$,第二个 for 循环的时间复杂度是 $O(C)$,第三个循环是两层嵌套的 for 循环,其时间复杂度是 $O(n \times C)$,第四个 for 循环的时间复杂度是 $O(n)$,所以,算法 9.3 的时间复杂度为 $O(n \times C)$。

9.4 贪心算法

当一个问题具有最优子结构性质时,可用动态规划算法求解,但用贪心算法会更简单有效。

9.4.1 贪心算法技术思想

贪心算法在解决问题的策略上目光短浅,只根据当前已有的信息就做出选择,而且一旦做出了选择,不管将来有什么结果,这个选择都不会改变。换言之,贪心算法并不是从整体最优考虑,它所做出的选择只是在某种意义上的局部最优。这种局部最优选择并不总能获得整体最优解,但通常能获得近似最优解。

例 9.4 用贪心算法求解付款问题。

假设有面值为 5 元、2 元、1 元、5 角、2 角、1 角的货币,需要找给顾客 4 元 6 角现金,为使付出的货币的数量最少,首先选出 1 张面值不超过 4 元 6 角的最大面值的货币,即 2 元,再选出 1 张面值不超过 2 元 6 角的最大面值的货币,即 2 元,再选出 1 张面值不超过 6 角的最大面值的货币,即 5 角,再选出 1 张面值不超过 1 角的最大面值的货币,即 1 角,总共付出 4 张货币。

在付款问题每一步的贪心选择中,在不超过应付款金额的条件下,只选择面值最大的货币,而不去考虑在后面看来这种选择是否合理,而且它还不会改变决定:一旦选出了一张货币,就永远选定。付款问题的贪心选择策略是尽可能使付出的货币最快地满足支付要求,其目的是使付出的货币张数最慢地增加,这正体现了贪心法的设计思想。

贪心算法求解的问题的特征(适用条件)如下。

(1) 最优子结构性质。当一个问题的最优解包含其子问题的最优解时,称此问题具有最优子结构性质,也称此问题满足最优性原理。

(2) 贪心选择性质。贪心选择性质是指问题的整体最优解可以通过一系列局部最优的选择,即贪心选择来得到。

动态规划算法通常以自底向上的方式求解各个子问题,而贪心算法则通常以自顶向下的方式做出一系列的贪心选择。

9.4.2 贪心算法设计

用贪心算法求解问题应该考虑如下几个方面。

(1) 候选集合 C:为了构造问题的解决方案,有一个候选集合 C 作为问题的可能解,即问题的最终解均取自于候选集合 C。例如,在付款问题中,各种面值的货币构成候选集合。

(2) 解集合 S：随着贪心选择的进行,解集合 S 不断扩展,直到构成一个满足问题的完整解。例如,在付款问题中,已付出的货币构成解集合。

(3) 解决函数 solution()：检查解集合 S 是否构成问题的完整解。例如,在付款问题中,解决函数是已付出的货币金额恰好等于应付款。

(4) 选择函数 select()：即贪心策略,这是贪心算法的关键,它指出哪个候选对象最有希望构成问题的解,选择函数通常和目标函数有关。例如,在付款问题中,贪心策略就是在候选集合中选择面值最大的货币。

(5) 可行函数 feasible()：检查解集合中加入一个候选对象是否可行,即解集合扩展后是否满足约束条件。例如,在付款问题中,可行函数是每一步选择的货币和已付出的货币相加不超过应付款。

贪心算法的一般过程：

```
Greedy(C)                          //C是问题的输入集合即候选集合
{
    S = { };                       //初始解集合为空集
    while(not solution(S))         //集合 S 没有构成问题的一个解
    {
        x = select(C);             //在候选集合 C 中做贪心选择
        if feasible(S, x)          //判断集合 S 中加入 x 后的解是否可行
            S = S + {x};
            C = C - {x};
    }
    return S;
}
```

9.4.3 贪心算法应用实例——背包问题

背包问题是指给定 n 种物品和一个容量为 C 的背包,物品 i 的重量是 w_i,其价值为 v_i,如何选择装入背包的物品,使得装入背包中物品的总价值最大? 背包问题可以让物品放入一部分。

设 x_i 表示物品 i 装入背包的情况,根据问题的要求,有约束条件式(9.7)和目标函数式(9.8)：

$$\begin{cases} \sum_{i=1}^{n} w_i x_i = C \\ 0 \leqslant x_i \leqslant 1 \quad (1 \leqslant i \leqslant n) \end{cases} \tag{9.7}$$

$$\max \sum_{i=1}^{n} v_i x_i \tag{9.8}$$

于是,背包问题归结为寻找一个满足约束条件式(9.7),并使目标函数式(9.8)达到最大的解向量 $\boldsymbol{X} = (x_1, x_2, \cdots, x_n)$。

至少有三种看似合理的贪心策略：

(1) 选择价值最大的物品,因为这可以尽可能快地增加背包的总价值。但是,虽然每一

步选择获得了背包价值的极大增长,但背包容量却可能消耗得太快,使得装入背包的物品个数减少,从而不能保证目标函数达到最大。

(2)选择重量最轻的物品,因为这可以装入尽可能多的物品,从而增加背包的总价值。但是,虽然每一步选择使背包的容量消耗得慢了,但背包的价值却没能保证迅速增长,从而不能保证目标函数达到最大。

(3)选择单位重量价值最大的物品,在背包价值增长和背包容量消耗两者之间寻找平衡。

应用第三种贪心策略,每次从物品集合中选择单位重量价值最大的物品,如果其重量小于背包容量,就可以把它装入,并将背包容量减去该物品的重量,然后我们就面临一个最优子问题——同样是背包问题,只不过背包容量减少了,物品集合减少了。因此背包问题具有最优子结构性质。

例 9.5　有 3 个物品,其重量分别是{20,30,10},价值分别为{60,120,50},背包的容量为 50,应用三种贪心策略装入背包的物品和获得的价值如图 9.9 所示。

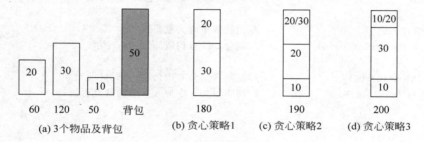

图 9.9　贪心算法解决背包问题的三种策略

设背包容量为 C,共有 n 个物品,物品重量存放在数组 $w[n]$ 中,价值存放在数组 $v[n]$ 中,问题的解存放在数组 $x[n]$ 中。

算法 9.4　背包问题的贪心算法。

```
void Knapsack(int n, float C, float v[], float w[], float x[])
{    float c = C;
     int i, t[N + 1];
     Sort(n, v, w, t);              //根据单位重量价值非递增排序,把排序后物品编号存在 t 数组中
     for(i = 1; i <= n; i++)        //初始化
         x[t[i]] = 0;
     for(i = 1; i <= n; i++)
     {
         if (w[t[i]] > c) break;
         x[t[i]] = 1;
         c -= w[t[i]];
     }
     if(i <= n)
         x[t[i]] = c/w[t[i]];
}
```

算法 9.4 的时间主要消耗在将各种物品依其单位重量的价值从大到小排序。因此,其时间复杂度为 $O(n\text{lb}n)$。

9.5 回溯算法

穷举算法是对所有的解进行搜索,效率较低;回溯算法是穷举算法的改进,对部分解进行增量、构建式搜索过程,采用"试探性"构建法则。回溯算法系统对解空间进行搜索并进行规约和修剪,效率要优于穷举算法,并且可以解决贪心算法和动态规划算法无法解决的一些问题。

9.5.1 回溯算法有关概念

回溯算法的搜索对象是解空间,如果没有确定正确的解空间就开始搜索,可能会增加很多重复解,或者根本就搜索不到正确的解。

1. 问题的解空间

复杂问题常常有很多的可能解,这些可能解构成了问题的解空间。解空间也就是进行穷举的搜索空间,所以,解空间中应该包括所有的可能解。

对于任何一个问题,可能解的表示方式和它相应的解释隐含了解空间及其大小。

例如,对于有 n 个物品的 0/1 背包问题,其可能解的表示方式可以有以下两种:

(1) 可能解由一个不等长向量组成,当物品 $i(1 \leqslant i \leqslant n)$ 装入背包时,解向量中包含分量 i,否则,解向量中不包含分量 i,当 $n=3$ 时,其解空间是 $\{(),(1),(2),(3),(1,2),(1,3),(2,3),(1,2,3)\}$。

(2) 可能解由一个等长向量 $\{x_1,x_2,\cdots,x_n\}$ 组成,其中 $x_i=1(1 \leqslant i \leqslant n)$ 表示物品 i 装入背包,$x_i=0$ 表示物品 i 没有装入背包,当 $n=3$ 时,其解空间是 $\{(0,0,0),(0,0,1),(0,1,0),(1,0,0),(0,1,1),(1,0,1),(1,1,0),(1,1,1)\}$。

为了用回溯算法求解一个具有 n 个输入的问题,一般情况下,将其可能解表示为满足某个约束条件的等长向量 $\boldsymbol{X}=(x_1,x_2,\cdots,x_n)$,其中分量 $x_i(1 \leqslant i \leqslant n)$ 的取值范围是某个有限集合 $S_i=\{a_{i1},a_{i2},\cdots,a_{ir_i}\}$,所有可能的解向量构成了问题的解空间。

2. 解空间树

问题的解空间一般用解空间树(也称状态空间树)的方式组织,树的根结点位于第 1 层,表示搜索的初始状态,第 2 层的结点表示对解向量的第一个分量做出选择后到达的状态,第 1 层到第 2 层的边上标出对第一个分量选择的结果,以此类推,从树的根结点到叶子结点的路径就构成了解空间的一个可能解。

对于 $n=3$ 的 0/1 背包问题,其解空间树如图 9.10 所示,树中的 8 个叶子结点分别代表该问题的 8 个可能解。

旅行商问题(Traveling Salesman Problem,TSP)又译为旅行推销员问题、货郎担问题。假设有一个旅行商人要拜访 n 个城市,他必须选择所要走的路径,路径的限制是每个城市只能拜访一次,而且最后要回到原来出发的城市。路径的选择目标是要求得的路径路程为所有路径之中的最小值。对于 $n=4$ 的 TSP,其解空间树如图 9.11 所示,树中的 24 个叶子

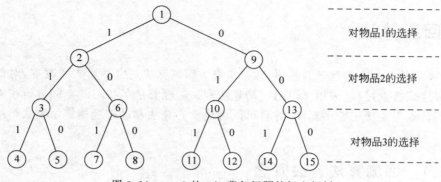

图 9.10　$n=3$ 的 0/1 背包问题的解空间树

结点分别代表该问题的 24 个可能解,例如结点 5 代表一个可能解,路径为 $1\to2\to3\to4\to1$,长度为各边代价之和。

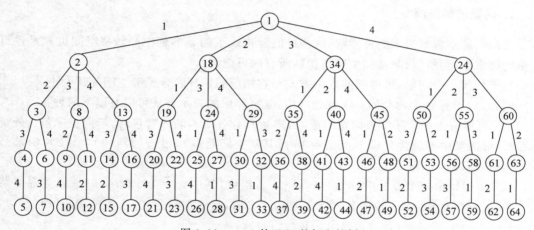

图 9.11　$n=4$ 的 TSP 的解空间树

　　问题的解空间树一般分为子集树和排列树两种结构,子集树的解空间中解的数目为 2^n,排列树的解空间中解的数目为 $n!$。

　　需要注意的是,问题的解空间树是虚拟的,并不需要在算法运行时构造一棵真正的树结构,只需要存储从根结点到当前结点的路径。

9.5.2　回溯算法思想

　　回溯算法思想:从根结点出发,按照深度优先策略遍历解空间树,搜索满足约束条件的解。在搜索至树中任意结点时,先判断该结点对应的部分解是否满足约束条件,或者是否超出目标函数的界,也就是判断该结点是否包含问题的(最优)解,如果肯定不包含,则跳过对以该结点为根的子树的搜索,即所谓剪枝(pruning);否则,进入以该结点为根的子树,继续按照深度优先策略搜索。

　　例 9.6　对于 $n=3$ 的 0/1 背包问题,3 个物品的重量为 {20,15,10},价值为 {20,30,25},背包容量为 25,从图 9.10 所示的解空间树的根结点开始搜索,搜索过程如图 9.12 所示,其中 3 号结点因不满足约束条件即不小于背包的容量而被剪枝。

例 9.7 对于 $n=4$ 的 TSP,其代价矩阵如图 9.13 所示,其搜索过程如图 9.14 所示。

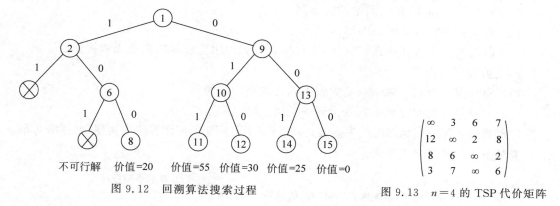

图 9.12 回溯算法搜索过程

$$\begin{pmatrix} \infty & 3 & 6 & 7 \\ 12 & \infty & 2 & 8 \\ 8 & 6 & \infty & 2 \\ 3 & 7 & \infty & 6 \end{pmatrix}$$

图 9.13 $n=4$ 的 TSP 代价矩阵

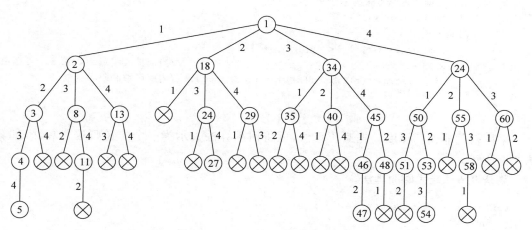

图 9.14 $n=4$ 的 TSP 的搜索空间

在搜索解空间树的过程中,一个正在被访问、满足约束条件且存在还没有被访问的儿子结点的结点称为活结点;一个不满足约束条件或者目标函数的界或所有儿子已经被访问的结点称为死结点,如叶子结点都是死结点;一个正在被访问的活结点以及它所有的父结点和祖父结点称为扩展结点。

9.5.3 回溯算法设计

有许多问题,当需要找出它的解集或者要求回答什么解是满足某些约束条件的最佳解时,往往要使用回溯算法(通用的解题法)。

回溯算法的基本做法是深度优先搜索,既有系统性又带跳跃性的搜索,能避免不必要搜索的穷举式搜索法。

回溯算法的搜索过程涉及的结点(称为搜索空间)只是整个解空间树的一部分,在搜索过程中,通常采用两种策略避免无效搜索(这两类函数统称为剪枝函数):

(1)用约束条件剪去得不到可行解的子树;

(2)用目标函数剪去得不到最优解的子树。

回溯算法的基本步骤:

(1)针对所给问题,定义问题的解空间;

(2)确定易于搜索的解空间结构;

(3)以深度优先方式搜索解空间,并在搜索过程中用剪枝函数避免无效搜索。

常用剪枝函数:

(1)用约束函数在扩展结点处剪去不满足约束的子树;

(2)用限界函数剪去得不到最优解的子树。

回溯算法对解空间做深度优先搜索,一般情况下可用递归回溯算法来实现(见算法9.5)。

算法9.5 递归回溯算法。

```
void backtrack (int t)                                    //t表示递归深度
{ //f(n,t):当前扩展结点未搜索子树的起始编号
  //g(n,t):当前扩展结点未搜索子树的终止编号
      if(t > n) output(x);
      else
          for(int i = f(n,t);i <= g(n,t);i++) {
          x[t] = h(i);                                    //当前扩展结点x[t]第i个可选项
          if (constraint(t)&&bound(t)) backtrack(t + 1);  //约束函数和限界函数
          }
}
```

采用树的非递归深度优先遍历算法,可将回溯算法表示为一个非递归迭代算法,如算法9.6所示。

算法9.6 迭代回溯算法。

```
void iterativeBacktrack()
{   int t = 1;
    while(t > 0) {
      if(f(n,t) <= g(n,t))
        for(int i = f(n,t);i <= g(n,t);i++) {
          x[t] = h(i);
          if(constraint(t)&&bound(t)) {
            if(solution(t)) output(x);
            else t++;}                    //end if (constraint(t)&&bound(t))
          }                               //end for
      else t -- ;
}                                         //end while (t > 0)
```

回溯算法对子集树做深度优先搜索,其递归函数结构如算法9.7所示。

算法9.7 子集树的递归回溯算法。

```
void backtrack (int t)
{
  if(t > n) output(x);
    else
        for(int i = 0;i <= 1;i++) {
          x[t] = i;
          if(legal(t)) backtrack(t + 1);
```

```
        }
    }
```

回溯算法对排列树做深度优先搜索,其递归函数结构如算法 9.8 所示。

算法 9.8 排列树的递归回溯算法。

```
void backtrack(int t)
{
  if(t > n) output(x);
    else
      for(int i = t; i < = n; i++) {
        swap(x[t], x[i]);
        if(legal(t)) backtrack(t + 1);
        swap(x[t], x[i]);
      }
}
```

在任何时刻,算法只保存从根结点到当前扩展结点的路径。

如果解空间树中从根结点到叶结点的最长路径的长度为 $h(n)$,则回溯算法所需的计算空间通常为 $O(h(n))$。显式地存储整个解空间则需要 $O(2^{h(n)})$ 或 $O(h(n)!)$。

9.5.4 回溯算法应用实例——装载问题

有共 n 个集装箱要装上两艘载重量分别为 c_1 和 c_2 的轮船,其中集装箱 i 的重量为 w_i,且 $\sum_{i=1}^{n} w_i \leqslant c_1 + c_2$,装载问题要求确定是否有一个合理的装载方案,可将这批集装箱装上这两艘轮船。

容易证明,采用首先将第一艘轮船尽可能装满然后将剩余的集装箱装上第二艘轮船的策略可得到最优装载方案。将第一艘轮船尽可能装满等价于选取全体集装箱的一个子集,使该子集中集装箱重量之和最接近 c_1。

装载问题的解空间为子集树,可行性约束函数(选择当前元素): $cw + w[i] \leqslant c$,限界函数(不选择当前元素):当前载重量 $cw +$ 剩余集装箱的重量 $r \leqslant$ 当前最优载重量 bestw。

算法 9.9 装载问题的递归回溯算法。

```
void backtrack(int i)                    //递归回溯
  {                                      //搜索第 i 层结点
    if(i > n)                            //到达叶结点
        {bestw = cw; return;}
    r -= w[i];
    if(cw + w[i] <= c) {                 //搜索左子树
      x[i] = 1;
      cw += w[i];
      backtrack(i + 1);
      cw -= w[i]; }
    if(cw + r > bestw) {
      x[i] = 0;                          //搜索右子树
      backtrack(i + 1); }
    r += w[i];
  }
```

算法 9.10   装载问题的迭代回溯算法。

```
void maxloading(type w[ ], type c, int n, int bestx[ ])        //迭代回溯
{ int i = 1, int * x = new int [n + 1];                        //当前层, x[1..i-1]为当前路径
Type bestw = 0, cw = 0, r = 0;
for( int j = 1; j < = n; j++) r += w[ j];
while(true){
    while(i < = n&&cw + w[ i] < = c){                          //进入左子树
        r -= w[ i]; cw += w[ i]; x[ i] = 1; i++}
    if(i > n) {                                                //到达叶子
      for (int j = 1; j < = n; j++)
          bestx[ j] = x[ j]; bestw = cw;}
    else {                                                     //搜索右子树
          r -= w[ i]; x[ i] = 0; i++;}
    while(cw + r < = bestw) {                                  //剪枝回溯
        i -- ;
        while (i > 0&&! x[ i]){                                //从右子树返回
            r += w[ i]; i -- ;}
        if(i == 0) {delete [ ]x; return bestw;}
        x[ i] = 0; cw -= w[ i]; i++;
    }}}
```

9.6   分支限界算法

分支限界算法类似于回溯算法,也是在解空间上搜索问题解的算法,但在求解目标和搜索方式上不同。

9.6.1   分支限界算法思想

分支限界算法与回溯算法的区别如下。

(1) 求解目标:回溯算法的求解目标是找出解空间树中满足约束条件的所有解,而分支限界算法的求解目标则是找出满足约束条件的一个解,或是在满足约束条件的解中找出在某种意义下的最优解。

(2) 搜索方式的不同:回溯算法以深度优先的方式搜索解空间树,而分支限界算法则以广度优先或以最小耗费优先的方式搜索解空间树。

分支限界算法首先确定一个合理的限界函数,并根据限界函数确定目标函数的界 [down, up]。然后按照广度优先策略遍历问题的解空间树,在分支结点上,依次搜索该结点的所有孩子结点,分别估算这些孩子结点的目标函数的可能取值,如果某孩子结点的目标函数值可能超出目标函数的界,则将其丢弃,因为从这个结点生成的解不会比目前已经得到的解更好;否则,将其加入待处理结点表(以下简称表 PT)中。依次从表 PT 中选取使目标函数的值取得极值的结点成为当前扩展结点,重复上述过程,直到找到最优解。

随着遍历过程的不断深入,表 PT 中所估算的目标函数的界越来越接近问题的最优解。当搜索到一个叶子结点时,如果该结点的目标函数值是表 PT 中的极值(对于最小化问题,是极小值;对于最大化问题,是极大值),则该叶子结点对应的解就是问题的最优解;否则,

根据这个叶子结点调整目标函数的界(对于最小化问题,调整上界;对于最大化问题,调整下界),依次考察表 PT 中的结点,将超出目标函数界的结点丢弃,然后从表 PT 中选取使目标函数取得极值的结点继续进行扩展。

例 9.8 0/1 背包问题。假设有 4 个物品,其重量分别为{4,7,5,3},价值分别为{40, 42,25,12},背包容量 $W=10$。

首先,将给定物品按单位重量价值从大到小排序,排序结果如表 9.1 所示。

表 9.1 0/1 背包问题按单位重量价值从大到小排序结果

物 品	重量/w	价值/v	价值/重量/$v \cdot w^{-1}$
1	4	40	10
2	7	42	6
3	5	25	5
4	3	12	4

应用贪心法求得近似解为{1,0,0,0},获得的价值为 40,这可以作为 0/1 背包问题的下界。如何求得 0/1 背包问题的一个合理的上界呢? 考虑最好情况,背包中装入的全部是第 1 个物品且可以将背包装满,则可以得到一个非常简单的上界的计算方法:$\mathrm{ub}=W \times (v_1/w_1)=10 \times 10=100$。于是得到了目标函数的界[40,100]。

限界函数为

$$\mathrm{ub}=v+(W-w) \times \frac{v_{i+1}}{w_{i+1}} \qquad (9.9)$$

分支限界算法求解 0/1 背包问题的过程如图 9.15 所示。

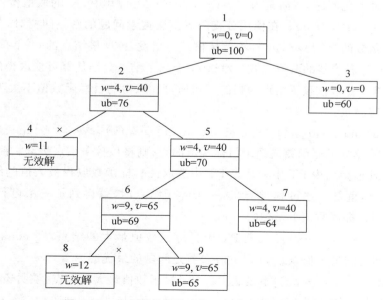

图 9.15 分支限界算法求解 0/1 背包问题的过程

分支限界法求解 0/1 背包问题,其搜索空间如图 9.15 所示,具体的搜索过程如下。

(1) 在根结点 1,没有将任何物品装入背包,因此,背包的重量和获得的价值均为 0,根据限界函数计算结点 1 的目标函数值为 $10 \times 10 = 100$。

(2) 在结点 2,将物品 1 装入背包,因此,背包的重量为 4,获得的价值为 40,目标函数值为 $40 + (10 - 4) \times 6 = 76$,将结点 2 加入待处理结点表 PT 中;在结点 3,没有将物品 1 装入背包,因此,背包的重量和获得的价值仍为 0,目标函数值为 $10 \times 6 = 60$,将结点 3 加入表 PT 中。

(3) 在表 PT 中选取目标函数值取得极大的结点 2 优先进行搜索。

(4) 在结点 4,将物品 2 装入背包,因此,背包的重量为 11,不满足约束条件,将结点 4 丢弃;在结点 5,没有将物品 2 装入背包,因此,背包的重量和获得的价值与结点 2 相同,目标函数值为 $40 + (10 - 4) \times 5 = 70$,将结点 5 加入表 PT 中。

(5) 在表 PT 中选取目标函数值取得极大的结点 5 优先进行搜索。

(6) 在结点 6,将物品 3 装入背包,因此,背包的重量为 9,获得的价值为 65,目标函数值为 $65 + (10 - 9) \times 4 = 69$,将结点 6 加入表 PT 中;在结点 7,没有将物品 3 装入背包,因此,背包的重量和获得的价值与结点 5 相同,目标函数值为 $40 + (10 - 4) \times 4 = 64$,将结点 7 加入表 PT 中。

(7) 在表 PT 中选取目标函数值取得极大的结点 6 优先进行搜索。

(8) 在结点 8,将物品 4 装入背包,因此,背包的重量为 12,不满足约束条件,将结点 8 丢弃;在结点 9,没有将物品 4 装入背包,因此,背包的重量和获得的价值与结点 6 相同,目标函数值为 65。

(9) 由于结点 9 是叶子结点,同时结点 9 的目标函数值是表 PT 中的极大值,所以,结点 9 对应的解即是问题的最优解,搜索结束。

假设求解最大化问题,解向量为 $\boldsymbol{X} = (x_1, x_2, \cdots, x_n)$,其中,$x_i$ 的取值范围为某个有穷集合 S_i,$|S_i| = r_i (1 \leqslant i \leqslant n)$。在使用分支限界算法搜索问题的解空间树时,首先根据限界函数估算目标函数的界[down, up],然后从根结点出发,扩展根结点的 r_1 个孩子结点,从而构成分量 x_1 的 r_1 种可能的取值方式。对这 r_1 个孩子结点分别估算可能取得的目标函数值 $\text{bound}(x_1)$,其含义是以该孩子结点为根的子树所可能取得的目标函数值不大于 $\text{bound}(x_1)$,也就是部分解应满足:

$$\text{bound}(x_1) \geqslant \text{bound}(x_1, x_2) \geqslant \cdots \geqslant \text{bound}(x_1, x_2, \cdots, x_k) \geqslant \cdots \geqslant \text{bound}(x_1, x_2, \cdots, x_n)$$

若某孩子结点的目标函数值超出目标函数的界,则将该孩子结点丢弃;否则,将该孩子结点保存在待处理结点表 PT 中。从表 PT 中选取使目标函数取得极大值的结点作为下一次扩展的根结点,重复上述过程,当到达一个叶子结点时,就得到了一个可行解 $\boldsymbol{X} = (x_1, x_2, \cdots, x_n)$ 及其目标函数值 $\text{bound}(x_1, x_2, \cdots, x_n)$。

如果 $\text{bound}(x_1, x_2, \cdots, x_n)$ 是表 PT 中目标函数值最大的结点,则 $\text{bound}(x_1, x_2, \cdots, x_n)$ 就是所求问题的最大值,$(x_1, x_2, \cdots, x_n)$ 就是问题的最优解。

如果 $\text{bound}(x_1, x_2, \cdots, x_n)$ 不是表 PT 中目标函数值最大的结点,说明还存在某个部分解对应的结点,其上界大于 $\text{bound}(x_1, x_2, \cdots, x_n)$。于是,用 $\text{bound}(x_1, x_2, \cdots, x_n)$ 调整目标函数的下界,即令 $\text{down} = \text{bound}(x_1, x_2, \cdots, x_n)$,并将表 PT 中超出目标函数下界 down 的结点删除,然后选取目标函数值取得极大值的结点作为下一次扩展的根结点,继续搜索,直到某个叶子结点的目标函数值在表 PT 中最大。

9.6.2 分支限界算法设计

分支限界算法求解最大化问题的一般过程如下。

（1）根据限界函数确定目标函数的界[down,up]。

（2）将待处理结点表 PT 初始化为空。

（3）对根结点的每个孩子结点 x 执行下列操作。

① 估算结点 x 的目标函数值 value。

② 若 value≥down，则将结点 x 加入表 PT 中。

（4）循环直到某个叶子结点的目标函数值在表 PT 中最大。

① i＝表 PT 中值最大的结点。

② 对结点 i 的每个孩子结点 x 执行下列操作。

a. 估算结点 x 的目标函数值 value。

b. 若 value≥down，则将结点 x 加入表 PT 中；

c. 若结点 x 是叶子结点且结点 x 的 value 值在表 PT 中最大，则将结点 x 对应的解输出，算法结束。

d. 若结点 x 是叶子结点但结点 x 的 value 值在表 PT 中不是最大，则令 down＝value，并且将表 PT 中所有小于 value 的结点删除。

应用分支限界算法的关键问题如下。

（1）如何确定合适的限界函数；

（2）如何组织待处理结点表；

（3）如何确定最优解中的各个分量。

分支限界算法对问题的解空间树中结点的处理是跳跃式的，回溯也不是单纯地沿着双亲结点一层一层向上回溯，因此，当搜索到某个叶子结点且该叶子结点的目标函数值在表 *PT* 中最大时（假设求解最大化问题），求得问题的最优值，但是，却无法求得该叶子结点对应的最优解中的各个分量。这个问题可以用如下方法解决：

① 对每个扩展结点保存该结点到根结点的路径；

② 在搜索过程中构建搜索经过的树结构，在求得最优解时，从叶子结点不断回溯到根结点，以确定最优解中的各个分量。

对于方法①，针对图 9.15 所示的 0/1 背包问题，为了对每个扩展结点保存该结点到根结点的路径，将部分解$(x_1, x_2, \cdots, x_i)$和该部分解的目标函数值都存储在待处理结点表 PT 中，在搜索过程中表 PT 的状态如图 9.16 所示。

(1)76	(0)60	

(a) 扩展根结点后表PT状态

(0)60	(1,0)70	

(b) 扩展结点2后表PT状态

(0)60	(1,0,1)69	(1,0,0)64

(c) 扩展结点5后表PT状态

(0)60	(1,0,0)64	(1,0,1,0)65

(d) 扩展结点6后表PT状态，最优解为(1,0,1,0)65

图 9.16 方法①确定 0/1 背包问题最优解探索过程中表 PT 的状态

对于方法②,针对图 9.15 所示的 0/1 背包问题,为了在搜索过程中构建搜索经过的树结构,设一个表 ST,在表 PT 中取出最大值结点进行扩充时,将最大值结点存储到表 ST 中,表 PT 和表 ST 的数据结构为(物品 $i-1$ 的选择结果,<物品 i,物品 i 的选择结果>ub),在搜索过程中表 PT 和表 ST 的状态如图 9.17 所示。

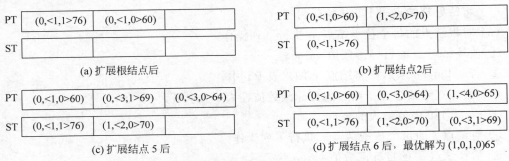

(a) 扩展根结点后　　　　　　　　　　　　　(b) 扩展结点2后

(c) 扩展结点 5 后　　　　　　　(d) 扩展结点 6 后,最优解为 (1,0,1,0)65

图 9.17　方法②确定 0/1 背包问题最优解搜索过程中表 PT 和表 ST 的状态

9.6.3　分支限界算法应用实例——任务分配问题

任务分配问题要求把 n 项任务分配给 n 个人,每个人完成每项任务的成本不同,要求分配总成本最小的最优分配方案。图 9.18 所示是一个任务分配的成本矩阵。

$$C = \begin{pmatrix} 9 & 2 & 7 & 8 \\ 6 & 4 & 3 & 7 \\ 5 & 8 & 1 & 8 \\ 7 & 6 & 9 & 4 \end{pmatrix} \begin{matrix} 人员 a \\ 人员 b \\ 人员 c \\ 人员 d \end{matrix}$$

任务1 任务2 任务3 任务4

图 9.18　任务分配问题的成本矩阵

求最优分配成本的上界和下界。

考虑任意一个可行解,例如矩阵中的对角线是一个合法的选择,表示将任务 1 分配给人员 a、任务 2 分配给人员 b、任务 3 分配给人员 c、任务 4 分配给人员 d,其成本是 $9+4+1+4=18$;或者应用贪心算法求得一个近似解:将任务 2 分配给人员 a、任务 3 分配给人员 b、任务 1 分配给人员 c、任务 4 分配给人员 d,其成本是 $2+3+5+4=14$。显然,14 是一个更好的上界。为了获得下界,考虑人员 a 执行所有任务的最小代价是 2,人员 b 执行所有任务的最小代价是 3,人员 c 执行所有任务的最小代价是 1,人员 d 执行所有任务的最小代价是 4。因此,将每一行的最小元素加起来就得到解的下界,其成本是 $2+3+1+4=10$。需要强调的是,这个解并不是一个合法的选择(3 和 1 来自于矩阵的同一列),它仅仅给出了一个参考下界,这样,最优值一定是 $10\sim14$ 的某个值。

设当前已对人员 $1\sim i$ 分配了任务,并且获得了成本 v,则限界函数可以定义为式(9.10):

$$\mathrm{lb} = v + \sum_{k=i+1}^{n} 第\ k\ 行的最小值 \tag{9.10}$$

应用分支限界算法求解图 9.18 所示任务分配问题,对解空间树的搜索如图 9.19 所示,具体的搜索过程如下(见图 9.20)。

(1) 在根结点 1,没有分配任务,根据限界函数估算目标函数值为 $2+3+1+4=10$。

(2) 在结点 2,将任务 1 分配给人员 a,获得的成本为 9,目标函数值为 $9+(3+1+4)=17$,超出目标函数的界[10,14],将结点 2 丢弃;在结点 3,将任务 2 分配给人员 a,获得的成本

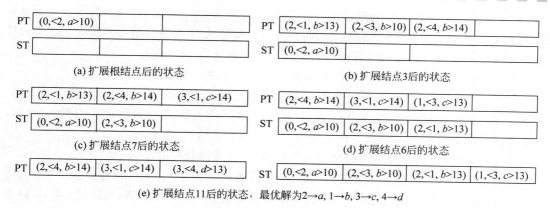

图 9.19　任务分配问题最优解的确定

为 2,目标函数值为 2+(3+1+4)=10,将结点 3 加入待处理结点表 PT 中;在结点 4,将任务 3 分配给人员 a,获得的成本为 7,目标函数值为 7+(3+1+4)=15,超出目标函数的界[10,14],将结点 4 丢弃;在结点 5,将任务 4 分配给人员 a,获得的成本为 8,目标函数值为 8+(3+1+4)=16,超出目标函数的界[10,14],将结点 5 丢弃。

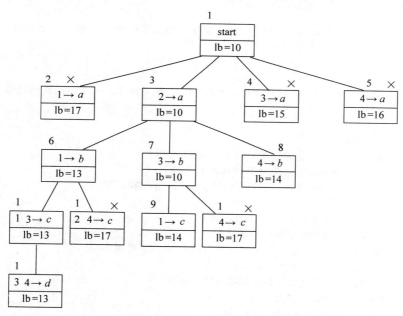

图 9.20　分支限界算法求解任务分配问题示例(×表示该结点被丢弃,结点上方的数组表示搜索顺序)

(3) 在表 PT 中选取目标函数值极小的结点 3 优先进行搜索。

(4) 在结点 6,将任务 1 分配给人员 b,获得的成本为 2+6=8,目标函数值为 8+(1+4)=13,将结点 6 加入表 PT 中;在结点 7,将任务 3 分配给人员 b,获得的成本为 2+3=5,目标函数值为 5+(1+4)=10,将结点 7 加入表 PT 中;在结点 8,将任务 4 分配给人员 b,获得的成本为 2+7=9,目标函数值为 9+(1+4)=14,将结点 8 加入表 PT 中。

(5) 在表 PT 中选取目标函数值极小的结点 7 优先进行搜索。

(6) 在结点 9,将任务 1 分配给人员 c,获得的成本为 $5+5=10$,目标函数值为 $10+4=14$,将结点 9 加入表 PT 中;在结点 10,将任务 4 分配给人员 c,获得的成本为 $5+8=13$,目标函数值为 $13+4=17$,超出目标函数的界 $[10,14]$,将结点 10 丢弃。

(7) 在表 PT 中选取目标函数值极小的结点 6 优先进行搜索。

(8) 在结点 11,将任务 3 分配给人员 c,获得的成本为 $8+1=9$,目标函数值为 $9+4=13$,将结点 11 加入表 PT 中;在结点 12,将任务 4 分配给人员 c,获得的成本为 $8+8=16$,目标函数值为 $16+4=20$,超出目标函数的界 $[10,14]$,将结点 12 丢弃。

(9) 在表 PT 中选取目标函数值极小的结点 11 优先进行搜索。

(10) 在结点 13,将任务 4 分配给人员 d,获得的成本为 $9+4=13$,目标函数值为 13,由于结点 13 是叶子结点,同时结点 13 的目标函数值是表 PT 中的极小值,所以,结点 13 对应的解即是问题的最优解,搜索结束。

为了在搜索过程中构建搜索经过的树结构,设一个表 ST,在表 PT 中取出最大值结点进行扩充时,将最大值结点存储到表 ST 中,表 PT 和表 ST 的数据结构为(人员 $i-1$ 分配的任务,<任务 k,人员 $i>$ lb)。

回溯过程是:$(3,\langle 4,d\rangle 13)\rightarrow(1,\langle 3,c\rangle 13)\rightarrow(2,\langle 1,b\rangle 13)\rightarrow(0,\langle 2,a\rangle 10)$。

算法 9.11　任务分配问题的分支限界算法。

(1) 根据限界函数计算目标函数的下界 down; 采用贪心算法得到上界 up;
(2) 将待处理结点表 PT 初始化为空;
(3) for(i = 1; i < = n; i++)
　　　x[i] = 0;
(4) k = 1; i = 0;　　　　　　　　//为第 k 个人分配任务,i 为第 k-1 个人分配的任务
(5) while(k > = 1)
　　① x[k] = 1;
　　② while(x[k] < = n)
　　　　a. 如果人员 k 分配任务 x[k]不发生冲突,则
　　　　　　　根据式(9.10)计算目标函数值 lb;
　　　　　　　若 lb < = up,则将 i,< x[k], k > lb 存储在表 PT 中;
　　　　b. x[k] = x[k] + 1;
　　③ 如果 k == n 且叶子结点的 lb 值在表 PT 中最小,
　　　　则输出该叶子结点对应的最优解;
　　④ 否则,如果 k == n 且表 PT 中的叶子结点的 lb 值不是最小,则
　　　　a. up = 表 PT 中的叶子结点最小的 lb 值;
　　　　b. 将表 PT 中超出目标函数界的结点删除;
　　⑤ i = 表 PT 中 lb 最小的结点的 x[k]值;
　　⑥ k = 表 PT 中 lb 最小的结点的 k 值; k++;

习题 9

1. 简述分治算法和动态规划算法的联系和区别。
2. 简述回溯算法和分支限界算法的相同点和不同点。
3. 试用分治算法实现有重复元素的排列问题:设 $R=\{r_1,r_2,\cdots,r_n\}$ 是要进行排列的 n 个元素,其中元素 $r_1,r_2,\cdots,r_n$ 可能相同,试编程实现计算 R 的所有不同排列。

4. 分别用贪心算法、动态规划算法、回溯算法设计 0/1 背包问题。要求：说明所使用的算法策略；写出算法实现的主要步骤；分析算法的时间。

5. 试用贪心算法求解下列问题：将正整数 n 分解为若干个互不相同的自然数之和，使这些自然数的乘积最大。

6. 试用蛮力算法实现字符串匹配问题。

上机练习 9

1. 设计一个递归算法生成 n 个元素的全排列。

2. 给定 2 个序列 $X = \{x_1, x_2, \cdots, x_m\}$ 和 $Y = \{y_1, y_2, \cdots, y_n\}$，编程应用动态规划算法找出 X 和 Y 的最长公共子序列。

3. 编程应用贪心算法求解活动安排问题。设有 n 个活动的集合 $E = \{1, 2, \cdots, n\}$，其中每个活动都要求使用同一资源，而在同一时间内只有一个活动能使用这一资源。活动安排问题就是要在所给的活动集合中选出最大（尽可能多）的相容活动子集合。

4. 请用回溯算法求解 n 皇后问题。n 皇后问题是一个古老而著名的问题，是回溯算法的典型例题。在 $n * n$ 格的棋盘上摆放 n 个皇后，使其不能互相攻击，即任意两个皇后都不能处于同一行、同一列或同一斜线上，有多少种摆法？

第10章

标准模板库

本章学习要点

(1) 了解自定义类模板与 STL 使用的区别；

(2) 理解 STL 的容器、迭代器和算法的作用和应用方法；

(3) 理解利用 STL 解决实际应用的方法。

标准模板库(Standard Template Library,STL)是标准 C++ 标准库的一部分。STL 的源代码涉及数据结构和算法的许多具体实现,可以充当经典的数据结构和算法教材,同时,在实际应用中,程序员常常利用 STL 提供的完善的数据结构和算法来编程,避免重复劳动,节省大量的时间和精力,以得到更高质量的代码。

10.1　STL 简介

STL 是标准 C++ 标准库的一部分,不需额外安装。STL 的代码从广义上讲分为三类:算法(algorithm)、容器(container)和迭代器(iterator)。几乎所有的代码都采用了模板类和模板函数的方式,这相比于传统的由函数和类组成的库来说提供了更好的代码重用机会。本节只对它们进行简要的介绍,详细信息可从 C++ 联机文件中查找。

10.1.1　容器

在实际的开发过程中,数据结构本身的重要性不会逊于操作于数据结构的算法的重要性,当程序中存在着对时间要求很高的部分时,数据结构的选择就显得更加重要。

经典的数据结构数量有限,但是程序员常常重复着一些为了实现向量、链表等结构而编写的代码,这些代码都十分相似,只是为了适应不同数据的变化而在细节上有所出入。STL 容器就提供了这样的方便:它允许重复利用已有的实现而构造自己的特定类型下的数据结构;通过设置一些模板类,它对最常用的数据结构提供了支持,这些模板的参数允许指定容器中元素的数据类型,可以将许多重复而乏味的工作简化。

容器是数据结构,是包含对象的对象。例如,数组、队列、堆栈、树、图等数据结构中的每一个结点都是对象。这些结构按某种特定的逻辑关系把数据对象(数据元素)组装起来,进而成为一个新的对象。如果抽象了数据元素的具体实现,只关心结构的组织和算法,就是类模板了。STL 提供的容器是常用数据结构的类模板。

1. 容器的分类

STL 容器类库包含 7 种基本容器：向量（vector）、双队列（deque）、列表（list）、集合（set）、多重集合（multiset）、映射（map）、多重映射（multimap）。基本容器可以分成两组：顺序容器和关联容器，在使用前必须包含相应的头文件。表 10.1 对 7 种基本容器进行了简要介绍。

表 10.1 7 种基本容器

容 器	类 型	头文件	描 述
向量	顺序容器	vector	按需要伸缩的数组
双队列	顺序容器	deque	两端进行有效插入、删除的数组
列表	顺序容器	list	双向链表，可以从任意一端开始遍历，但需要按顺序访问容器
集合	关联容器	set	不含重复键的集合
多重集合	关联容器	set	含重复键的集合
映射	关联容器	map	用键访问的不含重复键的映像
多重映射	关联容器	map	允许重复键的映像

2. 容器的接口

STL 经过精心设计，使容器提供类似的功能。许多一般化的操作对所有容器都适用，也有些操作是为某些容器特别设定的。只有了解成员函数的原型才能正确地使用 STL 编程。这里以向量模板 vector 为例，介绍主要的函数原型。

vector 用类似数组表示法表达线性表的对象，是最常用的容器。表 10.2 给出了 vector 的常用成员函数说明，其中用到的一些标识符的含义如下：

- size_type：无符号整数。
- iterator：随机访问的迭代。迭代式对象版本的指针。
- reference：可以转换为 T& 的类型。

表 10.2 vector 的常用成员函数说明

成员函数原型	功 能 描 述
vector();	默认构造函数，创建一个长度为 0 的向量
vector(const T &V);	复制构造函数，创建一个 V 的副本
vector(size_type n, const T &val=T());	构造函数，创建一个长度为 n 的向量，每一个元素初始化为 val
~vector();	析构函数，释放向量的动态内存
reference at(int i);	如果 i 是有效索引，返回第 i 个元素的引用，否则报错
reference back();	返回向量中的最后一个元素的引用
iterator begin();	返回向量中的第一个元素的迭代
void clear();	删除向量的所有元素
bool empty()const;	如果向量中没有元素，返回 true，否则返回 false
iterator end();	返回向量中的最后一个元素的迭代

续表

成 员 函 数 原 型	功 能 描 述
iterator erase(iterator pos);	删除向量中的 pos 位的元素,返回在被删除的元素之前出现的元素的位置
reference front();	返回向量中的第一个元素的引用
iterator insert(iterator pos,const T &val=T());	在向量 pos 位置插入 val 的副本,返回插入位置
vector<T> &operator=(const vector<T> &V);	把 V 赋给向量,返回修改后的向量
reference operator[](size_type i);	返回向量中的第 i 个元素的引用
void pop_back();	删除向量中的最后一个元素
void push_back(const T &val);	在向量中的最后一个元素之后插入 val 的副本
reverse_iterator rbegin();	返回向量中的第一个元素的反向迭代,指向最后一个元素
reverse_iterator rend();	返回向量中的最后一个元素的反向迭代,指向第一个元素
void resize(size_type s,T val=T());	重置向量长度
size_type size()const;	返回向量中元素的个数
void swap(vector<T> &V);	当前向量与向量 V 交换

3. 顺序容器

顺序容器将一组具有相同类型的元素以严格的线性形式组织起来。顺序容器可分为向量(vector)、双队列(deque)、列表(list)3 种类型,这 3 种顺序容器在某些方面是极其相似的。例如,都有用于增加元素的 insert 成员函数,以及用于删除元素的 erase 成员函数,并且 3 种顺序容器的元素均可通过位置来访问。但这 3 种容器又具有各自不同的特点。例如,vector 和 deque 都重载了操作符"[]",而 list 则没有,因此 list 容器是不支持随机访问的,除 operator[]和 at()函数外,list 提供 vector 的其余功能。另外,list 容器还提供成员函数 splice()和 merge()合并列表、sort()排列、push_front()和 pop_front()追加与删除列表元素。deque 容器就像 vector 和 list 的混合体,既支持 vector 的行为,也支持 list 的行为。

这 3 种容器中最主要的区别是在时间和存储效率上不同。STL 公布了在不同容器上各种标准操作的效率,从而可以根据实际情况来决定使用哪种容器。例如,如果应用程序要在头部和尾部插入元素,出于效率上的考虑,应该选择 deque 而非 vector。表 10.3 总结了在这 3 种顺序容器上标准操作的效率。

表 10.3　顺序容器上标准操作的效率

操 作	vector	deque	list
在头部插入或删除元素	线性	恒定	恒定
在尾部插入或删除元素	恒定	恒定	恒定
在中间插入或删除元素	线性	线性	恒定
访问头部的元素	恒定	恒定	恒定
访问尾部的元素	恒定	恒定	恒定
访问中间的元素	恒定	恒定	线性

4. 关联容器

关联容器具有根据一组索引来快速提取元素的能力,其中元素可以通过键值(关键字,key)来访问。4 种关联容器可以分成两组:set 和 map。

(1) set 是一种集合,其中可包含 0 个或多个不重复的以及没排序的元素,这些元素被称为键值。例如,set 集合 $S\{5,-100,200\}$ 中包含 3 个键值。与例 10.1 中的 nums 不同,不能通过下标来访问集合 S。

(2) map 是一种映像,其中可包含 0 个或多个元素对,一个元素是不重复的键值,另一个是与键值相关联的值。例如:map 映像 m{(first,5),(second,-100),(third,200)}中包含 3 对元素。每对元素都由一个键值和相关联的值构成。

multiset 是允许有重复键值的 set,而 multimap 是容许有重复键值的 map。

map 和 multimap 容器的元素是按关键字顺序排列的,因此提供按关键字快速查找元素。重载运算符函数 operator[]基于关键字进行访问。成员函数 find()、count()、lower_bound()和 upper_bound()基于元素键值进行查找和计数。

set、multiset 与 map 和 multimap 很相似。区别仅是 set、multiset 不支持下标操作。

例 10.1 以 vector 容器为例,说明容器的使用。

例 10.1　示例 STL 容器的使用。

```
# include < iostream >
# include < vector >                //包含向量容器头文件
using namespace std;
int main()
{
int i;
vector < int > nums;               //整型向量,长度为 0
nums. insert(nums. begin(), -100);
nums. insert(nums. begin(),5);
nums. insert(nums. end(),200);
for (i = 0;i < nums. size();i++)
    cout << nums[i]<<" ";
cout << endl;
nums. erase(nums. begin());
nums. erase(nums. begin());
for (i = 0;i < nums. size();i++)
    cout << nums[i]<<" ";
cout << endl;
return 0;
}
```

程序输出结果为:

```
5 - 100 200
200
```

程序分析:

(1) vector 支持在两端插入元素,并提供 begin()和 end()成员函数,分别用来访问头部和尾部元素。

（2）如果容器不为空，成员函数 begin() 的返回值指向容器的第一个元素，否则指向容器尾部之后的位置；而成员函数 end() 的返回值仅指向容器尾部之后的位置。所以插入 3 个数的顺序为 5、−100、200，因此第一次输出向量中所有元素为 5、−100、200。

（3）同理，删除 2 个数的顺序为 5、−100，所以第 2 次输出向量中所有元素为 200。

10.1.2　迭代器

简单地说，迭代器是面向对象版本的指针，它提供了访问容器和序列中每个元素的方法，因此，STL 利用迭代器对存储在容器中的元素序列进行遍历。

虽然指针也是一种迭代器，但迭代器却不仅仅是指针。指针可以指向内存中的一个地址，然后通过这个地址访问相应的内存单元。而迭代器更为抽象，它可以指向容器中的一个位置，然后就可以直接访问这个位置的元素。

软件设计有一个基本原则——所有的问题都可以通过引进一个间接层来简化。这种简化在 STL 中就是用迭代器来完成的。概括来说，迭代器在 STL 中用来将算法和容器联系起来，起着"中间人"的作用。如前面章节所述，遍历链表需要使用指针，对数组元素进行排序需要通过下标来访问数组元素。这时，指针和下标运算符便充当了算法和数据结构的"中间人"。在 STL 中，容器是封装起来的类模板，其内部结构无从知晓，只能通过容器接口来使用容器。但仅依靠容器接口不能对元素进行灵活的访问。况且 STL 中的算法是通用的函数模板，并不是专门针对哪一个容器类型的。算法要适用于多种容器，而每一种容器中存放的元素又可以是任意类型，如何用普通的指针或下标来充当中介呢？使用指针需要知道其指向的元素类型，使用下标需要在相应的容器中定义过下标操作符，而并不是每个容器中都有下标操作符的。这时就必须使用更为抽象的"指针"——迭代器。就像声明指针时要说明其指向的元素一样，STL 的每一个容器类模板中，都定义了其本身所专有的迭代器，不同的容器可能需要不同的迭代器。使用迭代器，算法函数可以访问容器中指定位置的元素，而无须关心元素的具体类型。

1．迭代器的分类

根据迭代器所支持的操作不同，在 STL 中定义了 5 种迭代器，它们是输入迭代器（input iterator）、输出迭代器（output iterator）、前向迭代器（forward iterator，又称正向迭代器）、双向迭代器（bidirectional iterator）、随机访问迭代器（randomaccess iterator）。

1）输入迭代器

输入迭代器用于读取容器中的信息，但不一定能够修改它。输入迭代器 iter 通过解除引用（即 *iter），来读取容器中其所指向元素之值；为了使输入迭代器能够访问容器中的所有元素的值，必须使其支持（前/后缀格式的）++操作符；输入迭代器不能保证第二次遍历容器时顺序不变，也不能保证其递增后先前指向的值不变。即基于输入迭代器的任何算法，都应该是单通的，不依赖于前一次遍历时的值，也不依赖于本次遍历中前面的值。可见输入迭代器是一种单向的只读迭代器，可以递增但是不能递减，而且只能读不能写。它适用于单通只读型算法。

2）输出迭代器

输出迭代器用于将信息传输给容器（修改容器中元素的值），但是不能读取。例如，显示器就是只能写不能读的设备，可用输出容器来表示它。输出迭代器也支持解除引用和＋＋操作，也是单通的。所以，输出迭代器适用于单通只写型算法。

3）前向迭代器

前向迭代器只能使用＋＋操作符来单向遍历容器（不能用－－）。与 I/O 迭代器一样，前向迭代器也支持解除引用与＋＋操作。与 I/O 迭代器不同的是，前向迭代器是多通的（multi-pass）。即它总是以同样的顺序来遍历容器，而且迭代器递增后，仍然可以通过解除保存的迭代器引用来获得同样的值。另外，前向迭代器既可以是读写型的，也可以是只读的。

4）双向迭代器

可以用＋＋和－－操作符来双向遍历容器。其他与前向迭代器一样，双向迭代器也支持解除引用，也是多通的并且是可读写或只读的。

5）随机访问迭代器

随机访问迭代器可直接访问容器中的任意一个元素的双向迭代器。

可见，这 5 种迭代器形成了一个层次结构：输入、输出迭代器（都可＋＋遍历，但是前者只读/后者只写）最基本；前向迭代器可读写但只能＋＋遍历；双向迭代器也可读写但能＋＋/－－双向遍历；随机迭代器除了能够双向遍历外，还能够随机访问。5 种迭代器的类别层次见图 10.1，其中每个下层迭代器支持上层迭代器的全部功能。5 种迭代器的性能见表 10.4。

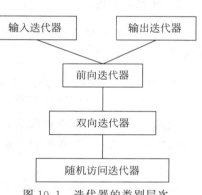

图 10.1　迭代器的类别层次

表 10.4　迭代器的性能

功　能	输入迭代器	输出迭代器	前向迭代器	双向迭代器	随机访问迭代器
读取（＝＊i）	有	否	有	有	有
写入（＊i＝）	否	有	有	有	有
多通	否	有	有	有	有
＋＋i 和 i＋＋	有	有	有	有	有
－－i 和 i－－	否	否	否	有	有
i[n]	否	否	否	否	有
i＋n 和 i－n	否	否	否	否	有
i＋＝n 和 i－＝n	否	否	否	否	有
＝＝和！＝	有	否	有	有	有
<和>	否	否	否	否	有
<=和>=	否	否	否	否	有

注意：各种迭代器的类型并不是确定的，而只是一种概念性的描述。不能用面向对象的语言来表达迭代器的种类，迭代器的种类只是一系列的要求，而不是一种类型（类）。在 STL 中，用概念（concept）一词来描述这一系列要求。因此，有输入迭代器概念和双向迭代

器概念,但是却没有输入迭代器类型和双向迭代器类型。

迭代器在头文件 iterator 中声明。因为不同类型的容器支持不同的迭代器,所以不必显式指定包含 iterator 文件也可以使用迭代器。

vector 和 deque 容器支持随机访问。list、set、multiset、multimap 容器支持双向访问。

STL 容器类定义中用 typedef 预定义了一些迭代器,如表 10.5 所示。

表 10.5　预定义迭代器

预定义迭代器	++操作的方向	功　能
iterator	向前	读/写
const_iterator	向前	读
reverse_iterator	向后	读/写
const_reverse_iterator	向后	读

2. 迭代器的使用

可以定义各种容器的迭代器对象(iterator 类型对象),迭代器对象常常被称为迭代子或迭代算子。例如:

```
vector < int >::iterator p1;          //p1 是向量的迭代子
list < int >::const_iterator p2;      //p2 是整型双向链表的迭代子
```

迭代子类似于类型指针变量,用于指向容器的元素。

迭代子可以通过容器接口获取容器元素的迭代。例如:

```
vector < int > v(10);                 //v 是整型向量
vector < int >::iterator p1,p2;       //p1 和 p2 为 int 向量容器的迭代子
p1 = v.begin();                       //p1 指向向量 v 的第一个元素
p2 = v.end();                         //p2 指向向量 v 的表尾
```

例 10.2　正向、逆向输出双向链表中所有元素,示例 STL 迭代器的使用。

```
# include < iostream >
# include < list >                    //包含双向链表容器头文件
# include < iterator >                //包含迭代器头文件,可省略
using namespace std;
int main()
{
list < int > nums;                    //list 容器不支持随机访问,必须按顺序访问容器
nums.insert(nums.begin(), - 100);
nums.insert(nums.begin(),5);
nums.insert(nums.end(),200);
list < int >::const_iterator p1;      //定义迭代子 p1 用来正向指向链表 nums 中的元素
cout <<"正向输出双向链表中所有元素:"<< endl;
for (p1 = nums.begin();p1!= nums.end();p1++) //正向输出双向链表中所有元素
    cout << * p1 <<" ";
cout << endl;
list < int >::reverse_iterator p2;    //定义迭代子 p2 逆向指向链表 nums 中的元素
p2 = nums.rbegin();                   //逆向迭代指向最后一个元素
```

```
cout <<"逆向输出双向链表中所有元素:"<< endl;
while (p2!= nums. rend())                    //逆向输出双向链表中所有元素
{
    cout << * p2 <<" ";
    p2++;
}
cout << endl;
return 0;
}
```

程序输出结果为：

```
正向输出双向链表中所有元素：
5 - 100 200
逆向输出双向链表中所有元素：
200 - 100 5
```

10.1.3 算法

C++的 STL 提供了大约 100 个实现算法的模板函数，如算法 for_each 将为指定序列中的每一个元素调用指定的函数、stable_sort 以用户所指定的规则对序列进行稳定性排序等。这些是用于对容器的数据施加特定操作的函数模板，迭代器的迭代子协同进行容器数据元素的访问。这样，只要熟悉了 STL，许多代码可以被大大地简化，只需要通过调用一两个算法模板，就可以完成所需要的功能并大大地提升效率。

STL 的算法是通用的，不依赖于所操作容器的实现细节。算法不是直接使用容器作为参数，而是使用迭代器类型。这样只要容器的迭代器符合算法要求，就可以在自己定义的数据结构上应用这些算法。

STL 算法部分主要由头文件< algorithm >、< numeric >和< functional >组成。< algorithm >是所有 STL 头文件中最大的一个(尽管它很好理解)，它是由一大堆模板函数组成的，可以认为每个函数在很大程度上都是独立的，其中常用到的功能范围涉及比较、交换、查找、遍历、复制、修改、移除、反转、排序、合并等。< numeric >体积很小，只包括几个在序列上面进行简单数学运算的模板函数，包括加法和乘法在序列上的一些操作。< functional >中则定义了一些模板类，用以声明函数对象。

从容器的访问性质来说，算法分为只读形式(即不允许修改元素)和改写(即可修改元素)形式两种。从功能上说，可以分为比较、计算、查找、置值、排序、合并、集合、管理等。

1. 通用算法的调用形式

如同 STL 容器是常用数据结构的类模板一样，STL 算法是用于对容器的数据施加特定操作的函数模板。

1) 一般形式

例如 reverse 算法，该算法的原型为：

```
template < typename BidirectionalIterator >
void reverse(BidirectionalIterator first, BidirectionalIterator last);
```

其中,BidirectionalIterator 表示双向迭代器。该算法的功能是用来访问容器中的元素,将区间[first,last]中的元素以相反的方向放置。

例如:

```
reverse(v.begin(),v.end());            //将 V 中的所有元素以相反的方向放置
```

2) 以函数对象为输入参数的调用形式

在 STL 的算法中,很多算法还包含一种以函数对象为输入参数的调用形式。如 sort 算法就有两个版本的函数模板原型。

第 1 种形式:

```
template < typename RandomAcessIterator >
void reverse(RandomAcessIterator first, RandomAcessIterator last);
```

第 2 种形式:

```
template < typename RandomAcessIterator,class Compare >
void reverse(RandomAcessIterator first, RandomAcessIterator last, Compare pr);
```

其中,RandomAcessIterator 表示随机访问迭代器,first 和 last 是指定排序范围的迭代。

第 1 种形式的算法对容器的元素按升序排序,属于一般形式。第 2 种形式的算法由函数对象 pr 调用函数指定序列关系,Compare 表示返回逻辑值的二元函数,通过 sort()函数获取排序时正在比较的两个元素,并返回比较的关系值。例如,若对表中任意元素序列号有 $i<j$ 时,则元素 $a[i] \leqslant a[j]$ 表示按升序排序;$a[i] \geqslant a[j]$ 表示按降序排列。这样一来,即可以升序,也可以降序,或者其他特定的规则,程序设计的灵活性更大。

例如:

```
sort(v.begin(),v.end());               //对向量 V 的全部元素按升序排序
sort(v.begin(),v.end(),inorder);
//通过 inorder 调用相应的测试函数,可对向量 V 进行相应的排序
```

2. 通用算法应用

对于 STL 算法,关键不在于了解算法是如何设计的,而在于在应用程序中如何使用这些算法。下面以 reverse 算法与 sort 算法的使用为例,演示算法的应用。

例 10.3 reverse 算法与 sort 算法的应用。

```
# include < iostream >
# include < vector >
# include < algorithm >
using namespace std;
bool inorder(int,int);
int main()
{
vector < int > nums;
nums.insert(nums.begin(), - 100);
nums.insert(nums.begin(),5);
nums.insert(nums.end(),200);
```

```
cout <<"向量的初始顺序为:"<< endl;
vector < int >::iterator p1;
for (p1 = nums.begin();p1!= nums.end();p1++)
    cout << * p1 <<" ";
cout << endl;
reverse(nums.begin(),nums.end());                      //调用倒序算法
cout <<"向量倒置后的顺序为:"<< endl;
for (int i = 0;i < nums.size();i++)
    cout << nums[i]<<" ";
cout << endl;
sort(nums.begin(),nums.end());                         //调用第1种形式排序算法
cout <<"使用第1种形式排序后,向量的顺序为:"<< endl;
for (i = 0;i < nums.size();i++)
    cout << nums[i]<<" ";
cout << endl;
sort(nums.begin(),nums.end(),inorder);                 //调用第2种形式排序算法
cout <<"使用第2种形式排序后,向量的顺序为:"<< endl;
for (i = 0;i < nums.size();i++)
    cout << nums[i]<<" ";
cout << endl;
return 0;
}
bool inorder(int a,int b) {return a > b;};
```

程序输出结果为:

```
向量的初始顺序为:
5 - 100 200
向量倒置后的顺序为:
200 - 100 5
使用第1种形式排序后,向量的顺序为:
- 100 5 200
使用第2种形式排序后,向量的顺序为:
200 5 - 100
```

10.2 STL 应用实例

10.2.1 双向链表操作的 STL 实现

链表是经常用到的数据结构,用 STL 编写一个对双向链表进行基本操作的程序。要求能从两端开始插入、删除和输出结点。

例 10.4 通过 STL 对双向链表进行基本操作。

```
# include < iostream >
# include < list >                //包含双向链表容器头文件
# include < iterator >            //包含迭代器头文件,可省略
# include < algorithm >           //STL 算法
using namespace std;
```

```
int main()
{
    list < int > Linkist;
    int value = 0, select = 0;
    do{
        cout << endl
            <<" 双向链表菜单"<< endl
            <<"1. 在链表首部插入一个结点"<< endl
            <<"2. 在链表尾部插入一个结点"<< endl
            <<"3. 从链表首部删除一个结点"<< endl
            <<"4. 从链表尾部删除一个结点"<< endl
            <<"5. 从链表首部开始输出结点内容"<< endl
            <<"6. 从链表尾部开始输出结点内容"<< endl
            <<"0. 退出"<< endl
            <<"输出选择:";
        cin >> select;
        switch (select)
        {
        case 1:
            {
                cout <<"输入结点数据:";
                cin >> value;
                Linkist.insert(Linkist.begin(), value);
                cout <<"结点"<< value <<"成功插入。"<< endl;
                break;
            }
        case 2:
            {
                cout <<"输入结点数据:";
                cin >> value;
                Linkist.insert(Linkist.end(), value);
                cout <<"结点"<< value <<"成功插入。"<< endl;
                break;
            }
        case 3:
            {
                if (Linkist.begin() == Linkist.end())
                    cout << endl <<"没有链表,不能进行删除。";
                else
                {
                    Linkist.erase(Linkist.begin());
                    cout << endl <<"结点删除成功。"<< endl;
                }
                break;
            }
        case 4:
            {
                if (Linkist.begin() == Linkist.end())
                    cout << endl <<"没有链表,不能进行删除。";
                else
                {
```

```
                    Linkist.erase(Linkist.end());
                    cout << endl <<"结点删除成功。"<< endl;
                }
                break;
            }
        case 5:
            {
                list < int >::const_iterator p1;          //p1 是整型双向链表的迭代子
                if (Linkist.begin() == Linkist.end())
                    cout << endl <<"没有链表,不能进行删除.";
                else
                {
                    cout << endl <<"从首部开始输出链表:"<< endl;
                    for (p1 = Linkist.begin();p1!= Linkist.end();p1++)
                        cout << * p1 <<" ";
                    cout << endl;
                }
                break;
            }
        case 6:
            {
                list < int >::reverse_iterator p2;         //p2 是整型双向链表的迭代子
                if (Linkist.rbegin() == Linkist.rend())
                    cout << endl <<"没有链表,不能进行删除。";
                else
                {
                    cout << endl <<"从尾部开始输出链表:"<< endl;
                    p2 = Linkist.rbegin();
                    while (p2!= Linkist.rend())
                    {
                        cout << * p2 <<" ";
                        p2++;
                    }
                    cout << endl;
                }
                break;
            }
        }
    }while (select!= 0);
        return 0;
    }
```

10.2.2 STL 测试程序

为了测试 10.1 节中介绍的知识,现编写一个测试程序,如例 10.5 所示。
例 10.5 stl 测试程序。

```
# include < iostream >
# include < vector >
# include < stack >
```

```cpp
# include < iterator >
# include < algorithm >
using namespace std;
int main()
{
    cout <<"以下程序测试 vector 的用法 …… "<< endl;
    vector < int > intList;                        //声明向量容器,类型为 int
    int i;
    intList.push_back(13);                         //向向量容器中插入 4 个数字 13,75,28,35
    intList.push_back(75);
    intList.push_back(28);
    intList.push_back(35);
    cout <<"Line 5: List Elements:"<< endl;
    for(i = 0; i < 4; i++)                         //输出 intList 中的元素
    cout << intList[i]<<" ";
    cout << endl;
    for(i = 0; i < 4; i++)                         //将向量中的元素值乘以 2
    intList[i] * = 2;
    cout <<"Lint 10: List Elements:"<< endl;
    for(i = 0; i < 4; i++)
    cout << intList[i]<<" ";
    cout << endl;
    vector < int >::iterator listIt;               //声明 listIt 为向量迭代器
    cout <<"Line 15: List Elements:"<< endl;
    for(listIt = intList.begin(); listIt!= intList.end(); ++listIt)
    //使用迭代器输出
    cout << * listIt <<" ";
    cout << endl;
    listIt = intList.begin();                      //重新定向迭代器
    ++listIt;                                       //迭代器前进两位
    ++listIt;
    intList.insert(listIt,88);                     //在第二的位置上插入 88
    cout <<"Line 23: List Elements:"<< endl;
    for(listIt = intList.begin(); listIt!= intList.end(); ++listIt) //输出
    cout << * listIt <<" ";
    cout << endl;

    cout <<"以下程序测试 stack 的用法 …… "<< endl;
    stack < int > intStack;                        //定义栈对象,类型为 int
    intStack.push(16);                             //向栈中插入数据 16,8,20,3
    intStack.push(8);
    intStack.push(20);
    intStack.push(3);
    cout <<"Line 6: The top element of intStack: "
    << intStack.top()<< endl;                      //输出栈顶元素
    intStack.pop();                                //删除栈顶元素
    cout <<"Line 8: After the pop operation,"
    <<"the top element of intStack: "
    << intStack.top()<< endl;
    cout <<"Line 9: intStack elements: ";
    while(!intStack.empty())                       //输出栈中所有元素
```

```
    {
      cout << intStack.top()<<" ";
      intStack.pop();
    }
    cout << endl;

    cout <<"以下程序测试 copy()函数的用法 …… "<< endl;
    int intArray[] = {5,6,8,3,40,36,98,29,75};        //定义数组
    vector < int > vecList(9);                        //定义向量
    ostream_iterator < int > screen(cout," ");        //定义 ostream 迭代器
    cout <<"Line 4: intArray: ";
    copy(intArray, intArray + 9, screen);             //输出数组内容
    cout << endl;
    copy(intArray, intArray + 9, vecList.begin());    //将数组内容拷贝到向量中
    cout <<"Line 8: vecList: ";
    copy(vecList.begin(), vecList.end(), screen);     //输出向量内容
    cout << endl;
    copy(intArray + 1, intArray + 9, intArray);       //将 intArray 中的元素向前移动一位
    cout <<"Line 12: After shifting the elements one"
         <<"position to the left, "<< endl
         <<" intArray: ";
    copy(intArray, intArray + 9, screen);             //输出 intArray 中的所有元素
    cout << endl;
    copy(vecList.rbegin() + 2, vecList.rend(), vecList.rbegin());
    //将 vecList 中的元素向后移动两位
    cout <<"Line 16: After shifting the elements down"
         <<" by two position, "<< endl
         <<" vecList: ";
    copy(vecList.begin(), vecList.end(), screen);     //输出 vecList 中的所有元素
    cout << endl;

    cout <<"以下程序测试 fill()和 fill_n()函数的用法 …… "<< endl;
    vector < int > vecList1(8);                       //声明向量容器
    ostream_iterator < int > screen1(cout," ");       //声明 ostream 迭代器
    fill(vecList1.begin(),vecList1.end(),2);          //用 2 填充 vecList1
    cout <<"Line 4: After filling vecList1 with 2's: ";
    copy(vecList1.begin(), vecList1.end(), screen1);  //输出
    cout << endl;
    fill_n(vecList1.begin(),3,5);                     //将 vecList1 中的前三个元素用 5 填充
    cout <<"Line 8: After filling the first three"
         <<"elements with 5's: "
         << endl <<" ";
    copy(vecList1.begin(), vecList1.end(), screen1);  //再次输出
    cout << endl;

    cout <<"以下程序测试 find()和 find_if()函数的用法 …… "<< endl;
    char cList[10] = {'a','i','C','d','e','f','o','H','u','j'};
    vector < char > charList(cList, cList + 10);
    vector < char >::iterator position;
```
/ * 以下语句在 charList 中查找'd'第一次出现的位置,并且返回一个迭代器,该迭代器存储在 position 中,因为'd'是 charList 中的第 4 个字符,它的位置是 3,因此 position 指向 charList 中位置

3 上的元素 */

```cpp
        position = find(charList.begin(), charList.end(), 'd');
        /* 以下语句使用函数 find_if()查找 charList 中的第一个大写字符(注意,来自头文件 cctype
的函数 isupper()作为第三个参数传递给函数 find_if()),charList 中的第一个大写字符是第三个
元素,因此,这条语句执行后,position 指向 charList 的第三个元素 */
        position = find_if(charList.begin(), charList.end(), isupper);

        cout <<"以下程序测试 remove()和 replace()函数的用法……"<< endl;
        char cList1[10] = {'A','a','A','B','A','C','D','e','F','A'};  //定义数组
        vector < char > charList1(cList1,cList1 + 10);              //定义向量容器,初始化为数组的值
        vector < char > charList2(cList,cList + 10);                //定义向量容器,初始化为数组的值
        vector < char >::iterator lastElem;                        //声明向量迭代器
        ostream_iterator < char > screen2(cout," ");               //声明 ostream 迭代器
        cout <<"Line 6: Character list1: ";
        copy(charList1.begin(), charList1.end(), screen2);          //输出 charList1
        cout << endl;
        /* 删除 charList1 中所有的'A',返回新范围中最后一个元素的字符位置 */
        lastElem = remove(charList1.begin(),charList1.end(),'A');
        cout <<"Line 10: Character list1 after removed A: ";
        copy(charList1.begin(), lastElem, screen2);                 //重新输出 charList1
        cout << endl;
        cout <<"Line 13: Character list2: ";
        copy(charList2.begin(), charList2.end(), screen2);          //输出 charList2
        cout << endl;
        replace(charList2.begin(),charList2.end(),'A','Z');
        //将 charList2 中所有的'A'替换为'Z'
        cout <<"Line 17: Character list2 after replaced A with Z: ";
        copy(charList2.begin(), charList2.end(), screen2);          //重新输出 charList2
        cout << endl;

        cout <<"以下程序测试 search()、sort()和 binary_search()函数的用法……"<< endl;
        int intList1[15] = {12,34,56,34,34,78,38,43,12,25,34,56,62,5,49};
        //定义数组 intList1
        vector < int > vecList2(intList1,intList1 + 15);
        //创建向量,初始化为数组 intList1 的值
        int list[2] = {34,56};                                     //定义数组 list
        vector < int >::iterator location;                         //定义向量容器迭代器
        ostream_iterator < int > screen3(cout," ");                //定义 ostream 迭代器
        cout <<"Line 6: vecList2: ";
        copy(vecList2.begin(), vecList2.end(), screen3);            //输出 vecList2 的值
        cout << endl;
        cout <<"Line 9: list: ";
        copy(list, list + 2, screen3);                             //输出 list 的值
        cout << endl;
        //在 vecList2 中查找 list 中元素第一次出现的位置,并返回出现的位置
        location = search(vecList2.begin(),vecList2.end(),list,list + 2);
        if(location != vecList2.end())
        cout <<"Line 13: list found in vecList2. The "
             <<"first occurence of \n          list in vecList2 "
             <<"is at position: "
             <<(location - vecList2.begin())<< endl;              //输出搜索出来的位置
```

```
            else
            cout <<"Line 15: list is not in vecList2."<< endl;
            sort(vecList2.begin(),vecList2.end());              //排序 vecList2
            cout <<"Line 17: vecList2 after sorted: "<< endl <<" ";
            copy(vecList2.begin(), vecList2.end(), screen3);     //输出 vecList2
            cout << endl;
            //在 vecList2 中查找 43,并返回找到的位置
            bool found = binary_search(vecList2.begin(),vecList2.end(),43);
            if(found)
            cout <<"Line 22: 43 found in vecList2 "<< endl;
            else
            cout <<"Line 23: 43 not in vecList2"<< endl;
            return 0;
       }
```

习题 10

1. 使用 STL 的 set 容器,重载二元操作符＋、一和 * 来定义集合的并、交、差运算。

2. 使用 STL 的 map 容器,实现统计功能。如:读入一组数据(文具,数量),用(stationery,amount)表示,统计各种文具的总数。

上机练习 10

1. 用 STL 编写一个对用链式存储结构表示的一元多项式进行四则运算操作的程序。

2. 用 STL 编写一个对用三元组存储结构表示的稀疏矩阵进行四则运算操作的程序。

参 考 文 献

[1] 严蔚敏.数据结构：C 语言版[M].北京：清华大学出版社,2002.

[2] 严蔚敏.数据结构题集[M].2 版.北京：清华大学出版社,1999.

[3] 陈慧南.数据结构——使用 C++语言描述[M].2 版.北京：人民邮电出版社,2009.

[4] LEVITIN A.算法设计与分析基础[M].潘彦,译.3 版.北京：清华大学出版社,2004.

图 书 资 源 支 持

感谢您一直以来对清华版图书的支持和爱护。为了配合本书的使用，本书提供配套的资源，有需求的读者请扫描下方的"书圈"微信公众号二维码，在图书专区下载，也可以拨打电话或发送电子邮件咨询。

如果您在使用本书的过程中遇到了什么问题，或者有相关图书出版计划，也请您发邮件告诉我们，以便我们更好地为您服务。

我们的联系方式：

地　　址：北京市海淀区双清路学研大厦 A 座 701

邮　　编：100084

电　　话：010-83470236　010-83470237

资源下载：http://www.tup.com.cn

客服邮箱：tupjsj@vip.163.com

QQ：2301891038（请写明您的单位和姓名）

资源下载、样书申请

书 圈

扫一扫，获取最新目录

课 程 直 播

用微信扫一扫右边的二维码，即可关注清华大学出版社公众号"书圈"。